全面 ● 专业 ● 实用 ● 经典 ● 艺术 ● 厚重 ● 超值

新闻出版总署
"盘配书"项目

中文版

Creo Parametric 2.0
完全自学手册

赵鹏达 孟智青 编著

Creo Parametric 2.0

 ①DVD 高清教学光盘　超值附赠**2GB**的**DVD**光盘，内容包括**150**个场景文件、素材文件和**287**段**468**分钟的视频教学文件

技术手册
14章近**450**多页的手册篇幅，全面系统地归纳Creo 2.0软件核心功能命令的实用方法以及操作技巧

专业实用
充分展现Creo 2.0的核心技术、新增功能和商业应用，全面提高产品设计、装配、加工、模具制作技能

操作技巧
12大核心功能讲解和**270**多个技能实例，技术与经验紧密结合，使您的学习变得轻松、简单、快捷

 北京希望电子出版社
Beijing Hope Electronic Press
www.bhp.com.cn

内容简介

Creo 2.0 是一款在业界享有极高声誉的全方位产品设计软件，广泛应用于汽车、航天航空、电子、模具、玩具、工业设计和机械制造等行业。本书以 Creo 2.0 为应用蓝本，全面系统地介绍其基础知识与应用，并力求通过范例来提高读者的综合设计能力。

全书共分 14 章，内容包括 Creo 2.0 基础概述、草绘、基准特征、建立基本实体特征、特征的复制、工程特征、构造特征、曲面特征、实体特征操作工具、装配设计、模型的测量与分析、模型的视图管理、工程图设计、综合设计范例。

本书侧重入门基础与实战提升，结合典型操作实例进行介绍，是一本很好的从入门到精通类的 Creo 2.0 图书。

本书适合应用 Creo 2.0 进行相关设计的读者使用，也可作为 Creo 2.0 培训班、大中专院校相关专业的教材。

本书配套光盘内容为部分实例的素材文件、场景文件及 280 多段语音教学视频。

图书在版编目（ＣＩＰ）数据

中文版 Creo Parametric 2.0 完全自学手册/赵鹏达，孟智青编著.
—北京 :北京希望电子出版社，2013.1

ISBN 978-7-83002-062-0

Ⅰ．①中… Ⅱ．①赵…②孟…Ⅲ．①计算机辅助设计—应用软件—手册Ⅳ．①TP391.72-62

中国版本图书馆 CIP 数据核字(2012)第 269299 号

出版：北京希望电子出版社
地址：北京市海淀区上地 3 街 9 号
　　　金隅嘉华大厦 C 座 611
邮编：100085
网址：www.bhp.com.cn
电话：010-62978181（总机）转发行部
　　　010-82702675（邮购）
传真：010-82702698
经销：各地新华书店

封面：付　巍
编辑：韩宜波　刘俊杰
校对：刘　伟
开本：787mm×1092mm　1/16
印张：29
印数：1-3000
字数：670 千字
印刷：北京市密东印刷有限公司
版次：2013 年 1 月 1 版 1 次印刷

定价：59.80 元（配 1 张 DVD 光盘）

前 言
PREFACE

1. PTC Creo 2.0中文版简介

PTC Creo 2.0是美国PTC公司开发的一款大型的集CAD/CAM/CAE为一体的软件，它整合产品设计、装配、加工、钣金、模具等功能于一体，软件模块众多、内容丰富、功能强大，广泛应用在机械、电子、航空、汽车和家电等行业。

本书介绍的PTC Creo 2.0是当今PTC公司最新推出的产品，这是一个具有突破性的版本，此版本在快速装配、快速绘图、快速草绘、快速创建钣金、快速CAM等个人生产力功能增强方面有较大加强。在智能模型、智能共享、智能流程向导、智能互操作性等流程生产力方面功能有所增强。具体变化有工程图菜单图标化、在草绘中可以画斜的长方形与椭圆、意外退出自动保存、管道与电缆全部图标化、在机构中可以创建蜗轮与斜齿轮等连接、新增了人体工程学模块等。

2. 本书内容介绍

本书详细介绍了关于PTC Creo 2.0软件的基础知识和使用方法，实例是从典型工作任务中提炼出来的、简明易懂。全书分为14个章，各章内容简要介绍如下。

第1章：详细的介绍了PTC Creo 2.0这款软件，包括该软件的安装、卸载以及文件的基本操作。

第2章：主要介绍草绘设计环境。通过Creo可以绘制平面草图，并可以利用绘制的平面草图来创建三维实体，这也是Creo的基本设计思路之一。

第3章：主要介绍的是基准特征的创建。在Creo2.0中，这部分知识的学习是后面操作的基础，本章主要包括创建基准平面、基准轴、基准曲线、基准点、基准坐标系等。在本章的学习中，应注重使用方法的介绍和应该注意的问题，并通过实例来辅助学习。

第4章：主要介绍基本实体特征的创建。基本实体特征包括拉伸特征、旋转特征、扫描特征等。基本特征的名称是根据其创建形式来命名的，例如拉伸特征是由草绘截面通过拉伸得到的，旋转特征是由草绘截面旋转得到的。

第5章：主要介绍在基本特征的基础上，创建一些常用的特征，如孔特征、倒圆角特征、倒角特征、拔模特征、筋特征和壳特征。

第6章：将介绍如何在Creo 2.0中创建工程特征，并以创建实际的零件模型为例，介绍创建工程特征的具体操作步骤及注意事项。

第7章：主要介绍构造特征。构造特征指工程中的特定部件，如槽、轴、法兰等。这些构造特征在工程产品上很常见，具有相对规范的设计要求，来符合工程设计的需要。在Creo 2.0中对这些常见的构造特征提供了专门的建模命令，通过对这些命令的掌握可以更快地设计产品，并达到设计需要。

第8章：对曲面设计进行介绍，主要分为曲面特征创建和曲面编辑。

第9章：重点就是特征及特征组的修改。

第10章：主要介绍装配设计的方法和技术。

第11章：主要介绍模型的测量与分析，模型中包含了大量的信息，如长度、面积、角度等信息，对产品设计起到了至关重要的作用，通过Creo提供的分析测量功能可快速地获得模型的精确信息。

第12章：介绍模型的视图管理，模型的视图管理主要是通过"视图管理器"来完成的。通过"视图管理器"可以选择或创建模型的各种视图，比如模型的"简化表示"视图、"样式"视图、"截面"视图、"层"视图等，通过这些视图可以改变模型在设计区的显示内容和方式，从而可以使设计更加方便，或可以更清晰地了解模型的结构。

第13章：介绍工程图设计。工程图与零件/组件之间相互关联，工程图的制作是整个设计中的最后一个环节，在产品的研发、设计和制造等过程中，工程图是设计师之间进行交流与沟通的工具。

第14章：根据此书介绍的知识点的先后顺序，列举实例，通过实例来巩固所学内容。实例分为绘制草绘图、创建零件模型、装配设计以及工程图的生成。

本书配套光盘内容为部分实例的素材文件、场景文件及280多段语音教学视频。

本书主要有以下几大优点：

- 内容全面。几乎覆盖了PTC Creo 2.0中文版所有选项和命令。
- 语言通俗易懂，讲解清晰，前后呼应。以最小的篇幅、最易读懂的语言来介绍每一项功能和每一个实例。
- 实例丰富，技术含量高，与实践紧密结合。每一个实例都倾注了作者多年的实践经验，每一个功能都经过技术认证。
- 版面美观，图例清晰，并具有针对性。每一个图例都经过作者精心策划和编辑。只要仔细阅读本书，就会发现从中能够学到很多知识和技巧。

本书由赵鹏达、李少勇、孟智青、刘蒙蒙、吕晓梦、于海宝、徐文秀、李茹、张林、王雄健、李向瑞编写，同时参与编写的还有张恺、荣立峰、胡恒、王玉、刘峥、张云、贾玉印、张春燕、刘杰、罗冰、陈月娟、陈月霞、刘希林、黄健、黄永生、田冰、徐昊，北方电脑学校的温振宁、黄荣芹、刘德生、宋明、刘景君、张锋、相世强、徐伟伟、王海峰位老师，在此一并表示感谢。

由于在创作的过程中，错误在所难免，恳请广大读者批评指正。

3. 本书约定

本书以Windows XP为操作平台来介绍，不涉及在苹果机上的使用方法。但基本功能和操作，苹果机与PC相同。为便于阅读理解，本书作如下约定：

- 本书中出现的中文菜单和命令将用""括起来，以区分其他中文信息。
- 用"+"号连接的两个或三个键，表示组合键，在操作时表示同时按下这两个或三个键。例如，Ctrl+V是指在按Ctrl键的同时，按V字母键；Ctrl+Alt+F10是指在按Ctrl和Alt键的同时，按功能键F10。
- 在没有特殊指定时，单击、双击和拖动是指用鼠标左键单击、双击和拖动。
- 在没有特殊指定时，PTC Creo 2.0就是指Creo 2.0中文版。

编著者

CONTENTS 目录

第1章　PTC Creo 2.0 基础概述

1.1	PTC Creo 2.0 概述	2
	1.1.1 PTC Creo 2.0简介	2
	1.1.2 基本设计概念	3
	1.1.3 Creo推出的意义	4
1.2	安装和卸载PTC Creo 2.0	5
	1.2.1 PTC Creo 2.0的安装	5
	操作实战001——安装PTC Creo 2.0 软件	5
	1.2.2 卸载PTC Creo 2.0	6
	操作实战002——卸载PTC Creo 2.0 软件	6
1.3	PTC Creo 2.0 用户界面	7
	1.3.1 PTC Creo 2.0的开启与关闭	7
	1.3.2 PTC Creo 2.0操作界面	8
	1.3.3 定制屏幕	11
	操作实战003——用户界面的调整	11
	1.3.4 调取工具栏	13
	操作实战004——在工具栏中调取工具	13
1.4	文件基本操作	14

	1.4.1 新建文件	14
	1.4.2 打开文件	15
	1.4.3 保存文件	15
	1.4.4 保存副本	16
	1.4.5 保存备份	16
	1.4.6 管理文件	16
	1.4.7 管理会话	17
1.5	视图的基本操作	17
	1.5.1 "方向"工具栏	17
	1.5.2 "显示"工具栏	18
	1.5.3 "模型显示"工具栏	18
1.6	设置工作目录	19
1.7	设计对象的移动	21
	1.7.1 通过方向工具栏来移动设计对象	21
	1.7.2 使用键盘和鼠标移动对象	22
1.8	本章小结	22

第2章　草绘

2.1	草绘界面与工具栏简介	24
	2.1.1 草绘界面	24
	2.1.2 "草绘"工具栏	25
	2.1.3 "草绘"特征工具栏	25
2.2	绘制草图	27
	2.2.1 绘制线	27
	操作实战005——绘制普通直线	27
	操作实战006——绘制中心线	27
	操作实战007——绘制相切直线	28
	2.2.2 绘制矩形	28
	操作实战008——绘制斜矩形	28
	操作实战009——绘制中心矩形	29
	操作实战010——绘制平行四边形	29
	2.2.3 绘制圆	29
	操作实战011——通过圆心和点绘制圆	30
	操作实战012——通过同心圆绘制圆	30
	操作实战013——通过3点绘制圆	30
	操作实战014——通过3相切绘制圆	30
	2.2.4 绘制圆弧与圆锥曲线	31
	操作实战015——通过3点/相切绘制圆弧	31

	操作实战016——通过圆心和端点绘制圆弧	31
	操作实战017——通过同心绘制圆弧	32
	操作实战018——通过3相切绘制圆弧	32
	操作实战019——通过圆锥绘制圆弧	32
	2.2.5 绘制椭圆	33
	操作实战020——通过轴端点绘制椭圆	33
	操作实战021——通过中心和轴绘制椭圆	33
	2.2.6 绘制点与坐标系	33
	2.2.7 绘制样条曲线	34
	2.2.8 绘制圆角与椭圆角	34
	2.2.9 绘制二维倒角	35
	2.2.10 创建文本	36
	操作实战022——绘制横排文字	36
	操作实战023——绘制沿曲线文字	37
2.3	编辑图形对象	37
	2.3.1 修剪图元	37
	2.3.2 延伸、打断图元	38
	2.3.3 镜像图元	38
	2.3.4 旋转图元	38
	2.3.5 剪切、复制和粘贴图元	39

操作实战024——使用偏移绘制图元................39
操作实战025——使用加厚绘制图元................40

2.4 标注 **40**
2.4.1 标注基础..41
2.4.2 创建线性尺寸................................41
2.4.3 创建直径尺寸................................42
2.4.4 创建角度尺寸................................42
2.4.5 创建弧长尺寸................................42
2.4.6 创建椭圆或椭圆弧的轴尺寸.........43
2.4.7 标注样条..43
2.4.8 标注圆锥弧....................................43
操作实战026——加强、锁定标注尺寸........43

2.5 修改尺寸 **44**
2.6 草图中的几何约束 **45**
2.6.1 约束的显示....................................45
2.6.2 约束的禁用、锁定与切换.............45

2.6.3 "约束"工具栏各按钮的意义........46
2.6.4 约束的创建、删除及解决约束冲突......46

2.7 使用草绘器调色板 **48**
2.7.1 调用调色板中的草图轮廓.............48
2.7.2 将草图轮廓存储到调色板中.........49

2.8 草绘器诊断工具 **49**
2.8.1 着色封闭环....................................50
2.8.2 突出显示开放端............................50
2.8.3 重叠几何..51
2.8.4 特征要求..51

2.9 上机练习 **51**
2.9.1 绘制基础图形................................51
操作实战027——绘制基础图形................51
2.9.2 绘制机械零件草图........................53
操作实战028——绘制机械零件草图........53

2.10 本章小结 **56**

第3章　基准特征

3.1 基准平面 **58**
3.1.1 基准平面的创建............................58
操作实战029——通过边或轴创建基准平面......60
操作实战030——通过三点创建基准面.....61
操作实战031——通过面和点共同创建基准面......62
操作实战032——通过点和轴创建基准平面......62
3.1.2 基准平面的修改............................63

3.2 创建基准轴 **63**
操作实战033——创建基准轴....................64

3.3 基准点 **65**
3.3.1 基准点..65
操作实战034——创建基准点....................66
3.3.2 偏移坐标系基准点........................66
操作实战035——创建坐标系基准点........67

3.3.3 域基准点..68
操作实战036——创建域基准点................68

3.4 基准曲线 **69**
操作实战037——创建草绘基准曲线........69
操作实战038——通过点创建基准曲线.....69
操作实战039——使用方程创建基准曲线......70

3.5 基准坐标系 **71**
3.5.1 基准坐标系的3种表达方法.........71
3.5.2 设置基准坐标系的方法.................71
操作实战040——以3个平面为参考创建基准坐标系...72
操作实战041——以不平行的两条直线为参考创建
　　　　　　　基准坐标系......................73
操作实战042——以坐标系为参考创建基准坐标系..73

3.6 本章小结 **74**

第4章　建立基本实体特征

4.1 拉伸特征 **76**
4.1.1 创建实体拉伸截面........................76
操作实战043——创建实体拉伸截面........76
4.1.2 创建实体拉伸生成方向.................79
4.1.3 创建实体拉伸深度........................80
操作实战044——创建实体拉伸深度........80
4.1.4 创建实体拉伸去除........................82

操作实战045——创建实体拉伸去除........82
4.1.5 创建实体拉伸加厚........................83
操作实战046——创建实体拉伸加厚........83
4.1.6 创建拉伸加厚切除........................84
操作实战047——创建拉伸加厚切除........84

4.2 旋转特征 **85**
4.2.1 创建实体旋转特征........................85

操作实战048——创建实体旋转特征.............85
　4.2.2　创建实体旋转角度.............86
操作实战049——创建实体旋转角度.............86
　4.2.3　创建实体旋转切除.............87
操作实战050——创建实体旋转切除.............87
　4.2.4　创建旋转加厚切除特征.............88
操作实战051——创建旋转加厚切除特征.............88
4.3　扫描特征.............**89**
　4.3.1　创建实体扫描草绘轨迹.............89
操作实战052——创建实体扫描草绘轨迹.............89
　4.3.2　选取实体扫描轨迹.............90
操作实战053——选取实体扫描轨迹.............90
　4.3.3　创建实体扫描特征.............91
操作实战054——创建实体扫描特征.............91
　4.3.4　创建自由端点开放式扫描特征.............92
操作实战055——创建自由端点开放式扫描特征.............92
　4.3.5　创建合并终点开放式扫描特征.............93
操作实战056——创建合并终点开放式扫描特征.............93
　4.3.6　创建变截面扫描特征.............94
操作实战057——创建变截面扫描特征.............94
4.4　创建扫描混合特征.............**95**
操作实战058——创建扫描混合特征.............96

4.5　螺旋扫描.............**97**
　4.5.1　创建等节距螺旋扫描特征.............97
操作实战059——创建等节距螺旋扫描特征.............97
　4.5.2　创建变节距螺旋扫描特征.............98
操作实战060——创建变节距螺旋扫描特征.............98
　4.5.3　创建螺旋扫描移除特征.............100
操作实战061——创建螺旋扫描移除特征.............100
4.6　混合特征.............**101**
　4.6.1　平行混合特征.............101
操作实战062——创建平行直线混合.............101
操作实战063——创建平行平滑混合.............102
　4.6.2　旋转混合特征.............103
操作实战064——创建平滑旋转混合特征.............104
4.7　上机练习.............**106**
　4.7.1　五角星.............106
操作实战065——绘制五角星.............106
　4.7.2　支撑柱.............107
操作实战066——创建支撑柱.............107
　4.7.3　电源插头.............110
操作实战067——绘制电源插头.............110
4.8　本章小结.............**112**

第5章　特征的复制

5.1　特征复制和粘贴.............**114**
　5.1.1　复制与粘贴.............114
操作实战068——复制孔特征.............114
　5.1.2　选择性移动复制特征.............115
操作实战069——选择性移动复制特征.............115
　5.1.3　选择性旋转复制特征.............116
操作实战070——选择性旋转复制特征.............116
5.2　复制.............**117**
　5.2.1　使用新参考复制特征.............117
操作实战071——使用新参考复制特征.............117
　5.2.2　使用相同参考复制特征.............119
操作实战072——使用相同参考复制特征.............119
　5.2.3　使用移动方式复制特征.............120
操作实战073——使用移动方式复制特征.............120
　5.2.4　使用镜像方式复制特征.............122
操作实战074——使用镜像方式复制特征.............122
5.3　镜像特征.............**123**
操作实战075——使用镜像方式复制特征.............124
5.4　阵列.............**125**
　5.4.1　尺寸阵列.............125
操作实战076——尺寸阵列.............125
　5.4.2　方向阵列.............126

操作实战077——方向阵列.............126
　5.4.3　轴阵列.............127
操作实战078——轴阵列.............127
　5.4.4　填充阵列.............129
操作实战079——填充阵列.............129
　5.4.5　表阵列.............130
操作实战080——表阵列.............130
　5.4.6　曲线阵列.............131
操作实战081——曲线阵列.............131
　5.4.7　参考阵列.............133
操作实战082——参考阵列.............133
　5.4.8　点阵列.............133
操作实战083——点阵列.............133
5.5　上机练习.............**134**
　5.5.1　制作轴承垫圈.............134
操作实战084——制作轴承垫圈.............134
　5.5.2　制作螺丝刀手柄.............136
操作实战085——制作螺丝刀手柄.............136
　5.5.3　制作螺丝钉.............137
操作实战086——制作螺丝钉.............137
5.6　本章小结.............**140**

第6章　工程特征

6.1 孔 **142**
　6.1.1 孔的分类 142
　6.1.2 创建孔特征 142
　操作实战087——创建孔特征 142
　6.1.3 创建直孔 144
　操作实战088——创建直孔 144
　6.1.4 创建草绘孔 145
　操作实战089——创建草绘孔 145
　6.1.5 创建标准孔 146
　操作实战090——创建标准孔 146
6.2 抽壳 **147**
　操作实战091——创建抽壳特征 147
6.3 倒圆角 **148**
　6.3.1 倒圆角特征选项设置 148
　6.3.2 创建基本倒圆角特征 151
　操作实战092——创建恒定半径倒圆角特征 ... 151
　操作实战093——创建完全倒圆角特征 151
　操作实战094——创建变化半径倒圆角特征 ... 152
　操作实战095——创建曲线驱动倒圆角特征 ... 153
　6.3.3 自动倒圆角 154
　操作实战096——创建自动倒圆角特征 155
6.4 倒角 **155**
　6.4.1 边倒角 156

　操作实战097——创建45×D倒角特征 156
　操作实战098——创建D×D倒角特征 156
　操作实战099——创建D1×D2倒角特征 157
　操作实战100——创建角度×D倒角特征 157
　操作实战101——创建O×O倒角特征 158
　操作实战102——创建O1×O2倒角特征 158
　6.4.2 拐角倒角 159
　操作实战103——创建拐角倒角特征 159
6.5 筋 **160**
　6.5.1 轮廓筋 160
　操作实战104——创建平直加强筋 160
　操作实战105——创建旋转加强筋 161
　6.5.2 轨迹筋 162
　操作实战106——创建轨迹加强筋 162
6.6 拔模 **164**
　6.6.1 创建基本拔模 164
　操作实战107——创建中性面拔模特征 164
　6.6.2 创建分割拔模 165
　操作实战108——创建中性面分割拔模特征 ... 165
　6.6.3 创建可变拖拉方向拔模 166
　操作实战109——创建可变拖拉方向拔模特征 ... 166
6.7 上机练习 **167**
6.8 本章小结 **176**

第7章　构造特征

7.1 轴、退刀槽和法兰 **178**
　操作实战110——修改配置文件 178
　7.1.1 轴 179
　操作实战111——创建线性轴特征 179
　操作实战112——创建径向轴特征 180
　操作实战113——创建同轴轴特征 181
　7.1.2 退刀槽 182
　操作实战114——创建环形槽特征 182
　7.1.3 法兰 183
　操作实战115——创建法兰特征 183
7.2 槽 **184**
　操作实战116——创建拉伸实体槽特征 184
　操作实战117——创建旋转实体槽特征 186
　操作实战118——创建扫描实体槽特征 187
　操作实战119——创建混合实体槽特征 188

7.3 管道 **190**
　操作实战120——创建管道特征 190
7.4 唇 **191**
　操作实战121——创建唇特征 191
7.5 耳 **192**
　操作实战122——创建可变耳特征 192
　操作实战123——创建90度耳特征 194
7.6 局部推拉 **195**
　操作实战124——创建局部推拉特征 195
7.7 半径圆顶 **196**
　操作实战125——创建凸起半径圆顶特征 196
　操作实战126——创建凹下去半径圆顶特征 ... 197
7.8 剖面圆顶 **198**
　操作实战127——创建扫描剖面圆顶特征 198
7.9 草绘修饰特征 **200**

7.9.1　规则截面草绘修饰特征.................200
操作实战128——创建规则截面草绘修饰特征.......200
7.9.2　投影截面草绘修饰特征.................201
操作实战129——创建投影截面草绘修饰特征.......201
7.9.3　修饰槽特征.................202

操作实战130——创建修饰槽特征.................202
7.9.4　修饰螺纹.................203
操作实战131——创建修饰螺纹.................203
7.10　上机练习.................204
7.11　本章小结.................208

第8章　曲面设计

8.1　曲面设计概述.................210
8.2　一般曲面设计.................210
8.2.1　拉伸曲面.................211
操作实战132——创建拉伸曲面.................211
操作实战133——创建封闭拉伸曲面.................211
8.2.2　旋转曲面.................212
操作实战134——创建旋转曲面.................212
8.2.3　扫描曲面.................212
操作实战135——创建扫描曲面.................212
操作实战136——创建可变剖面扫描曲面.................213
8.2.4　混合曲面.................214
操作实战137——创建混合曲面.................214
8.2.5　扫描混合曲面.................214
操作实战138——创建扫描混合曲面.................214
8.2.6　螺旋扫描曲面.................215
8.2.7　创建恒定螺距螺旋扫描曲面.................215
操作实战139——创建恒定螺距螺旋扫描曲面.......215
8.2.8　创建可变螺距螺旋扫描曲面.................216
操作实战140——可变螺距螺旋扫描曲面.................216
8.2.9　创建边界混合曲面.................217
8.2.10　边界混合曲面操作面板.................217
8.2.11　边界混合曲面的创建.................219
操作实战141——单方向创建边界混合曲面.......219
操作实战142——双方向创建边界混合曲面.......220

8.3　曲面编辑.................221
8.3.1　曲面复制和移动.................221
8.3.2　填充曲面.................221
操作实战143——创建填充曲面.................221
8.3.3　曲面合并.................222
操作实战144——创建合并曲面.................222
8.3.4　曲面修剪.................223
操作实战145——用拉伸曲面修剪曲面.................223
操作实战146——用曲线修剪曲面.................223
操作实战147——用平面修剪曲面.................224
操作实战148——用曲面修剪曲面.................225
8.3.5　偏移曲面.................226
操作实战149——创建偏移曲面.................226
8.3.6　曲面延伸.................227
操作实战150——延伸曲面.................227
8.3.7　加厚曲面.................228
操作实战151——加厚曲面.................228
操作实战152——加厚移除材料.................229
8.3.8　曲面实体化.................229
操作实战153——面组实体化.................229
8.4　上机练习.................230
8.4.1　创建螺旋管.................230
8.4.2　话筒模型.................233
8.5　本章小结.................238

第9章　实体特征操作工具

9.1　特征的操作.................240
9.1.1　修改尺寸.................240
操作实战154——通过右键菜单修改尺寸.................240
操作实战155——双击特征修改尺寸.................241
9.1.2　缩放模型.................241
操作实战156——缩放模型.................241
9.1.3　特征的重命名.................242
操作实战157——通过右键菜单重命名.................242

操作实战158——两次单击重命名.................242
9.1.4　特征的编辑定义.................243
操作实战159——特征的编辑定义.................243
9.1.5　删除特征.................244
操作实战160——删除特征.................244
9.1.6　隐含特征.................244
操作实战161——隐含特征.................245
操作实战162——恢复隐含的特征.................245

9.1.7 隐藏特征 246
　操作实战163——隐藏特征 246
9.1.8 撤销与重做 247
　操作实战164——撤销与重做 247
9.1.9 特征信息查看 249
　操作实战165——查看特征的父子关系 249
9.1.10 重新排序 250
　操作实战166——特征的重新排序 250
9.1.11 插入特征 251
　操作实战167——插入特征 251
9.2 组的操作 **252**
9.2.1 创建组 252
　操作实战168——创建组 253
9.2.2 组的隐含与恢复 253
　操作实战169——隐含组 253
　操作实战170——恢复隐含的组 254
9.2.3 阵列组 255
　操作实战171——阵列组 255
9.3 层的操作 **256**
9.3.1 层的基本概念 257

9.3.2 打开层树 257
　操作实战172——显示层树 257
9.3.3 创建新层 258
　操作实战173——创建新层 258
9.3.4 向层中添加项目 259
　操作实战174——添加项目 259
9.3.5 隐藏层 259
　操作实战175——隐藏层 260
9.3.6 自动创建层 260
　操作实战176——自动创建层 260
9.3.7 保存层状况 261
9.4 定义零件的属性 **261**
9.4.1 概述 261
9.4.2 定义新材料 262
　操作实战177——定义新材料 262
9.4.3 保存定义的材料 262
9.4.4 为当前模型指定材料 263
9.4.5 零件模型单位设置 263
9.5 上机练习 **264**
9.6 本章小结 **266**

第10章　装配设计

10.1 组件模式概述 **268**
10.2 将元件添加到组件 **269**
10.2.1 关于元件放置操控板 269
10.2.2 约束放置 270
10.2.3 使用预定义约束集（机构连接）....276
10.2.4 封装元件 280
10.3 操作元件 **281**
10.3.1 以放置为目的的移动元件 281
10.3.2 拖动已放置的元件 283
10.4 元件的编辑操作 **284**
10.4.1 元件的打开、删除 284
　操作实战178——元件的打开 284
　实战演练179——元件的删除 285
10.4.2 修改零件的特征尺寸 286
　实战演练180——修改零件的特征尺寸 ...286
10.4.3 修改装配体中的零件 287
　实战演练181——修改装配体中的零件 ...287
10.4.4 重定义零件的装配关系 288
　实战演练182——重定义零件的装配关系 ..288
10.4.5 在装配体中创建新零件 289
　实战演练183——创建新零件 289

10.4.6 零件的隐含与恢复 290
　实战演练184——隐含装配中的零件 290
　实战演练185——恢复装配体中的零件 ...291
10.4.7 复制元件 292
　实战演练186——复制元件 292
　实战演练187——复制/粘贴元件 293
10.4.8 镜像元件 293
　实战演练188——镜像元件 293
10.4.9 重复元件 294
　实战演练189——重复元件 294
10.4.10 阵列元件 295
　实战演练190——参考阵列 295
　实战演练191——尺寸阵列 296
10.5 上机练习 **296**
10.5.1 创建液晶显示器屏幕 297
10.5.2 显示器底座插孔的制作 304
10.5.3 创建底座 307
10.5.4 绘制底座立柱 308
10.5.5 组装液晶显示器 311
10.6 本章小结 **313**

第11章　模型的测量与分析

11.1　查看装配信息........................315
实战演练192——查看元件大小................315
实战演练193——查看模型的关系和参数........315
实战演练194——查看装配零件的物料清单......316
11.2　模型的测量..........................316
11.2.1　测量距离........................316
实战演练195——测量面到面的距离............316
实战演练196——测量点到面的距离............317
11.2.2　测量长度........................318
实战演练197——测量长度...................318
11.2.3　测量面积........................319
实战演练198——测量面积...................319
11.2.4　测量角度........................319
实战演练199——测量角度...................319
11.2.5　测量体积........................320
实战演练200——测量体积...................320
11.2.6　测量直径........................321
实战演练201——测量直径...................321
11.2.7　测量变换........................321
实战演练202——计算两坐标系间的转换值......322
11.3　分析模型............................322
11.3.1　分析质量属性....................322
实战演练203——模型的质量属性分析..........323
11.3.2　分析横截面质量属性..............323
实战演练204——分析横截面质量属性..........324
11.3.3　分析短边........................325
实战演练205——分析短边...................325
11.3.4　配合间隙........................325

实战演练206——分析配合间隙................325
11.3.5　装配干涉检查....................326
实战演练207——装配干涉检查................326
11.4　分析几何............................327
11.4.1　分析点..........................327
实战演练208——分析点.....................327
11.4.2　曲面的曲率分析..................328
实战演练209——曲面的曲率分析..............328
11.4.3　分析曲率........................329
实战演练210——分析曲率...................329
11.4.4　分析二角面......................330
实战演练211——分析二角面.................330
11.4.5　分析截面........................331
实战演练212——分析截面...................331
11.4.6　分析偏离........................331
实战演练213——分析偏移...................331
11.4.7　分析偏差........................332
实战演练214——分析偏差...................332
11.4.8　分析拔模斜度....................333
实战演练215——分析拔模斜度................333
11.4.9　分析斜率........................334
实战演练216——分析斜率...................334
11.4.10　分析反射.......................334
实战演练217——分析反射...................334
11.4.11　分析阴影.......................335
实战演练218——分析阴影...................335
11.5　本章小结............................336

第12章　模型的视图管理

12.1　定向视图............................338
实战演练219——创建定向视图................338
实战演练220——设置不同的定向视图..........339
12.2　样式视图............................340
实战演练221——创建样式视图................340
实战演练222——设置不同的样式视图..........341
12.3　截面视图............................342
12.3.1　截面概述........................342
12.3.2　创建"平面"横截面..............343
实战演练223——创建"平面"横截面..........343
实战演练224——编辑剖面线.................344
12.3.3　创建"偏移"横截面..............345
实战演练225——创建"偏移"横截面..........345

12.4　简化表示............................346
12.4.1　创建简化表示....................346
实战演练226——创建简化表示................346
12.4.2　"主表示"、"几何表示"和
　　　　"图形表示"的区别..............348
实战演练227——创建简化表示................348
实战演练228——观察"主表示"、"几何表示"和
　　　　　"图形表示"三者之间的区别.....349
12.5　分解视图............................351
12.5.1　创建装配模型的分解状态..........352
实战演练229——选择默认分解视图............352
实战演练230——创建分解视图................352
实战演练231——设定当前分解状态............355

实战演练232——取消装配体的分解状态..............356
12.5.2 修饰偏移线..............356
实战演练233——创建偏移线..............356

12.6 层视图..............359
实战演练234——创建层视图..............359
12.7 本章小结..............360

第13章 工程图设计

13.1 创建二维工程图..............362
13.1.1 新建工程图..............362
13.1.2 选择模板..............362
实战演练235——新建工程图..............363
13.2 创建工程视图..............363
13.2.1 创建常规视图..............364
实战演练236——创建常规视图..............364
13.2.2 创建投影视图..............365
实战演练237——创建投影视图..............365
13.2.3 创建破断视图..............366
实战演练238——创建破断视图..............366
13.2.4 创建半视图..............366
实战演练239——创建半视图..............366
13.2.5 创建局部视图..............367
实战演练240——创建局部视图..............367
13.3 辅助、旋转和详图视图..............368
13.3.1 创建辅助视图..............368
实战演练241——创建辅助视图..............368
13.3.2 创建详细视图..............369
实战演练242——创建详细视图..............369
13.3.3 创建旋转视图..............370
实战演练243——创建旋转视图..............370
13.3.4 创建剖视图..............371
实战演练244——创建全剖视图..............371
实战演练245——创建半剖视图..............372
实战演练246——创建局部剖视图..............373
13.4 编辑视图..............374
13.4.1 移动视图..............374
实战演练247——移动与锁定视图..............375
13.4.2 删除、拭除或恢复视图..............375
实战演练248——删除视图..............375
实战演练249——拭除与恢复视图..............375
13.5 创建尺寸..............376
13.5.1 显示尺寸..............376
实战演练250——显示尺寸..............376

13.5.2 标注尺寸..............377
实战演练251——标注线性尺寸..............377
实战演练252——标注径向尺寸..............379
实战演练253——标注角度尺寸..............379
实战演练254——按基准方式标注尺寸..............380
实战演练255——参照尺寸..............380
实战演练256——标注尺寸公差..............381
13.5.3 编辑尺寸..............382
实战演练257——清理尺寸..............382
实战演练258——移动尺寸..............384
实战演练259——对齐尺寸..............384
实战演练260——修改尺寸..............385
实战演练261——修改尺寸大小..............385
实战演练262——修改尺寸位数..............386
实战演练263——删除尺寸..............386
13.6 注释..............387
13.6.1 创建注释..............387
实战演练264——创建注释..............387
13.6.2 修改注释..............388
实战演练265——修改注释..............388
13.7 表格与图框..............389
13.7.1 创建表格..............389
实战演练266——手动创建表格..............389
实战演练267——通过文件插入表格..............390
实战演练268——删除表格..............391
实战演练269——移动表格..............391
实战演练270——旋转表格..............392
实战演练271——复制表格..............392
实战演练272——输入与编辑文本..............393
实战演练273——删除表格文本..............394
13.7.2 图框..............395
实战演练274——绘制图框..............395
13.8 上机练习..............396
13.9 本章小结..............408

第14章 综合设计范例

14.1 绘制草绘图..............410
14.1.1 内矩形花键..............410
14.1.2 底座..............413
14.2 创建零件模型..............414
14.2.1 烟灰缸..............414

14.2.2 MP3播放器..............419
14.2.3 风扇..............433
14.3 装配设计..............438
14.4 生成工程图..............443
14.5 本章小结..............452

第1章

PTC Creo 2.0
基础概述

　　Creo 2.0是美国PTC公司推出的一款CAD设计软件包，它根据Creo 1.0版本用户的实际使用情况，作了适当调整和优化，它的宜人化操作程度得到了进一步的提升。本章将对这款软件作一个简单的介绍。

1.1 PTC Creo 2.0 概述

Creo 2.0版本是针对使用CAD软件的公司推出的系列软件之一，改善了实际应用中在互操作性、可用性，及装配管理和技术锁定方面所遇到的问题。在Creo 1.0获得用户好评的基础上，Creo 2.0对功能和操作作了进一步的增强。

1.1.1 PTC Creo 2.0简介

Creo 2.0在以前版本的基础上更加注重操作性和实用性，更便于新手的学习使用。本节将对Creo 2.0的主要功能和特色作详细介绍。

Creo 2.0的界面相比之前的版本作出了部分更新，它与Office、AutoCAD相似，把大量的常用命令以图标的形式显示到主界面，使其操作更加简单快捷。Creo 2.0的界面如图1-1所示。

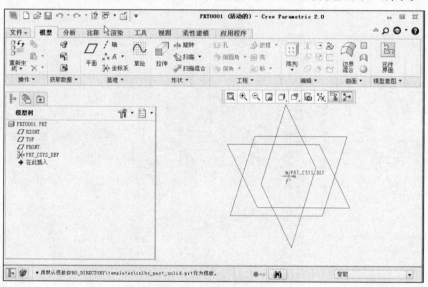

图1-1　Creo 2.0 界面

在草绘中的"构造模式"下草绘的都是构造线，如图1-2所示。

Creo 2.0的"柔性建模"菜单如图1-3所示。许多配置调节窗口化，使新手更容易学习掌握，如图1-4所示。

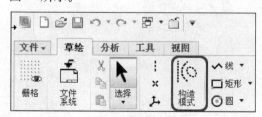

图1-2　构造模式

图1-3　柔性建模

图1-4 项目窗口化

特征命令中的"拉伸"有3种预览模式，如图1-5所示。

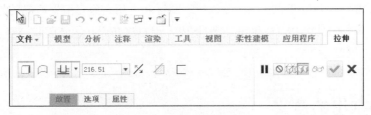

图 1-5 "拉伸"预览模式

查询功能可以快速动态地查找命令，如图1-6所示。

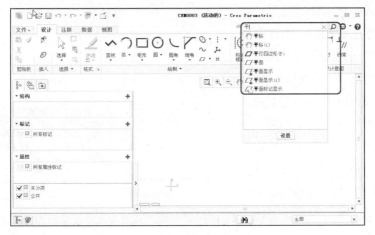

图1-6 查询功能

还有部分细节命令也进行了改进，后面学习中会接触到。

1.1.2 基本设计概念

PTC从"广义用户"的角度阐述了4个APP层面上的应用。这里说的4个层面并不是说"4种不同的程序"，而是说从4个维度上来解决产品生命周期中"产品设计"遇到的问题。

1. AnyRole APPs™ 应用

在恰当的时间向正确的用户提供合适的工具，使组织中的所有人都参与到产品开发的过程中。最终结果是激发新思路、创造力以及个人效率。

2. AnyMode Modeling™ 建模

提供业内唯一真正的多范型设计平台，使用户能够采用二维、三维直接或三维参数等方式进行设计。在某一个模式下创建的数据能在任何其他模式中访问和再用，而且每个用户可以在所选择的模式中使用自己或他人的数据。此外，Creo的AnyMode建模能让用户在各模式之间进行无缝切换，而不丢失信息或设计思路，从而提高团队效率。

3. AnyData Adoption™ 采用

用户能够统一使用任何CAD系统生成的数据，从而实现多CAD设计的效率和价值。参与整个产品开发流程的每一个人，都能够获取并再用Creo产品设计应用软件所创建的重要信息。此外，Creo将提高原有系统数据的再用率，降低技术锁定所需的高昂转换成本。

4. AnyBOM Assembly™ 装配

为团队提供所需的能力和可扩展性，以创建、验证和再用高度可配置产品的信息。利用BOM驱动组件以及与PTC Windchill® PLM软件的紧密集成，用户将开启并达到团队乃至企业前所未有的效率和价值水平。

1.1.3 Creo推出的意义

1. 软件的易用性

Creo在拉丁语中是创新的意思。目前CAD软件虽然已经在技术上逐渐成熟，但操作还很复杂，宜人化程度有待提高。Creo 2.0的启动界面如图1-7所示。Creo的推出，是为了解决困扰制造企业在应用CAD软件中的四大难题。CAD软件已经应用了几十年，三维软件也已经出现了二十多年，似乎技术与市场逐渐趋于成熟。但是，目前制造企业在CAD应用方面仍然面临着四大核心问题。

图1-7　Creo 2.0 启动界面

2. 互操作性

不同的设计软件造型方法各异，包括特征造型、直觉造型等，二维设计还在广泛应用。但这些软件相对独立，操作方式完全不同，对于客户来说，鱼和熊掌不可兼得。

3. 数据转换的问题

依然是困扰CAD软件应用的大问题。一些厂商试图通过图形文件的标准来锁定用户，从而导致很高的数据转换成本。

4.装配模型如何满足复杂的客户配置需求

由于客户需求的差异，往往会造成由于复杂的配置，而极大延长产品的交付时间。

Creo的推出，正是为了从根本上解决这些制造企业在CAD应用中面临的核心问题，从而真正将企业的创新能力发挥出来，帮助企业提升研发协作水平，为企业创造价值。

1.2 安装和卸载PTC Creo 2.0

Creo是一个可伸缩的套件，集成了多个可互操作的应用程序，功能覆盖整个产品开发领域。Creo 的产品设计应用程序可以让不同角色的产品开发团队都能使用最适合自己的工具，用户可以全面参与产品开发过程。Creo还提高了互操作性，可确保在内部和外部团队之间轻松共享数据。

1.2.1 PTC Creo 2.0的安装

PTC Creo 2.0软件在各种操作系统下的安装过程基本相同。但由于软件细分版本不同及存在个人使用、交流的破解版本，具体安装过程也会略有不同，应灵活变通。

 **操作实战001——安装PTC Creo 2.0 软件**

1 在光驱中放入Creo 2.0安装光盘，等待计算机加载完成。

2 运行 setup.exe文件开始安装，在弹出的界面中选中"安装新软件"单选按钮，如图1-8所示。

3 单击"下一步"按钮，在 CRACK 目录下找到 license.dat 文件，复制到 C 盘或 D 盘，然后用记事本打开ptc_licfile.dat，在"编辑"菜单里执行"替换"命令，查找内容 00-00-00-00-00-00，全部替换为使用的主机的 ID，替换完成后保存即可，如图1-9所示。

图1-8 Creo 2.0安装界面

图1-9 替换为主机ID

4 单击"下一步"按钮安装软件，在弹出的窗口中选中"我接受许可协议"单选按钮，然后单击"下一步"按钮，如图1-10所示。

图1-10 接受许可协议

5 弹出许可证检测窗口，在其中添加制作好的许可证文件，然后单击"Next"按钮，如图1-11所示。

图1-11 添加许可证文件

6 弹出"应用程序选择"窗口，在此窗口选择文件的安装路径和需要安装的应用程序，然后单击"安装"按钮，如图1-12所示。

图1-12 选择安装的文件

7 弹出安装进度窗口，等待应用程序安装进度全部达到100%后，单击"完成"按钮退出安装助手，如图1-13所示。

图1-13 安装完成

1.2.2 卸载PTC Creo 2.0

PTC Creo 2.0的卸载可以借助360软件管家中的软件卸载选项，也可以双击"开始"菜单中"控制面板"里面的"添加或删除程序"图标来完成。

 操作实战002——卸载PTC Creo 2.0 软件

PTC Creo 2.0的卸载过程如下所述。

1 打开"控制面板"窗口，双击"添加或删除程序"图标，如图1-14所示。

2 在打开的窗口中找到Creo 2.0的相关程序项，单击"删除"按钮，卸载此程序即可，如图1-15所示。在弹出的窗口中单击"卸载"按钮即可。

图1-14 "添加或删除程序"图标

图1-15 卸载程序

1.3 PTC Creo 2.0 用户界面

PTC Creo 2.0与Creo 1.0版本相比较，其界面的变化基本不大。本节对它的界面进行介绍。

1.3.1 PTC Creo 2.0的开启与关闭

在Windows操作系统中，Creo 2.0的启动方式一般有3种，分别如下所列。

● 从桌面快捷方式进入：在Creo 2.0默认的安装情况下，完成安装后，桌面上自动添加一个Creo Parametric 2.0启动的快捷方式图标，双击此图标，即可打开软件。

● 从"开始"菜单进入：在Windows操作系统下，大部分软件都可以通过屏幕左下角的"开始"菜单启动。启动Creo 2.0的方法是单击"开始"按钮，然后依次执行"程序"|"PTC Creo"|"Creo Parametric 2.0"命令即可。

● 从快速启动栏启动：这种方法不是Creo 2.0的默认选项，需要软件安装完成后添加。在快速启动栏添加快速启动项的方法是拖动桌面上的Creo 2.0快捷方式图标至屏幕下方的快速启动栏，当在要放置的地方出现图标时放开鼠标，这时快速启动栏中便多了一个Creo Parametric 2.0快捷方式的图标，这样以后就可以单击这个图标来启动Creo 2.0了。

关闭Creo 2.0的方法有两种，分别如下所述。

● 执行菜单栏中的"文件"|"退出"命令，如图1-16所示。

图1-16 "退出"命令

● 单击标题栏右上角的"关闭"按钮 ⊠ ,如图1-17所示。

图1-17 "关闭"按钮

1.3.2 PTC Creo 2.0操作界面

Creo 2.0的设计环境是随着不同的设计过程而不断变化的,其设计环境界面也有所变动。图1-18所示为草绘设计界面。

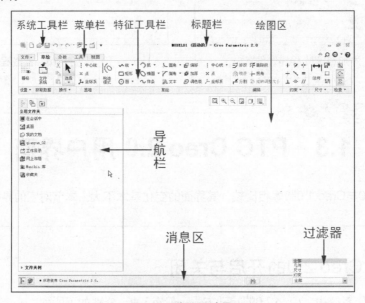

图1-18 草绘设计界面

中文版Creo 2.0的操作界面主要由标题栏、系统工具栏、菜单栏、特征工具栏、导航栏、消息区、绘图区及过滤器等部分组成。下面分别进行介绍。

1. 标题栏

位于界面的最上方,功能与常用软件的标题栏基本相同,即显示打开的文件名。其后面的文字 MODEL01 (活动的) - Creo Parametric 2.0 表示此窗口为当前窗口。

2. 系统工具栏

也位于界面的最上方,在标题栏的左侧,里面是简单的系统工具,例如"新建"、"打开",也可以通过右方的下拉箭头设置显示内容,以及系统工具栏的显示位置等扩展选项。

3. 菜单栏

位于标题栏的下方,如图1-18所示,栏内包含文件、模型、分析等选项卡,进入Creo 2.0不同的模块,系统会加载不同的选项卡。草绘模式的菜单栏中加载的选项卡如图1-19所示。

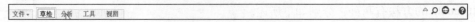

图1-19 草绘模式的菜单栏

4. 特征工具栏

在Creo 2.0中，特征工具栏把大量的常用命令集合到此栏中。不同的模块下这个部分是不同的，图1-20所示为草绘模块下面的特征工具栏，它包含了设置、获取、操作、基准、草绘、编辑等命令。

图1-20　特征工具栏

提示

不适用于当前活动窗口的命令将不可用或不可见。

5. 导航栏

窗口左侧的导航栏包括："模型树"、"公用文件夹"和"个人收藏夹"3个选项卡，把鼠标放在它靠近绘图区的边界线上可以对宽度进行调整，各选项卡之间可通过导航栏上的选项卡按钮进行切换。

下面依次介绍导航栏中各个选项的功能。

● 模型树：该选项卡记录了特征的创建、零件以及组件所有特征创建的顺序、名称、编号状态等相关数据，如图1-21（a）所示。每一类特征名称前皆有该类特征的图标。模型树也是用户进行编辑操作的区域，可以在特征名称上单击鼠标右键，在弹出的快捷菜单中执行特征的"编辑"、"编辑定义"、"删除"等操作。

● 公用文件夹：该选项卡的功能类似Windows操作系统中的"资源管理器"。在对象上单击鼠标右键，即可弹出相应的快捷菜单，如图1-21（b）所示。选择文件夹，则会自动弹出"浏览器"对话框并显示该文件夹中的文件。在浏览器中选择Creo 2.0的文件，则会出现"预览"窗口，下面的树状文件夹是可以缩小到底部的。

● 收藏夹：与一般浏览器的"收藏夹"一样，用于保存用户常用的网页地址，如图1-21（c）所示。

（a）模型树

（b）文件夹

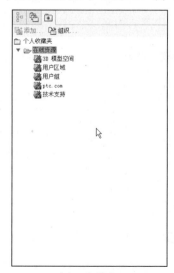

（c）收藏夹

图1-21　导航栏

6. 绘图区

窗口中间的区域是最重要的设计绘图区，也是模型显示的主视图区。在此区域，可以通过视图操作进行模型的旋转、平移、缩放以及选取模型特征，进行编辑和变更等操作。

该区域的默认背景色是白色。用户可以执行系统工具栏右端下拉选项中的"更多命令"|"系统颜色"命令，如图1-22（a）所示。弹出"系统颜色"对话框，在颜色配置：深色背景 下拉列表中可以设置绘图区的颜色，如图1-22（b）所示。

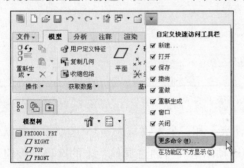

(a) 更多命令　　　　　　　　(b) "系统颜色"对话框

图1-22　绘图区

7. 操作面板

用于进行特征创建和变更操作，单击特征工具栏上的选项卡按钮，下方即可显示其对应的操作面板。操作面板内有其所属功能选项卡的功能按钮，本书将其区域称为"操作面板"，简称为"操控板"。该面板的弹出项称为"下滑面板"或"下拉面板"。图1-23所示为"拉伸"操控板及"放置"下拉面板。

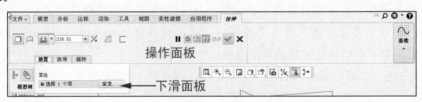

图1-23　操作面板

8. 提示信息区

在操作过程中，相关信息会显示在此区域，如"特征创建步骤的提示"、"警告信息"、"错误信息"、"结果"与"数值输入"等信息，如图1-24所示。

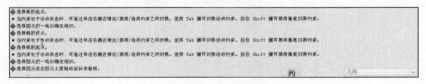

图1-24　提示信息区

提示

建议初学者在操作过程中随时注意提示信息区给出的提示内容，以明确命令执行的结果与系统响应的各种信息。

9. 过滤器

当面对很多特征复杂的设计模型时，经常发生无法顺利选取到目标对象的情况，此时可通过"过滤器"选择所需的对象类型，如"全部"、"尺寸"、"几何"等，如图1-25所示，这样就可以在选择时过滤掉非此类型的特征对象。

图1-25　过滤器

1.3.3　定制屏幕

在Creo 2.0 版本中，屏幕的调整是非常必要的内容。除了系统缺省给出的屏幕外，还可以自定义屏幕样式。

操作实战003——用户界面的调整

1 单击"新建"按钮，新建一个草绘文件，如图1-26所示。

图1-26　新建草绘文件

2 单击"文件"按钮，在展开的下拉菜单中执行"选项"命令，弹出"选项"对话框，如图1-27（a）所示。在其中执行"窗口设置"命令，如图1-27（b）所示。

3 执行该操作后，即可弹出相应的设置选项，如图1-28所示。

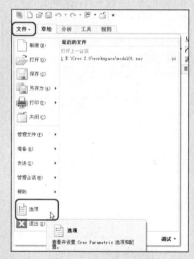

（a）"选项"命令

（b）"窗口设置"命令

图1-27　执行相应命令

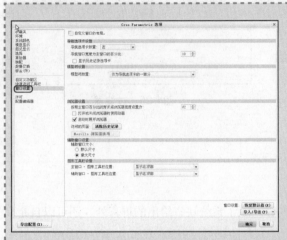

图1-28 弹出的设置选项

4 在该界面中将"导航选项卡放置"设置为"右",设置完成后,单击"确定"按钮,即可将导航栏调动到右边,如图1-29所示。

图1-29 导航栏居右显示

5 如果在该界面中将"导航窗口宽度为主窗口的百分比"调整为50,导航栏窗口将

加宽,如图1-30所示。

图1-30 调整导航栏宽度

6 如果在该界面中选中"显示历史记录选项卡"前的复选框,在导航栏中将出现历史记录,如图1-31所示。

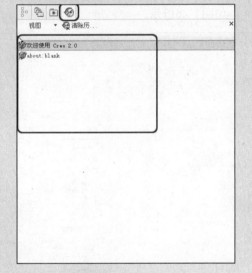

图1-31 历史记录

其中几个常用选项的功能如下所述。

- 浏览器设置:浏览器可配置的选项有"按照主窗口百分比的形式将浏览器宽度设置为"下拉选项,打开或关闭浏览器时使用动画,启动时展开浏览器,清除历史记录及相关浏览器选项。
- 辅助窗口设置:可调节辅助窗口大小。
- 图形工具栏设置:可以设置主窗口及辅助窗口的位置。图1-32所示为设置主窗口在右侧显示。辅助窗口的调整与之类似。

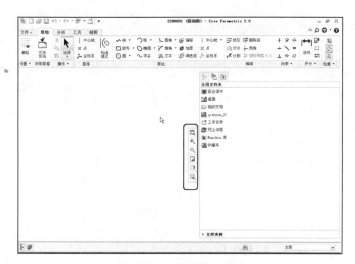

图1-32　设置图形工具栏

1.3.4　调取工具栏

在Creo 2.0中，工具栏可以根据需要进行内容增减。

操作实战004——在工具栏中调取工具

1 单击"新建"按钮，新建一个草绘文件。

2 执行"文件"下拉菜单中的"选项"命令，弹出"选项"对话框。

3 执行"快速访问工具栏"命令，打开"快速访问工具栏"设置界面，如图1-33所示。

图1-33　"快速访问工具栏"设置界面

4 选择"所有命令"下的"浏览器选项"，然后单击"添加"按钮即可添加，如图1-34所示。

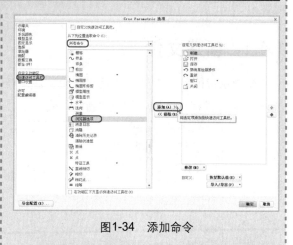

图1-34　添加命令

5 执行完上面命令后，工具栏中就出现了"浏览器选项"的图标，如图1-35所示。

图1-35　"浏览器选项"图标

6 在"快速访问工具栏"选项窗口中选择"浏览器选项"选项，单击"移除"按钮，就可以将此选项从工具栏中移除，如图1-36所示。

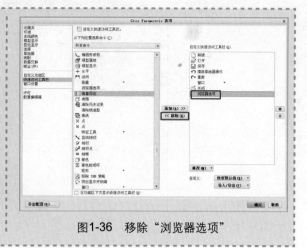

图1-36 移除"浏览器选项"

1.4 文件基本操作

Creo 2.0的文件操作命令都集中在"文件"下拉菜单中，其中常用的文件操作有"新建文件"、"打开文件"和"保存文件"3种。

1.4.1 新建文件

在创建特征前，首先必须新建一个文件。在Creo 2.0中执行"文件"|"新建"命令，如图1-37（a）所示，或在工具栏中单击"新建"按钮，会弹出"新建"对话框，如图1-37（b）所示。

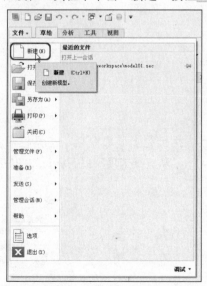

（a）执行"新建"命令

（b）"新建"对话框

图1-37 新建文件操作

提示

为提高操作效率可以按Ctrl+N组合键，同样可以打开"新建"对话框。

根据需要可以单击不同的按钮，建立相应的文件。常用的文件类型有以下几种。

- 草绘：二维截面绘制，扩展名为.sec。
- 零件：三维零件设计，扩展名为.prt。
- 装配：三维零件装配，扩展名为.asm。
- 绘图：工程图样绘制，扩展名为.drw。

1.4.2 打开文件

在Creo 2.0中执行"文件"|"打开"命令，或在工具栏中单击"打开"按钮 ，弹出"文件打开"对话框，如图1-38所示。从中选取所需的文件然后单击"打开"按钮即可。

提示

为提高操作效率可以按Ctrl+O组合键，同样可以打开"文件打开"对话框。

图1-38　选择并打开文件

1.4.3 保存文件

在Creo 2.0中执行"文件"|"保存"命令，或在工具栏中单击"保存"按钮 ，弹出"保存对象"对话框，如图1-39所示。如果单击"确定"按钮则保存文件；单击"取消"按钮则放弃本操作。

提示

为提高操作效率可以按Ctrl+S组合键，同样可以打开"保存对象"对话框。

图1-39　"保存对象"对话框

1.4.4 保存副本

在Creo 2.0中，"文件"菜单中的"保存副本"、"保存备份"命令都为"另存为"的子命令。执行"文件"|"另存为"|"保存副本"命令，弹出"保存副本"对话框，如图1-40所示。在其中输入保存文件名，并选择相应的文件类型，然后单击"确定"按钮即可。

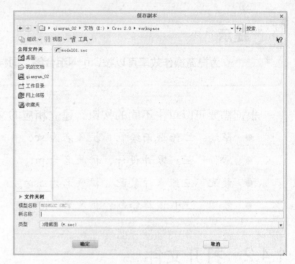

图1-40 "保存副本"对话框

1.4.5 保存备份

执行"文件"|"另存为"|"保存备份"命令，弹出"备份"对话框，如图1- 41所示。在其中设置备份的路径，并单击"确定"按钮完成备份。既可在当前目录下对当前模型文件同名备份，又可在其他目录中同名备份。

图1- 41 "备份"对话框

1.4.6 管理文件

执行"文件"|"管理文件"命令可看到管理文件对话框，执行此对话框中的与删除有关的命令可删除硬盘中的源文件。它共有两个删除可选项，分别是"删除旧版本"和"删除所有版本"，如图1-42所示。

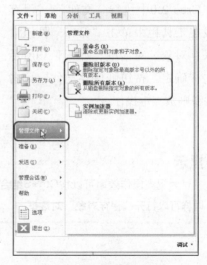

图1-42 管理文件

1.4.7　管理会话

执行"文件"|"管理会话"命令可看到"管理会话"对话框。在"管理会话"对话框中，执行与拭除相关的命令可删除内存中的信息但并不删除硬盘中的源文件。它共有两个拭除可选项，分别是"拭除当前"和"拭除未显示的"，如图1-43所示。

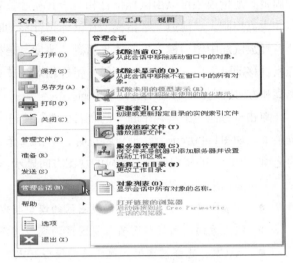

- 拭除当前：将当前工作窗口中的模型文件从内存进程中删除。
- 拭除未显示的：将没有显示在工作窗口中但存在于内存中的所有模型文件从内存中删除。

图1-43　管理会话

1.5　视图的基本操作

通过工具栏的"视图"选项卡，可以对设计过程中模型的显示状态进行调整。本节详细介绍3种基本操作：方向、显示和窗口。

"视图"选项卡如图1-44所示。

图1-44　"视图"选项卡

1.5.1　"方向"工具栏

"视图"选项卡由多个工具栏构成，其中方向工具栏中主要包括：上一个、重新调整、放大、缩小、平移、平移缩放等命令。

- 标准方向：以标准方向显示模型。
- 上一个：恢复最近的一次视图方向。
- 重新调整：重新调整模型放大比例至工作窗口能够完整地显示模型。
- 定向模式：启用或禁用定向模式。
- 定向类型：包括固定、动态、延迟和速度4种类型，只有在定向模式下才可用。

其中"动态"是指模型可以绕着视图中心自由地旋转。"固定"是指模型可以由鼠标指针相对于其初始位置移动的方向和距离控制。"延迟"是指模型在鼠标指针移动时方向不更新，释放鼠标中键后模型方向才更新。"速度"是指模型在鼠标指针移动时方向一直更新，且鼠标指针相对于其初始位置的距离和方向决定模型移动的速度与方向。

单击"方向"工具栏中的"已命名视图"按钮，展开下拉菜单，如图1-45所示。在创建特征时，单击选择下拉菜单中的选项，视图区的模型就会以相应的视图方向显示。

图1-45　展开的下拉菜单

下拉菜单中部分选项的含义如下所述。

- 标准方向：选择该选项，视图区的模型将以标准方向显示。
- 默认方向：选择该选项，视图区的模型将以默认方向显示。
- BACK：选择该选项，视图区的模型将以后视图显示。
- BOTTOM：以底视图显示模型。
- FRONT：显示模型的前视图
- LEFT：显示模型的左视图。
- RIGHT：显示模型的右视图。
- TOP：显示模型的顶视图。

1.5.2　"显示"工具栏

"显示"工具栏在"视图"选项卡的位置如图1-44所示。"显示"工具栏主要用来控制基准征特的显示，其中在草绘设计环境下较常用的命令如下所列。

- 显示或隐藏草绘器尺寸或截面尺寸。
- 显示或隐藏草绘器约束或截面约束。
- 显示或隐藏草绘栅格。
- 显示或隐藏截面顶点。

1.5.3　"模型显示"工具栏

"模型显示"工具栏在"视图"选项卡的位置如图1-44所示。在模型显示工具栏中常用选项的作用如下所述。

- 外观库：使用外观库可以对特征表面进行着色，从而改变模型的颜色。
- 截面：通过参考平面、坐标系或平整曲面来创建横截面。
- 管理视图：可以打开视图管理器。
- 显示样式：切换特征的显示样式。

对于显示样式命令，在创建实体特征的过程中使用非常频繁。单击"显示样式"按钮，展开下拉菜单，如图1-46所示。通过选择显示样式下拉菜单中的选项可以使模型有多种不同的显示样式，但不会更改模型的特征参数。更改显示样式后，便于选取参考，及查看模型中的不同特征。

图1-46　展开的下拉菜单

1.6　设置工作目录

工作目录是指分配存储Creo 2.0文件的区域。在Creo 2.0安装后的默认工作目录是其启动的目录。设定当前工作目录可方便文件的保存与打开，便于文件的管理，也节省了文件打开的时间。下面介绍3种为当前Creo 2.0进程选取不同工作目录的方法。

1. 从启动图标设置工作目录

在桌面上的"Creo Parametric 2.0"图标上单击鼠标右键，在弹出的快捷菜单中执行"属性"命令，弹出"属性"对话框，选择"快捷方式"选项卡，如图1- 47所示。在该对话框中将"起始位置"设置为工作目录的路径，单击"确定"按钮即可完成。设置完成后重新启动Creo 2.0，将把新设置的"起始位置"作为工作目录。

图1-47　设置工作目录

2. 从"文件"菜单设置工作目录

执行"文件"|"管理会话"|"选择工作目录"命令，如图1-48（a）所示，弹出"选择工作目录"对话框，如图1-48（b）所示。从中选择所需的目录名称，然后单击"确定"按钮即可完成当前工作目录的设定。

3. 从导航栏中选取工作目录

单击导航栏上方的"文件夹浏览器"按钮，打开"文件夹浏览器"选项卡，在"文件夹浏览器"选项卡中单击本地计算机标识，如图1-49（a）所示。打开文件夹浏览器，从中选择目录文件夹，然后在欲选取的文件夹上单击鼠标右键，从弹出的快捷菜单中执行"设置工作目录"命令，即可设置该文件夹为工作目录，如图1-49（b）所示。

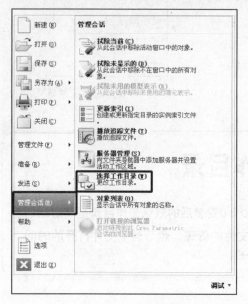

(a) "管理会话"对话框

(b) 选择工作目录

图1-48　设置工作目录

(a) 文件夹浏览器

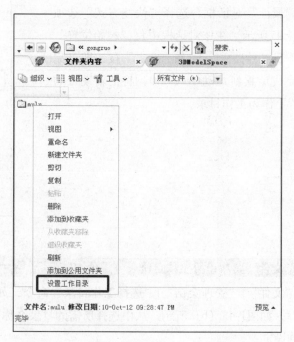

(b) 执行相应命令

图1-49　选取工作目录

1.7　设计对象的移动

设计对象的移动是Creo中使用最频繁的操作，也是最基本的操作。可以通过单击"视图"选项卡中的工具按钮来执行，同时Creo提供了快捷的鼠标、键盘操作方法。

1.7.1　通过方向工具栏来移动设计对象

视图区也称为设计区，是Creo中的设计区域，在其中设计的对象并不是固定的，可以通过单击"视图"选项卡"方向"工具栏中的按钮对其进行操作，其中的按钮有以下几种。

- "放大"按钮 ⊕：单击此按钮后，在设计区单击并拖动鼠标，会出现一个矩形，同时设计区的模型会放大。
- "平移"按钮 ⟨♨平移⟩：单击此按钮后，鼠标指针变成小手样式，在设计区单击鼠标并按住鼠标拖动，模型就会跟随鼠标平移。
- "缩小"按钮 ⊖缩小：单击此按钮后，设计区的模型就会缩小，再单击一次，模型会再次缩小。
- "重新调整"按钮 ▣：单击此按钮后，模型就会完全显示在视图区。
- "平移缩放"按钮 ⊕平移缩放：单击此按钮后，会弹出"方向"调整窗口，通过此窗口可以进行平移、缩放、旋转操作，如图1-50所示。

当打开多个窗口时，其中只有一个窗口是活动的（即只有一个窗口处于激活状态），可以通过标题栏来查看窗口是否处于活动状态，如图1-51所示。当需要激活某一窗口时，可以选择需要激活的窗口，再单击"视图"选项卡"窗口"工具栏中的"激活"按钮 ▣。单击"窗口"工具栏中的"关闭"按钮 ▢，会退出模型的设计并保留本窗口，即将对象保留在会话中。

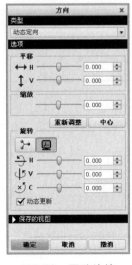

图1-50　平移缩放

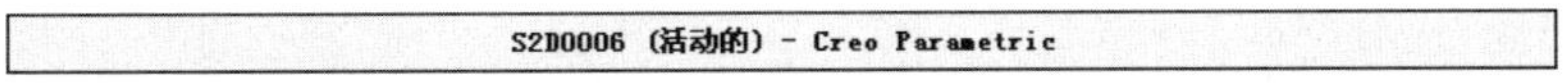

S2D0006（活动的）- Creo Parametric

图1-51　活动的窗口

1.7.2 使用键盘和鼠标移动对象

在实际设计过程中，更多的是使用鼠标和键盘来移动对象，这样更加方便、快捷。使用键盘和鼠标可以执行对象的平移、旋转、缩放等操作。

- 平移：按住Shift键，在设计区单击鼠标中键并按住拖动鼠标，设计区的对象即随鼠标平移。
- 旋转：按住鼠标中键并拖动，设计对象就会旋转。
- 缩放：缩放设计对象有两种方法。滚动鼠标中键，设计对象就会缩放；按住Ctrl键的同时，在设计区单击鼠标中键并按住拖动鼠标，设计对象就会缩放。
- 重新调整：按Ctrl+D组合键即可使设计对象完全显示在视图区。

1.8 本章小结

Creo 2.0版本是PTC 公司继Creo 1.0版本之后推出的第二个版本，它对Creo 1.0版本作了少量改进，它们的操作方式基本一致，保存了用户使用习惯的延递性，继承了Creo系列软件的可操作性和实用性，对初学者来说也更容易入手。

学习本章后，读者可初步认识并了解Creo 2.0版本的安装方法、卸载方法及基本操作界面（其操作界面与Creo 1.0版本的基本一样）。

对Creo 2.0的初学读者来说，学习本章主要应掌握Creo 2.0的安装及卸载，以及认识其操作界面并掌握常用命令的位置。

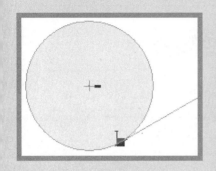

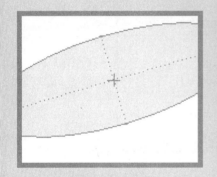

第2章

草绘

　　本章主要介绍草绘设计环境。使用Creo可以绘制平面草图，并可以利用绘制的平面草图来创建三维实体，这也是Creo的基本设计思路之一。要绘制草图首先要认识草绘界面，并能掌握草绘工具的使用方法以及了解草图中的几何约束。当绘制的平面草图用来创建三维实体时，也可以称为草绘截面。草绘在Creo设计中具有重要的意义。

2.1 草绘界面与工具栏简介

要绘制草图，首先要认识草绘设计环境，知道草绘工具的使用方法。

2.1.1 草绘界面

新建草绘文件：双击计算机桌面上的"Creo Parametric 2.0"启动图标，打开Creo 2.0准备界面，如图2-1所示。

图2-1 准备界面

单击"主页"选项卡上的"新建"按钮，弹出"新建"对话框。在"新建"对话框"类型"选项组中选中"草绘" 草绘 选项前的复选框，然后选择创建草绘文件。在"名称"文本框中可以输入自定的名称，亦可以保持默认。公用名称留空即可，然后单击"确定"按钮，如图2-2所示。

进入草绘设计环境，弹出草绘界面。草绘界面主要由工具栏、视图工具栏和绘图区几部分构成，如图2-3所示。

● 工具栏：又可称为特征工具栏，可以在此单击草绘工具按钮。

● 视图工具栏：通过此工具栏可以调整草图的视图显示样式。

● 绘图区：草图的绘制区域。

图2-2 "新建"对话框

图2-3　草绘界面

2.1.2 "草绘"工具栏

"草绘"工具栏的位置可以自己调整，前面已经介绍。"草绘"工具栏如图2-4所示，单击工具按钮右下角的小三角可以弹出下拉菜单，如图2-5所示。"草绘"工具栏部分按钮的作用如下所述。

图2-4　"草绘"工具栏

图2-5　下拉菜单

● "重新调整"按钮：调整缩放等级，以全屏显示图像。
● "放大"按钮：放大绘图区的对象，方便查看对象的细节部分。
● "缩小"：缩小绘图区的对象，方便查看对象的总体布局。
● "重画"按钮：重绘当前视图。
● "显示尺寸"按钮：尺寸显示开关，对是否显示尺寸进行切换。
● "显示约束"按钮：约束条件开关，对是否显示约束条件进行切换。
● "显示栅格"按钮：网格显示开关，对是否显示网格线进行切换。
● "显示顶点"按钮：顶点显示开关，对是否显示截面顶点进行切换。

2.1.3 "草绘"特征工具栏

特征工具栏也可简称为工具栏，内置了草绘所需要的工具按钮，单击此工具栏中的按钮即可绘制草图，如图2-6所示。

图2-6 特征工具栏

- "中心线"按钮 ┆中心线：创建几何中心线。
- "点"按钮 ×点：用来绘制几何点。
- "坐标系"按钮 ↳坐标系：创建相对坐标系。
- "线链"按钮 ╲线：根据定义的起点和终点绘制几何直线。
- "相切直线"按钮 ╲线：根据定义的两个图元绘制与其相切的几何直线。
- "矩形"按钮 □矩形：根据定义的起点和终点绘制矩形。
- "圆心和点"按钮 ◎圆：根据定义的圆心和半径绘制圆。
- "同心"按钮 ◎圆：根据已存在的圆心创建与其同心的圆。
- "三点"按钮 ◎圆：根据定义的三个点绘制经过这三个点的圆。
- "3相切"按钮 ◎圆：根据定义的三个图元绘制与这三个图元相切的圆。
- "轴端点椭圆"按钮 ◎椭圆：定义两端点作为椭圆的主轴端点创建椭圆。
- "3点/相切端"按钮 ◗弧：用三点创建一条弧，或创建一条在端点与图元相切的弧。
- "同心"按钮 ◗弧：根据已存在的圆心创建与其同心的弧。
- "圆心和端点"按钮 ◗弧：通过定义圆心和圆半径端点来创建弧。
- "三相切"按钮 ◗弧：根据定义的3个图元绘制与这3个图元相切的圆弧。
- "圆锥"按钮 ◗弧：根据定义的两个点绘制圆锥曲线。
- "圆形"按钮 ╲圆角：根据定义的两个图元创建与这两个图元相切的圆弧。
- "椭圆形"按钮 ╲圆角：根据定义的两个图元创建与这两个图元相切的椭圆弧。
- "样条"按钮 ∿样条：根据定义的点来绘制样条曲线。
- "倒角"按钮 ╱倒角：在两个图元之间创建倒角并创建构造线延伸。
- "倒角修剪"按钮 ╱倒角：在两个图元之间创建一个倒角。
- "删除段" ⑂删除段：修剪多余曲线，可以按住鼠标左键拖动来依次选择多个要修剪的曲线，选中的部分就是要删除的部分。
- "拐角"按钮 ┼拐角：修剪或延伸图元。与上面的修剪功能不同，本功能选择的图元是要保留的部分。
- "分割"按钮 ┏分割：定义图元断点，使其由一个图元变成两个图元。
- "镜像"按钮 ⑪镜像：镜像复制，根据定义的中心线，对选择的图元进行对称复制。
- "旋转调整大小"按钮 ⊙旋转调整大小：对选择的图元进行旋转和缩放，不进行复制。
- "法向"按钮 ⊡：手工标注尺寸。
- "修改"按钮 ⇒修改：修改编辑选定的尺寸或文字图元。
- "竖直"按钮 ┼：使线竖直并创建竖直约束，或使两个顶点沿竖直方向对齐并创建竖直对齐约束。
- "文本"按钮 ⒶĂ文本：创建文本，作为截面一部分。

2.2 绘制草图

草图由点、线、圆和矩形等基本元素构成，所以要绘制草图应先从掌握这些基本元素开始。本节介绍线、圆、矩形等的绘制方法。

2.2.1 绘制线

本小节主要介绍普通直线、中心线、相切线及相切中心线的绘制方法。"草绘"工具栏如图2-7所示。

图2-7 "草绘"工具栏

操作实战005——绘制普通直线

普通直线可以成为组成图元的一条边，是最常用的一个基本元素。

1 单击工具栏中的"线链"按钮。

2 在绘图区单击两点，系统就会自动在两点间生成直线，单击鼠标中键结束直线的创建。效果如图2-8所示。

图2-8 普通直线效果

操作实战006——绘制中心线

中心线可以用来定义一个旋转特征的中心轴，也可以用来定义截面内的某一对称中心线，或用来创建构造直线。

1 单击直线工具栏中的中心线按钮。

2 在绘图区内所需中心线上的任意一点处单击，一条中心线附着在光标上，如图2-9所示。

图2-9 绘制一条中心线

3 单击中心线上的第二点，则绘制出一条过此两点的中心线，单击鼠标中键完成绘制。

4 单击中心线上一点，便可以出现另一条附着在光标的中心线，单击线外任意一点，便可出现过这两点的一条中心线，如图2-10所示。

图2-10 绘制两条中心线

操作实战007——绘制相切直线

使用相切直线可以在两个圆或两个圆弧之间建立一条与两个图元都相切的直线。
下面以两圆之间建立相切直线为例介绍相切直线的绘制方法。

1 选择工具栏 下拉列表中的 选项，再单击与直线相切的第一个图形，以圆为例。

2 单击第二个圆的外圆线，确定相切直线的第二点（切点）。

3 单击鼠标中键完成相切直线的创建，如图2-11所示。

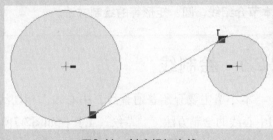

图2-11　创建相切直线

下面介绍直线的几种简单编辑操作方法。

1 旋转：将鼠标指针移动到直线上，单击鼠标右键，在弹出的快捷菜单中执行"旋转调整大小"命令，可以对直线作进一步调整，直到把直线长度、方向调整到正确的位置。

2 拉伸：将鼠标指针移动到直线的一个端点上，按住左键的同时向另一个端点远离、靠近方向拖动，可以快速改变直线的长度。

3 移动：单击直线选中并拖动，便可以改变直线的位置。

2.2.2　绘制矩形

在草绘截面内绘制矩形的步骤如下所述。

1 选择"矩形"选项 。

2 用鼠标左键在绘图区任意一点放置矩形的一个顶点。

3 移动鼠标产生一个动态矩形，将矩形拖动到适当大小后单击鼠标左键，完成矩形的绘制。效果如图2-12所示。

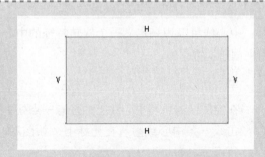

图2-12　矩形效果

操作实战008——绘制斜矩形

斜矩形是通过控制矩形两条边的位置和长度来定位与控制一个矩形的。其绘制方法如下所述。

1 选择"斜矩形"选项 。

2 用鼠标左键在绘图区任意一点放置矩形的一个顶点。

3 移动鼠标产生一条直线，单击鼠标左键，完成矩形的一条边。沿此边垂直方向移动产生另一条直角边，单击鼠标左键，完成斜矩形的绘制。效果如图2-13所示。

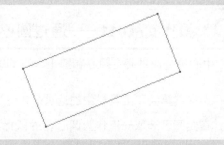

图2-13　斜矩形效果

操作实战009——绘制中心矩形

中心矩形是通过控制矩形的中心和对角线的方向及长度来定位与控制一个矩形的。
中心矩形的绘制方法如下所述。

1 选择"中心矩形"选项 □ 矩形 ▾。

2 用鼠标左键放置矩形的中心点。

3 拖动鼠标至合适位置以确定要放置顶点的位置，单击鼠标左键，完成中心矩形的绘制。效果如图2-14所示。

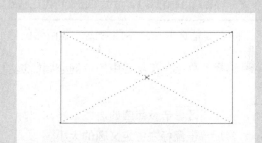

图2-14　中心矩形效果

操作实战010——绘制平行四边形

平行四边形的绘制原理类似于斜矩形的，也是通过控制相邻两条边的长度和夹角来定位控制图形。

平行四边形的绘制方法如下所述。

1 选择"平行四边形"选项 ▱ 矩形 ▾。

2 用鼠标左键放置平行四边形的一个顶点。

3 移动鼠标产生一条斜直线，单击鼠标左键，完成平行四边形的一条边。沿此边外任意方向移动产生另一条邻边，单击鼠标左键，完成平行四边形的绘制。效果如图2-15所示。

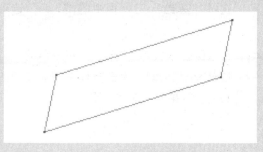

图2-15　平行四边形效果

2.2.3　绘制圆

圆的绘制有多种方法，下面分别介绍。

操作实战011——通过圆心和点绘制圆

中心圆是通过确定圆心和圆上一点的方式来绘制的。

1 选择"草绘"工具栏中的选项 ⊙▣▾。

2 在绘图区选取一点作为圆心，等鼠标移动到大小合适的位置时放开。单击鼠标左键，即可绘制出圆。

3 再单击鼠标中键，系统会自动对圆进行标注。效果如图2-16所示。

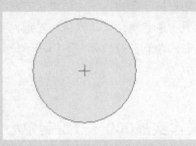

图2-16 中心圆效果

操作实战012——通过同心圆绘制圆

同心圆是选取一个参照圆或一条圆弧的圆心为中心点来创建圆的。

1 选择"草绘"工具栏中的"同心圆"选项 ◎▣▾。

2 在绘图区单击参照圆的边线，移动鼠标，然后单击鼠标左键定义圆的大小。

3 单击鼠标中键完成圆的绘制。效果如图2-17所示。

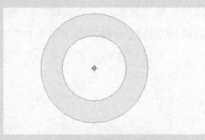

图2-17 同心圆效果

操作实战013——通过3点绘制圆

通过3点绘制圆是利用平面内3点确定一个圆的原理来创建圆的。

1 选择"草绘"工具栏中的"3点"选项 ○▣▾。

2 在绘图区依次单击3个点，系统自动生成过这3个点的圆。单击鼠标中键完成圆的绘制。效果如图2-18所示。

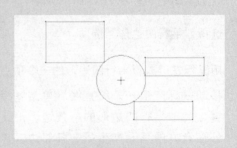

图2-18 3点圆效果

操作实战014——通过3相切绘制圆

3切点绘制圆也是利用3点确定一个圆的原理完成的。下面以三直线的切点为例进行介绍。

1　单击"草绘"工具栏中的"圆"按钮○。

2　在3条直线上各选取一个位置，即可绘制出圆。效果如图2-19所示。

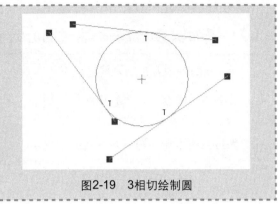

图2-19　3相切绘制圆

2.2.4　绘制圆弧与圆锥曲线

本节介绍圆弧以及圆锥曲线的绘制方法。

○ **操作实战015**——**通过3点/相切绘制圆弧**

3点绘制圆弧是利用3点确定一个圆弧的原理完成的。

1　在圆弧"草绘"工具栏中选择"3点绘制"选项○弧▼。

2　在绘图区某一位置单击，放置圆弧第一端点。

3　在绘图区第二位置单击，放置圆弧第二端点，拖动鼠标至合适形状单击即可。

4　绘制完成后单击鼠标中键系统会自动对图形进行标注。效果如图2-20所示。

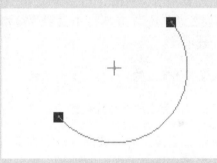

图2-20　3点/相切绘制圆弧

○ **操作实战016**——**通过圆心和端点绘制圆弧**

用圆心和端点绘制圆弧是利用圆心和圆周上的点来定位一段圆弧的。

1　在圆弧"草绘"工具栏中选择"圆心和端点"选项○弧▼。

2　在绘图区某一位置单击，放置圆弧中心。

3　在绘图区第二位置单击，放置圆弧第一端点。

4　沿系统给出的引导轨迹再次单击，放置圆弧的第二端点，再单击鼠标中键结束绘制。效果如图2-21所示。

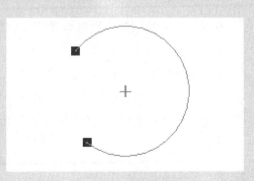

图2-21　圆弧效果

操作实战017——通过同心绘制圆弧

同心圆绘制圆弧可以方便绘制出一系列同心不同直径的圆弧，绘制步骤如下所述。

1 在圆弧"草绘"工具栏中选择"同心"选项🌀弧▾。

2 选取一个参照圆或一条圆弧来定义中心，拖动鼠标至合适位置，单击左键确定第一端点。

3 拖动鼠标至合适形状，单击左键确定第二个端点，再单击鼠标中键结束绘制。效果如图2-22所示。

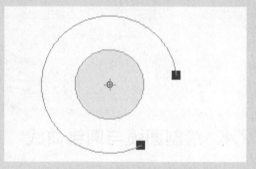

图2-22　同心绘制的圆弧效果

操作实战018——通过3相切绘制圆弧

相切绘制圆弧在创建与几个图元相切的圆弧时非常方便，其绘制步骤如下所述。

1 在圆弧"草绘"工具栏中选择"3相切"选项🗲弧▾。

2 选取现有图元上的一点作为第一切点。

3 选取另一图元上的一点作为第二切点。

4 选取第三图元上的一点作为第三切点，单击鼠标中键完成圆弧的绘制。效果如图2-23所示。

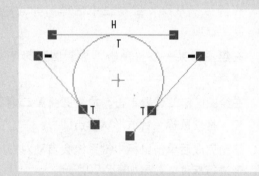

图2-23　3相切绘制的圆弧效果

操作实战019——通过圆锥绘制圆弧

通过圆锥绘制圆弧是一种极其简便的绘制圆弧的方法。下面介绍通过圆锥绘制圆弧的步骤。

1 在圆弧"草绘"工具栏中选择"圆锥"选项⌒弧▾。

2 使用鼠标左键选取圆锥的第一个端点。

3 使用鼠标左键拾取圆锥的第二个端点，这时出现一条连接两端点的参考线和一段圆锥线。

4 移动光标，使用鼠标左键拾取轴肩位置即可完成圆锥弧的绘制。效果如图2-24所示。

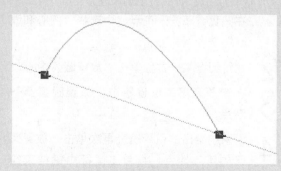

图2-24　圆锥绘制的圆弧效果

2.2.5　绘制椭圆

椭圆在绘制图形时经常会用到，它的常用绘制方法有两种：通过轴端点绘制椭圆与通过中心和轴绘制椭圆。

操作实战020——通过轴端点绘制椭圆

通过轴端点绘制椭圆是指通过控制长轴和短轴的长度来确定一个椭圆，其步骤如下所述。

1　单击圆"草绘"工具栏中的按钮 ◯ 椭圆 ▾。

2　在绘图区某一位置单击左键放置椭圆的第一个轴端点。

3　在绘图区的另一位置单击左键放置椭圆的第二个轴端点。

4　移动鼠标指针至合适形状，单击左键，再单击鼠标中键完成绘制。效果如图2-25所示。

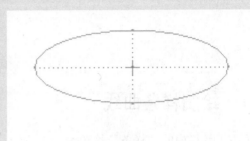

图2-25　轴端点绘制的椭圆效果

操作实战021——通过中心和轴绘制椭圆

通过中心和轴绘制椭圆是指通过控制中心点的位置和半长轴及半短轴的长度来确定一个椭圆，其步骤如下所述。

1　在圆"草绘"工具栏中选择 ◯ 椭圆 ▾ 选项。

2　在绘图区某一位置单击左键放置椭圆的中心点。

3　移动鼠标指针确定椭圆的半轴长单击，然后移动鼠标调整椭圆形状再单击，最后单击鼠标中键完成绘制。效果如图2-26所示。

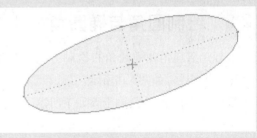

图2-26　绘制椭圆的效果

2.2.6　绘制点与坐标系

在草绘模式下绘制点的步骤如下所述。

1　单击特征工具栏中的"点"按钮 ✕ 点。

2　在绘图区域单击鼠标左键即可创建一个草绘点。

3　移动鼠标并再次单击鼠标左键即可创建第二个草绘点，最后单击鼠标中键结束绘制。效果如图2-27所示。

图2-27　绘制点的效果

在草绘模式下绘制坐标系的步骤如下所述。

1 单击特征工具栏中的"坐标系"按钮 $\bot$ 坐标系 。

2 在绘图区域单击鼠标左键即可创建一个坐标系，再按鼠标中键确定。效果如图2-28所示。

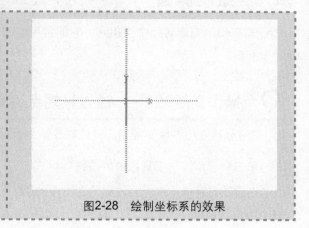

图2-28　绘制坐标系的效果

2.2.7　绘制样条曲线

单击工具栏中的"样条"按钮 $\sim$ 样条 ，选取一系列的点，系统则根据点的位置拟合出不规则曲线，单击鼠标中键完成样条线的绘制。效果如图2-29所示。

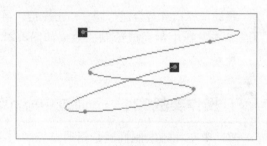

图2-29　绘制样条曲线的效果

2.2.8　绘制圆角与椭圆角

本节介绍圆角和椭圆角的绘制方法，首先画两条相交直线，如图2-30所示。

圆角(圆形修剪)的绘制步骤如下所述。

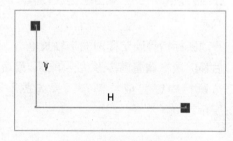

图2-30　相交直线的效果

1 在工具栏中选择"圆形修剪"选项 $\llcorner$ 圆角 。

2 单击第一条直线，放置圆角的第一个拐点。

3 单击第二条直线，放置圆角的第二个拐点，单击鼠标中键完成绘制。效果如图2-31所示。

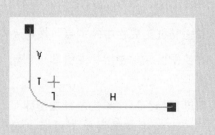

图2-31　圆形修剪圆角的效果

圆角(圆形)的绘制步骤如下所述。

1 在工具栏中选择"圆角"（圆形）选项 ∠圆角▼。

2 单击第一条直线，放置圆角的第一个拐点。

3 单击第二条直线，放置圆角的第二个拐点，单击鼠标中键完成绘制。效果如图2-32所示。

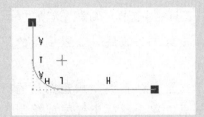

图2-32　圆角效果

下面介绍椭圆形修剪圆角的绘制方法，其绘制步骤如下所述。

1 首先画两条相交直线，在工具栏中选择"椭圆形修剪"选项 ∠圆角▼。

2 单击第一条直线，放置椭圆角的第一个拐点。

3 单击第二条直线，放置椭圆角的第二个拐点，单击鼠标中键完成绘制。效果如图2-33所示。

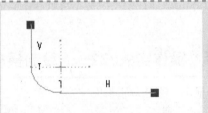

图2-33　椭圆形修剪圆角效果

椭圆形(圆角)的绘制步骤如下所述。

1 在工具栏中选择"椭圆形圆角"选项 ∠圆角▼。

2 单击第一条直线，放置椭圆角的第一个拐点。

3 单击第二条直线，放置椭圆角的第二个拐点，单击鼠标中键完成绘制。效果如图2-34所示。

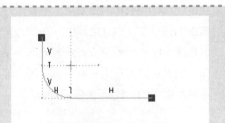

图2-34　椭圆形圆角效果

2.2.9　绘制二维倒角

本节介绍创建二维倒角的方法，其操作步骤如下所述。

1 首先画两条相交直线，在工具栏中选择"倒角修剪"选项 ╱倒角▼。

2 单击第一条直线，放置倒角的第一个拐点。

3 单击第二条直线，放置倒角的第二个拐点，单击鼠标中键完成绘制。效果如图2-35所示。

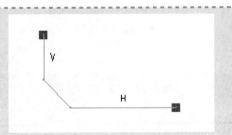

图2-35　倒角修剪效果

倒角的创建步骤如下所述。

1 在工具栏中选择"倒角"选项 厂倒角 ▾。

2 单击第一条直线，放置倒角的第一个拐点。

3 单击第二条直线，放置倒角的第二个拐点，单击鼠标中键完成绘制。效果如图2-36所示。

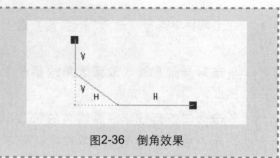

图2-36 倒角效果

2.2.10 创建文本

文本的添加在绘图中是不可缺少的，本节详细介绍创建文本的方法。

操作实战022——绘制横排文字

横排文字是最常见的文字布局方式，其添加步骤如下所述。

1 单击"草绘"工具栏中的"文本"按钮 A文本。

2 选择文本行的起始点，确定文本方向和高度。在图形窗口的合适位置处单击鼠标左键，此点即为文本的控制点，移动鼠标后单击绘制第二点，两点之间的线段即为文本行的高度，第一点到第二点的方向即为文字方向。如果第二点在第一点下方，则生成的文字将是倒置的。效果如图2-37所示。

图2-37 "文本"对话框

3 在弹出的"文本"对话框中输入文本、指定文本字体、指定文本的位置、长宽比、斜角等，如图2-38所示。

图2-38 输入文本

其中该对话框中各个参数选项的功能如下所述。

● 文本行：在此文本框中输入要绘制的文本。

● 字体：设置文本的字体。

● 位置：指定即将生成的文本相对于指定点的位置。

● 水平：在水平方向上控制点（即书写文本的起点）的位置，选择位于文本的左边、右边或中间。

● 垂直：在垂直方向上控制点的位置，选择位于文本的底部、顶部或中间。

● 长宽比：设置文字的宽度缩放比例。

● 斜角：设置文字的倾斜角度。

操作实战023——绘制沿曲线文字

曲线文字就是设定文字是否沿指定的曲线放置，下面介绍绘制曲线文字的方法。

1 先画一条曲线备用。

2 若要文本沿曲线放置，则选中"沿曲线放置"复选框，使之处于选中状态，选取已经绘制好的曲线。效果如图2-39所示。

3 单击鼠标中键转换到"选择"状态，结束文本的绘制。

图2-39 创建曲线文字

提示

若要使文字沿曲线反向放置，则在选中"沿曲线放置"复选框时，启用 按钮。

2.3 编辑图形对象

做出图形图像后，往往需要修改，本节就来介绍图形图像的编辑。

2.3.1 修剪图元

图元是指图形数据，其所对应的就是绘图界面上看得见的实体。而所谓修剪图元则指对这些图形数据的更改。下面介绍修剪图元的步骤。

做一个简单的结合图形，如图2-40所示。

单击特征工具栏中的"删除段"按钮 ，按住鼠标左键拖动选择需要修剪的图元，与拖动的轨迹相交的图元就是要修剪的图元，如图2-41所示。

选择结束后放开鼠标左键即可完成修剪，如图2-42所示。

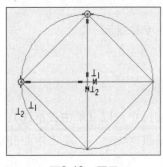

图2-40 图元

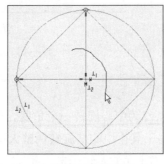

图2-41 选择图元

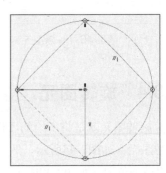

图2-42 修剪完成

2.3.2 延伸、打断图元

延伸图元的方法如下所述。

画两个不相交的图元（本例画两条不相交直线），如图2-43所示。

单击特征工具栏中的"拐角"按钮 ├拐角，分别选中需要延伸的两个不相交图元(即所画的两条直线)，最后单击鼠标完成延伸，如图2-44所示。

设置断点可以将一个图元分割成两个图元。下面介绍打断两个图元的方法。

单击特征工具栏中的"分割"按钮 ┌⊁分割，在要剪断的图元上设置断点位置并单击，则该图元分为两个图元，单击鼠标结束设置断点。效果如图2-45所示。

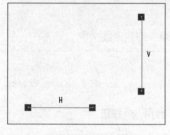
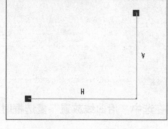
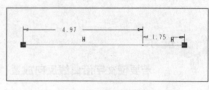

图2-43　延伸前　　　　　　　图2-44　延伸后　　　　　　　图2-45　设置断点

2.3.3 镜像图元

镜像功能就是对拾取到的图元进行镜像复制，它可以提高绘图效率，减少重复操作。方法是先创建对称图元的一侧部分，然后进行镜像。下面进行详细介绍。

在绘图区绘制一个图元，并放置一条中心线，如图2-46所示。拖动鼠标左键选取需要镜像的图元，然后单击"镜像"按钮 ⋔镜像。鼠标左键选取的中心线作为镜像的基准，系统自动生成镜像图元，如图2-47所示。

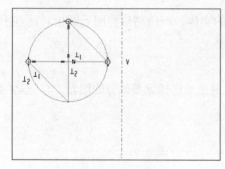
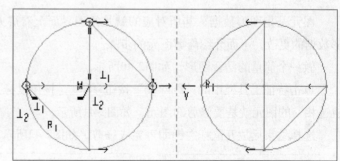

图2-46　一侧图元　　　　　　　　　图2-47　镜像图元

2.3.4 旋转图元

旋转图元就是将所绘的图形以某点为中心旋转一个角度。在绘图区中选取（单击或框选）要改变的图元，如图2-48所示，然后单击工具栏中的"旋转调整大小"按钮 ↻旋转调整大小，单击中心并拖动可以改变位置，如图2-49所示。单击右上角的旋转标志，可以转动其到任意角度，如图2-50所示。

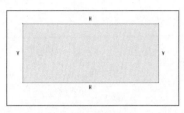

图2-48 选定图元

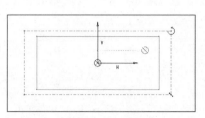

图2-49 移动图元

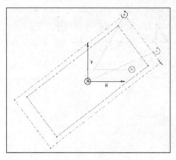

图2-50 旋转图元

2.3.5 剪切、复制和粘贴图元

下面介绍图元的剪切、复制和粘贴。

首先介绍"剪切"命令。选中准备图元，如图2-51所示。单击工具栏上的"剪切"按钮 ，即可完成剪切任务。

接着介绍"复制"和"粘贴"命令。选中图元，单击工具栏上的"复制"按钮 ，即可完成复制任务。然后单击"粘贴"按钮 ，在绘制区任意地方单击鼠标左键可放置此图元，如图2-52所示。

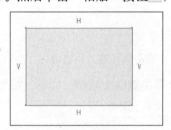

图2-51 选中图元

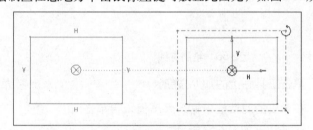

图2-52 复制图元

操作实战024——使用偏移绘制图元

使用偏移绘制图元就是利用偏移一条边或图元来创建新图元的。下面以偏移一条直线为例进行详细介绍。

1 绘制一条直线，如图2-53所示。

3 在屏幕上出现偏移选项卡，选中"单一"单选按钮，在偏移条中输入要偏移的距离，如图2-54所示。

图2-53 直线

2 单击工具栏上的"偏移"按钮 偏移。

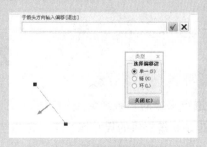

图2-54 偏移对话框

4　单击对号按钮，即可完成偏移操作，如
　图2-55所示。

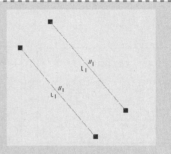

图2-55　偏移完成

操作实战025——使用加厚绘制图元

　　使用加厚绘制图元就是在边或图元两侧偏移边或图元处来创建新图元的。下面以加厚一条直线为例来进行详细介绍。

1　绘制一条直线，如图2-56所示。

图2-56　绘制直线

2　单击工具栏上的加厚按钮 加厚。

3　在弹出的对话框中输入厚度值，再单击对
　号按钮，如图2-57所示。

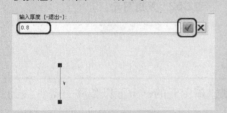

图2-57　输入厚度值

4　在弹出的对话框的文本框中输入偏移量，
　再单击对号按钮，如图2-58所示。

图2-58　输入偏移值

5　单击鼠标中键结束绘制，即可完成厚度绘
　制操作，如图2-59所示。

图2-59　厚度绘制完成

2.4　标注

　　进行草绘时，系统会自动对图元形状和位置进行标注，而且自动标注的尺寸也恰好是全约束，但是系统提供的尺寸标注不一定是全部需要的，此时可以单击"法向"按钮进行手动标注，经过修改后的尺寸将变成强尺寸。

2.4.1 标注基础

进行尺寸标注时，主要用到的是工具栏中的尺寸栏，如图2-60所示。

图2-60　标注工具

在尺寸栏中，有法向、周长、基线、参考四个按钮，其作用分别如下所述。

- "法向"按钮：创建至少参考一个草绘图元的尺寸。
- "周长"按钮：创建周长尺寸。
- "基线"按钮：创建一条纵坐标尺寸基线。
- "参考"按钮：创建参考尺寸。

2.4.2 创建线性尺寸

下面分别介绍几种线性尺寸的创建方法。

1. 创建线长度

单击工具栏中的"法向"按钮，然后单击要标注的线或线的两个端点，单击鼠标中键以确定尺寸的放置。效果如图2-61所示。

2. 创建两条平行线间的距离

单击工具栏中的"法向"按钮，然后单击这两条线，再单击鼠标中键放置尺寸。效果如图2-62所示。

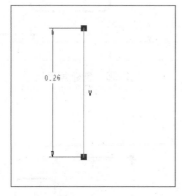

图2-61　线长度

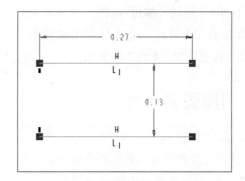

图2-62　两条平行线间的距离

3. 创建点到线的距离

单击工具栏中的"法向"按钮，然后依次单击点和直线，再单击鼠标中键放置尺寸。效果如图2-63所示。

4. 创建两点间的距离

单击要标注的两点，然后单击鼠标中键放置尺寸，如图2-64所示。

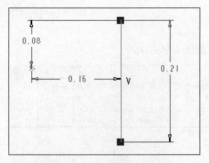

图2-63　点到直线的距离

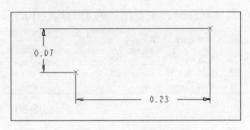

图2-64　两点间距离

2.4.3　创建直径尺寸

下面介绍直径尺寸的创建方法。

对弧或圆创建直径尺寸时，单击工具栏中的"法向"按钮，然后在弧或圆上双击，再单击鼠标中键来放置尺寸。效果如图2-65所示。

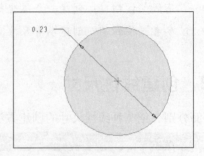

图2-65　直径尺寸效果

2.4.4　创建角度尺寸

角度尺寸用来度量两直线之间的夹角或两个端点之间弧的角度。

两条直线间夹角的角度尺寸的创建方法：单击工具栏中的"法向"按钮，然后分别单击第一条直线和第二条直线，完成后单击鼠标中键选择尺寸的放置位置，如图2-66所示。

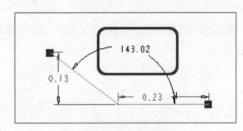

图2-66　创建角度尺寸

2.4.5　创建弧长尺寸

标注圆弧的长度尺寸：单击工具栏中的"法向"按钮，分别单击圆弧的两个端点，然后单击圆弧，最后单击鼠标中键来放置尺寸，如图2-67所示。

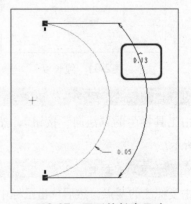

图2-67　圆弧的长度尺寸

2.4.6 创建椭圆或椭圆弧的轴尺寸

椭圆和椭圆弧轴尺寸的创建方法：单击工具栏中的"法向"按钮⚏，分别单击椭圆的两个轴端点，然后单击椭圆，最后单击鼠标中键来放置尺寸，如图2-68所示。

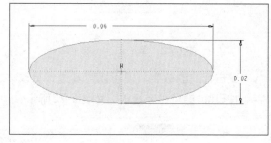

图2-68 创建椭圆轴尺寸

2.4.7 标注样条

样条的标注方法：单击工具栏中的"法向"按钮⚏，然后单击样条，最后单击鼠标中键来放置尺寸，如图2-69所示。

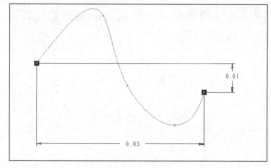

图2-69 标注样条

2.4.8 标注圆锥弧

圆锥弧的标注方法：单击工具栏中的"法向"按钮⚏，然后单击圆锥弧，最后单击鼠标中键来放置尺寸，如图2-70所示。

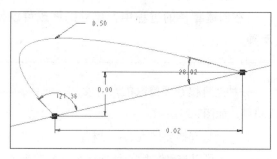

图2-70 标注圆锥弧

✦⚙ 操作实战026——加强、锁定标注尺寸

绘图区图元绘制完成后，进行的标注一般都是弱尺寸标注，如图2-71所示。下面介绍加强、锁定以及替换标注尺寸的方法。

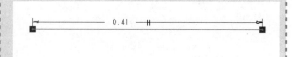

图2-71 绘制图元

1 将光标悬停在标注的数字上便可以显示出当前属于哪种类型标注，如图2-72所示。

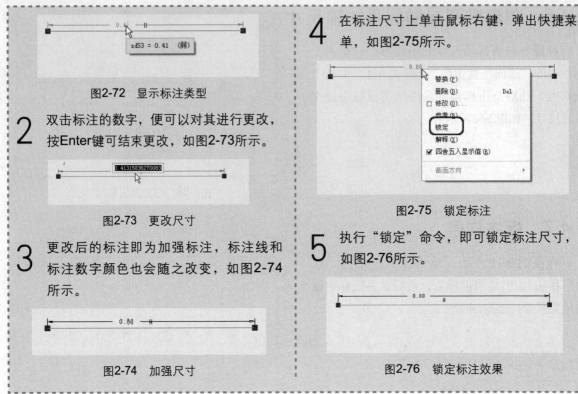

图2-72　显示标注类型

2 双击标注的数字，便可以对其进行更改，按Enter键可结束更改，如图2-73所示。

图2-73　更改尺寸

3 更改后的标注即为加强标注，标注线和标注数字颜色也会随之改变，如图2-74所示。

图2-74　加强尺寸

4 在标注尺寸上单击鼠标右键，弹出快捷菜单，如图2-75所示。

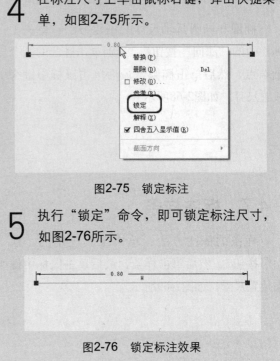

图2-75　锁定标注

5 执行"锁定"命令，即可锁定标注尺寸，如图2-76所示。

图2-76　锁定标注效果

2.5　修改尺寸

在创建零件的过程中，尺寸的修改可以使草图更加标准和美观。修改标注尺寸的方式有两种。

一种是直接在要修改的尺寸文本上双击，再在尺寸修正框中输入新的尺寸值，然后按Enter键确认即可，如图2-77所示。

另一种是选择要修改的尺寸标注，单击"修改"按钮，在弹出的"修改尺寸"对话框中设置尺寸值，也可以拖动其后的可视化尺寸旋钮来改变尺寸，旋钮的控制灵敏度由"灵敏度"水平滚动条来控制。如果希望在修改完成后再重构图元，则应当取消选中"重新生成"复选框，如图2-78所示。

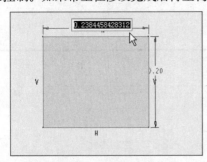

图2-77　直接修改尺寸

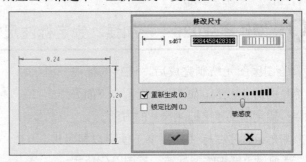

图2-78　"修改尺寸"对话框

2.6 草图中的几何约束

在草绘时，需要对草图增加一些平行、相切、相等、垂直等来定位几何。本节将详细介绍关于约束的操作。

2.6.1 约束的显示

在草绘时，可以在工具栏的草绘模块约束部分找到常用的建定约束条件的按钮，如图2-79所示。

图2-79 "约束"工具栏

单击"视图"工具栏中的 按钮，可以设置草图中约束符号的显示或隐藏。

约束符号在各种形态下所表示的含义如下所述。

- 蓝色：约束。
- 淡绿色：光标放在约束符号上时显示为淡绿色。
- 绿色：选定的约束（或活动约束）。
- 放在圆中：锁定约束。
- 直线穿过约束符号：禁用约束。

2.6.2 约束的禁用、锁定与切换

在绘制图元的过程中，系统经常会自动进行约束并显示约束符号，所以有时需要自己设置约束。

- 在绘图时按住Shift键，系统将不会对图形产生约束。
- 在绘图过程系统如果捕捉到有可用的约束，并出现约束符号时，可以单击鼠标右键，在弹出的快捷菜单中执行"锁定"命令来锁定约束条件进行绘制。此时的约束符号被一个圆圈圈住，如图2-80所示。再单击鼠标右键将禁用约束，此时约束符号被打上斜线，如图2-81所示。最后单击将返回默认状态，如图2-82所示。

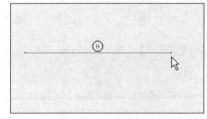

图2-80 约束锁定

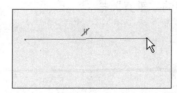

图2-81 禁用约束

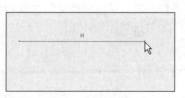

图2-82 默认状态

在绘制图元的过程中，当出现多个约束时，只有一个约束处于活动状态，其符号以亮颜色显示；其余约束为非活动状态，其约束符号以青色显示（颜色在操作软件时可见）。只有活动的约束可以被"禁用"或"锁定"。可以按Tab键，轮流将非活动约束"切换"为活动约束，这样就可以将多种约束中的任意一个约束设置为"禁用"或"锁定"。效果如图2-83和图2-84所示。

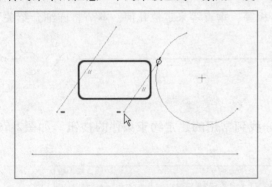

图2-83　Tab键切换（平行）

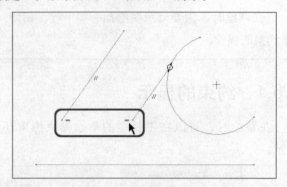

图2-84　Tab键切换（水平）

2.6.3　"约束"工具栏各按钮的意义

"约束"工具栏中各个按钮的含义如下所述。

- "竖直"按钮 ⊥：使直线或两点竖直。
- "水平"按钮 ＋：使直线或两点水平。
- "垂直"按钮 ⊥：使两直线图元垂直。
- "相切"按钮 ⁀：使两图元（圆与圆、直线与圆等）相切。
- "中点"按钮 ＼：使图元位于线的中点。
- "重合"按钮 ◈：使两点、两线重合，或使一个点落在直线或圆等图元上。
- "对称"按钮 ⇥｜⇤：使两点或顶点对称于中心线。
- "相等"按钮 ＝：创建长度相等、半径相等或曲率相等的图元。
- "平行"按钮 //：使两直线平行。

2.6.4　约束的创建、删除及解决约束冲突

1. 约束的创建

下面介绍约束的创建方法。

1 在草绘器中绘制两条直线，如图2-85所示，单击"约束"工具栏中的"垂直"按钮 ⊥。

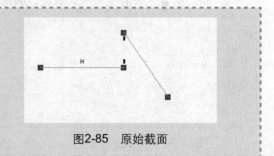

图2-85　原始截面

2 分别选取截面中的两条直线。

3 系统按创建的约束重新生成截面图，并显示约束符号⊥，如图2-86所示。

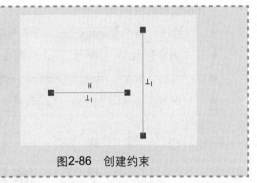

图2-86 创建约束

2. 约束的删除

下面介绍约束的删除方法。

1 单击绘图区要删除的约束，此时约束符号变色，如图2-87所示。

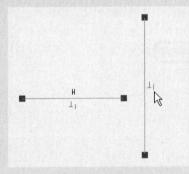

图2-87 选择约束

2 然后单击鼠标右键，在弹出的快捷菜单中执行"删除"命令或按Delete键，如图2-88所示。

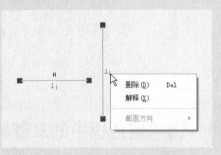

图2-88 执行"删除"命令

提示

删除约束后，系统会自动增加一个约束或尺寸，使截面图形保持全约束状态。

3. 解决约束冲突

当增加的约束或尺寸与现有的约束或"强"尺寸相互冲突或多余时（如图2-89所示），假如添加尺寸"2.82"，系统就会加亮冲突尺寸或约束，同时弹出"解决草绘"对话框。此时可以通过此对话框来解决冲突，如图2-90所示。

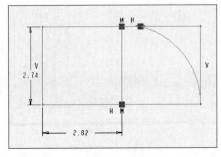

图2-89 草绘图形

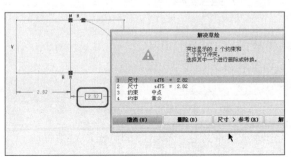

图2-90 解决冲突

其中各选项的说明如下所述。

- "撤消"按钮 撤消(U)：撤销刚刚导致截面的尺寸或约束冲突的操作。
- "删除"按钮 删除(D)：从列表框中选择某个多余的尺寸或约束，将其删除。
- "尺寸>参考"按钮 尺寸 > 参考(R)：选取一个多余的尺寸，将其转换为一个参照尺寸。
- "解释"按钮 解释(E)：选择一个约束，获取约束说明。

2.7 使用草绘器调色板

在Creo 2.0软件中，草绘器调色板 调色板 中已预置了一些常用的图元，在草绘时可以方便调用。它在"草绘"工具栏中的位置如图2-91所示。

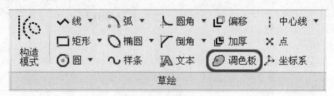

图2-91 调色板

2.7.1 调用调色板中的草图轮廓

下面详细介绍调用调色板草图轮廓的方法。

1 新建草绘模式文件。

2 单击"草绘"选项卡中的"调色板"按钮 调色板，弹出"草绘器调色板"对话框，如图2-92所示。

图2-92 "草绘器调色板"窗口

3 选择选项卡，在"草绘器调色板"对话框中单击"形状"选项卡，在下拉列表框中

选取 十字型 形状，此时在预览区域中会出现与选定形状相对应的截面预览，如图2-93所示。

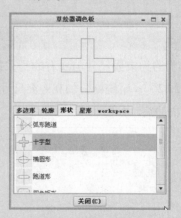

图2-93 选择"形状"

4 单击选择的形状，按住鼠标，将其拖到绘图区，然后松开鼠标，绘图区就会出现该

图形，并处于"旋转调整大小"状态，此时可以使用鼠标或在工具栏的"旋转调整大小"操控板中对图形作进一步调整，如图2-94所示。

5 调整完毕后，单击"关闭"按钮，退出草绘器调色板。

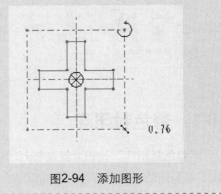

图2-94　添加图形

2.7.2　将草图轮廓存储到调色板中

下面介绍把自定义的草图轮廓添加到"调色板"中的操作方法。

1 新建草绘文件，并绘制图形。

2 绘制完成后，将轮廓草图保存至自定义工作目录下。执行草绘环境中的"文件"|"保存"命令，弹出"保存对象"对话框，选择"workspace"，单击"确定"按钮，完成草图的保存。

3 在调色板中查看保存后的轮廓。在 草绘 工具栏中单击 调色板 按钮，在弹出的"草绘器调色板"对话框中可以看到多了一个自定义的"workspace"选项卡，自定义的草图轮廓可以在其所属的下拉列表框中找到，如图2-95所示。

图2-95　保存的草图轮廓

注意

保存的轮廓草图文件必须是".sec"格式的文件。

2.8　草绘器诊断工具

当绘制完图元时，往往需要检查。Creo 2.0提供了诊断草图的功能，包括诊断图元着色封闭环、突出显示开放端、重叠几何及诊断图元是否满足相应特征要求等。诊断工具如图2-96所示。

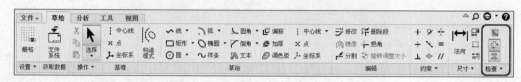

图2-96　诊断工具

2.8.1　着色封闭环

"着色封闭环"按钮就是将封闭的图形用预定义色着色显示，这样就可以更清晰地看出图形层次，非封闭的区域不着色。下面以一个实例来介绍"着色封闭环"的着色方法。

1 新建图形，其中一个为闭环圆，另一个为开环。

2 单击工具栏中的"着色封闭环"按钮，即可以为封闭环着色，如图2-97所示。

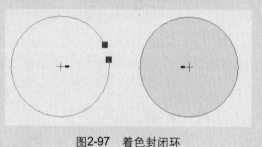

图2-97　着色封闭环

注意

当图形中有闭环嵌套的情况时，系统会间隔着色处理，如图2-98所示。

图2-98　间隔着色效果

提示

Creo 2.0默认着色封闭环是开启的，当绘制完会自动着色。也可以自定义着色颜色，即执行"文件"|"选项"命令，在弹出的"Creo Parametric"对话框中选择"系统颜色"，单击"草绘器"折叠按钮，即可以在"着色封闭环"选项中改变着色颜色。

2.8.2　突出显示开放端

"突出显示开放端"按钮用来强调未进行任何连接的端点，并在端点着色显示。实现方式如图2-99所示。

提示

● 构造几何的开放端不会被加亮。

● 所有现有的开放端在"突出显示开放端"模式中均加亮显示。

● 用开放端创建新图元，新图元的开放端自动着色显示。

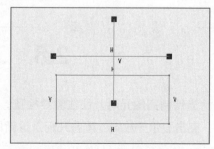

图2-99　突出显示开放端

2.8.3　重叠几何

"重叠几何"按钮 用于检查图元中所有相互重叠的几何（端点重合除外）。对重叠几何进行加亮显示，如图2-100所示。在Creo 2.0中有些命令是不能几何重叠的，比如螺纹的螺距，所以在软件操作中只有输入的数据可以几何重叠，但几何重叠会造成无法生成特征。

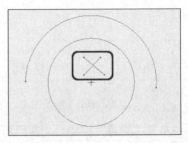

图2-100　重叠几何

2.8.4　特征要求

在"零件模块"的草绘环境中，会出现"特征要求"按钮 。它可以用来检查图元是否满足当前特征的设计要求。下面介绍"特征要求"的使用方法。

1 在零件模块的草绘环境中创建图形。

2 单击"特征要求"按钮 ，系统弹出"特征要求"对话框，如图2-101所示。

3 对话框中列出了关于特征要求的信息，可以对出现问题的地方有针对性地进行修改。

图2-101　特征要求

2.9　上机练习

通过实例练习可以把各个知识点串起来，使所学知识得到进一步巩固。在上机的过程中，要掌握各命令的使用方法，提高动手操作能力，扩展绘图思维。本节上机练习要求熟练掌握草绘的方式。

2.9.1　绘制基础图形

操作实战027——绘制基础图形

本例主要介绍如何使用草绘器基本工具绘制一个基本图形，效果如图2-102所示。其中包括如何新建草绘文件、中心线绘制、矩形绘制、圆形及倒圆角、尺寸修改等基本命令的使用。在绘制草图时应该熟练掌握这些基本草绘命令的使用方法。

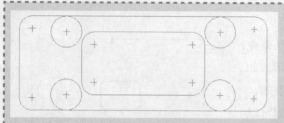

图2-102　绘制图形

1 单击"新建"按钮□，在"新建"对话框的"类型"选项组中，选中"草绘"单选按钮，并在"名称"文本框中输入文件名，如图2-103所示。然后单击"确定"按钮，进入草绘器，如图2-104所示。

图2-103　新建草绘

图2-104　草绘器

2 单击工具栏的基准的"中心线"按钮 ⁝中心线，分别绘制两条中心线，单击鼠标中键结束绘制，如图2-105所示。

3 单击"矩形"按钮□矩形 ▼，绘制矩形框，矩形两组对边分别要求相对于中心线对

称。然后单击鼠标中键结束绘制，双击数值来修改其尺寸，如图2-106所示。

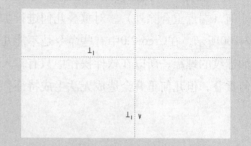

图2-105　中心线

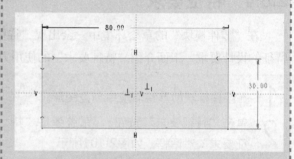

图2-106　绘制矩形框

4 选择草绘功能区上的"中心线"选项 ⁝中心线 ▼，绘制两条辅助线，并修改尺寸，如图2-107所示。

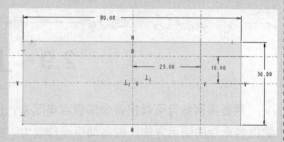

图2-107　绘制辅助线

5 选择"圆心和点"选项 ⊙圆 ▼，绘制圆心位于辅助线交点的圆，然后单击鼠标结束绘制，双击左键修改好尺寸，如图2-108所示。

6 选择刚绘制好的圆，单击"镜像"按钮 ⑾镜像，根据下方的提示选择一条中心线，这里选择水平中心线，完成一侧镜像后，再镜像出另一侧的两个圆（可以在按住Ctrl键同时选择两个圆），如图2-109所示。

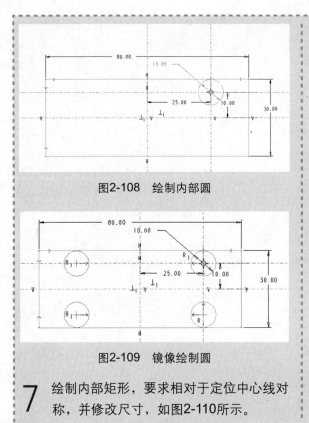

图2-108 绘制内部圆

图2-109 镜像绘制圆

7 绘制内部矩形，要求相对于定位中心线对称，并修改尺寸，如图2-110所示。

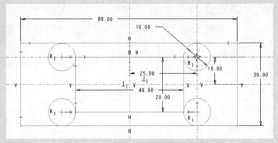

图2-110 内部矩形

8 为矩形圆形修剪，选择"圆形修剪"选项 ⌐圆角 ▾，分别选择矩形相邻的两边进行修剪，并双击左键修改尺寸，如图2-111所示。

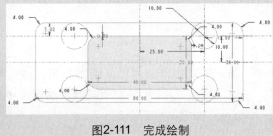

图2-111 完成绘制

2.9.2 绘制机械零件草图

▷◁ 操作实战028——绘制机械零件草图

本例介绍机械零件草图的绘制方法。其中要求熟练掌握草绘工具中心线、直线、圆等工具的使用，图形元件的删除方法，以及尺寸标注的方法。草图效果如图2-112所示。

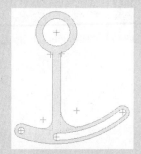

图2-112 零件图

1 单击"新建"按钮 ☐，在打开的"新建"对话框的"类型"选项组中，选中"草

绘"单选按钮，并在"名称"文本框中输入文件名，然后单击"确定"按钮，进入草绘器，如图2-113所示。

图2-113 草绘器

2 单击工具栏上的"中心线"按钮 ⋮中心线 ，分别绘制两条中心线，单击鼠标中键结束绘制，如图2-114所示。

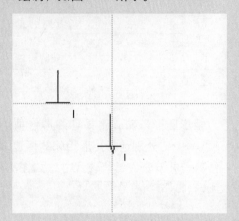

图2-114　中心线

3 选择"圆"选项 ⊙圆▾ ，绘制两个同心圆，并双击修改尺寸。同时单击"中心线"按钮 ⋮中心线 ，绘制两条倾斜的定位中心线，如图2-115所示。

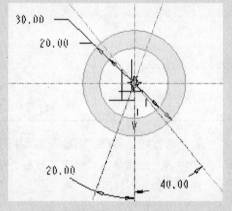

图2-115　绘制图和中心线

4 选择"圆"选项 ⊙圆▾ ，以上一步所绘圆的圆心为圆心绘制圆，并修改大圆的直径为150。以大圆与三条中心线的交点为圆心，分别绘制五个小圆，其中两圆的直径为10，另外三个圆的直径为5，如下图2-116所示。

5 选择 ⌒弧▾ 选项，以大圆的圆心为圆心，分别绘制两条弧，这两条弧均与直径为10的圆相切，如图2-117所示。

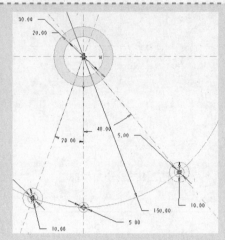

图2-116　绘制大圆和小圆

图2-117　绘制圆弧

6 在绘图区单击选择直径为150的大圆，按Delete键删除。在工具栏上单击"删除段"按钮 ⌁删除段 ，将直径为10的两个圆的部分连线删除，效果如图2-118所示。

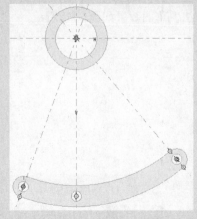

图2-118　删除边线

7 选择 ⌒弧▼ 选项，以直径为40的圆的圆心为圆心，绘制两条与直径为5的两个圆相切的圆弧，效果如图2-119所示。

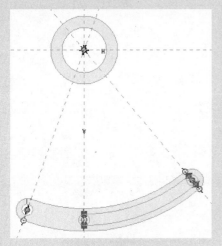

图2-119 绘制圆弧

8 在工具栏上单击"删除段"按钮 ⌒删除段，删除与两条圆弧相切的直径为5的两个圆的部分边线，如图2-120所示。

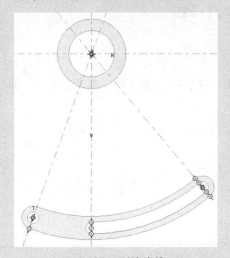

图2-120 删除边线

9 选择 ⌒线▼ 选项，绘制一条与直径为40的圆和圆弧相交的直线，如图2-121所示。

10 在绘图区单击选择上一步绘制的直线，然后单击工具栏上的"镜像"按钮 ⌒镜像，在绘图区单击竖直的中心线对直线进行镜像复制，效果如图2-122所示。

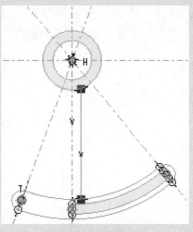

图2-121 绘制直线

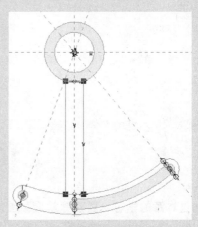

图2-122 镜像

11 单击工具栏上的"删除段"按钮 ⌒删除段，对与两条直线相交的圆弧、圆的部分连线进行删除，效果如图2-123所示。

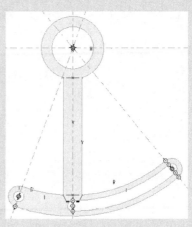

图2-123 删除边线

12 选择  选项，在两条直线的端点处进行倒圆角，如图2-124所示。

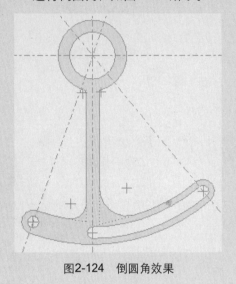

图2-124 倒圆角效果

13 按住Ctrl键，在绘图区单击选择所有中心线，然后按Delete键进行删除，完成最终零件图的绘制，如图2-125所示。

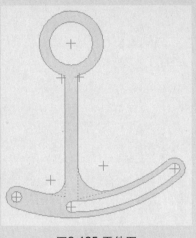

图2-125 零件图

2.10 本章小结

通过本章的学习，要熟练掌握草图的绘制方法，因为草图绘制是创建三维实体的基础。在草图绘制的过程中应注意尺寸的准确性及几何约束的作用，并且在绘图过程中选择合理的几何约束可以提高绘图速度和尺寸的准确性。

第3章

基准特征

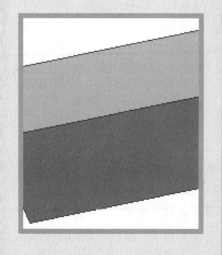

本章主要介绍基准特征的创建方法。在Creo 2.0中，这部分知识是后面操作的基础。本章内容主要包括创建基准平面、基准轴、基准曲线、基准点、基准坐标系等。在学习过程中，应注意使用方法的介绍和应该注意的问题，并通过实例来提高对所学内容的理解程度。

3.1 基准平面

基准平面是零件建模过程中使用最频繁的基准特征。它既可用作草绘特征的草绘平面和参照平面，也可用于放置特征的放置平面。另外，基准平面也可作为尺寸标注基准、零件装配基准等。基准平面理论上是一个无限大的面，但为了便于观察可以设定其大小，以适合于建立的参照特征。基准平面有两个方向面，系统默认的颜色为棕色和黑色。其作用包括以下几个。

- 作为放置特征的平面；
- 作为尺寸标注的参照；
- 作为视角方向的参考；
- 作为定义组件的参考面；
- 放置标签注释；
- 产生剖视图。

3.1.1 基准平面的创建

在基准特征创建过程中，可以单击特征工具栏中的"平面"按钮 来创建基准面。下面介绍基准平面的创建方法。

1 首先新建一个零件文件，取消选中"使用默认模板"复选框，单击"确定"按钮，如图3-1所示。

图3-1 新建零件

2 在弹出的对话框中选择"mmns-part-solid"（绘图单位为mm制）选项，如图3-2所示。

3 进入操作界面后，单击工具栏中的"平面"按钮，如图3-3所示。

图3-2 新文件选项

4 弹出"基准平面"对话框，如图3-4所示。对话框中包括"放置"、"显示"和"属性"三个选项卡。根据所选取的参照不同，对话框中各选项卡显示的内容也不相同。下面对各选项进行简要介绍。

图3-3　创建基准平面

1."放置"选项卡

"放置"选项卡如图3-5所示，其中各个参数选项的功能如下所述。

● 穿过：新的基准平面通过选择的参照。基准平面通过选取的基准点、定点、轴线、实体边线、曲线、平面或曲面，在穿过约束中只有选择平面作为参照才可以直接建立基准平面，其他方法还需要互相搭配才可以建立。

● 偏移：新建基准平面相对参考面的移动。可以对基准平面相对选取的平面或坐标系的偏移量进行赋值。

图3-4　基准平面

图3-5　"放置"选项卡

● 平行：新建基准平面平行于选择的参考。基准平面平行于选取的平面，它必须与其他的参考搭配使用。

● 法向：是指基准平面与选定的参考对象垂直。参考对象可以包括平面、边、曲线和轴等。用法向的方法建立基准平面要结合其他参考同时使用。

● 相切：新的基准平面与选择的参照相切，其参考对象为曲面。如果选用圆柱曲面作为参考，则需要与其他的参考配合使用才能完成相切基准平面的创建。

2."显示"选项卡

单击"基准平面"对话框中的"显示"选项卡弹出如图3-6所示的窗口。该选项卡中各个参数选项的功能如下所述。

● 法向：单击"反向"按钮可以改变基准平面的法向方向。

● "调整轮廓"复选框：允许调整基准平面轮廓的大小。选中该复选框时，可使用"轮廓类型选项"菜单中的选项。

● "锁定长宽比"复选框：允许保持基准平面轮廓显示的高度和宽度比例。仅在选中"调整轮廓"复选框时可用。

3. "属性"选项卡

单击"基准平面"对话框中的"属性"选项卡弹出如图3-7所示的窗口。在"属性"选项卡中，单击"名称"文本框后面的"显示此特征的信息"按钮 [i]，即可弹出浏览器，在其中显示了当前基准平面的特征信息。另外，可使用"属性"选项卡重命名基准平面。

图3-6 "显示"选项卡

图3-7 "属性"选项卡

系统允许预先选定参考，然后单击"基准平面"按钮 [□]，即可创建符合条件的基准平面。可以建立基准平面的参考组合如下所述。

- 选择两个工作面的边或轴（但不能共线）作为参照，单击"基准平面"按钮 [□]，产生通过参考的基准平面。
- 选择三个基准点或顶点作为参照，单击"基准平面"按钮 [□]，产生通过三点的基准平面。
- 选择一个基准平面或平面以及两个基准点或两个顶点，单击"基准平面"按钮 [□]，产生过这两点并与参考平面垂直的基准平面。
- 可以在选择参考面后，通过拉伸定位标记改变偏移量，如图3-8所示。
- 选择一个基准点和一个基准轴或边（点与边不共线），单击"基准平面"按钮 [□]，可创建新的基准平面。

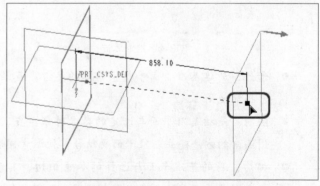

图3-8 通过拉伸定位基准平面

操作实战029——通过边或轴创建基准平面

1 新建零件文件，取消选中"使用默认模板"复选框，选择"mmns_part_solid"模板，然后单击"确定"按钮。

2 单击"基准"工具栏上的"草绘"按钮，在弹出的"草绘"对话框的"草绘平面"选项组中选择导航栏模型树中的"TOP"面，其余保持默认设置，如图3-9所示。

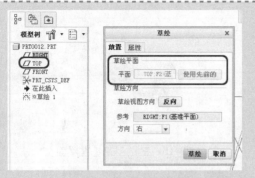

图3-9 "草绘"对话框

3 进入草绘模式，单击设置工具栏中的"草绘视图"按钮，调整草绘视图，以便于操作，如图3-10所示。

图3-10 调整视图

4 绘制矩形，然后单击"关闭"工具栏中的"确定"按钮，完成草图的绘制，如图3-11所示。

5 进入模型设计环境后，单击"拉伸"按钮，进行拉伸。完成后单击"保存"按钮。效果如图3-12所示。

图3-11 绘制矩形

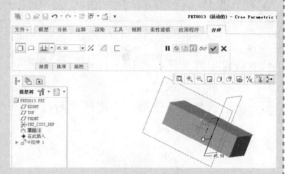

图3-12 拉伸

6 按住Ctrl键选择长方体的两条边（不能共线），然后单击"基准平面"按钮。基准平面创建完成，效果如图3-13所示。

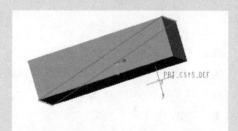

图3-13 基准平面

操作实战030——通过三点创建基准面

下面介绍如何通过三点创建基准面，其具体操作步骤如下所述。

1 通过三点创建三角，然后拉伸为三角形几何体，效果如图3-14所示。

图3-14 三角几何体

2 选择几何体的三个点，单击工具栏中的"基准平面"按钮，创建基准平面，效果如图3-15所示。

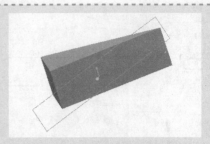

图3-15　三点创建基准平面

操作实战031——通过面和点共同创建基准面

下面介绍如何通过面和点共同创建基准面，其具体操作步骤如下所述。

1 新建零件文件，单击"模型"功能区中的"草绘"按钮，在"草绘"工具栏的草绘调色板中选择一个图形进行拉伸，效果如图3-16所示。

图3-17　选择面和点

图3-16　创建拉伸特征

2 选择几何体的一个平面和两个点，如图3-17所示，单击工具栏中的"基准平面"按钮，完成基准平面的创建，效果如图3-18所示。

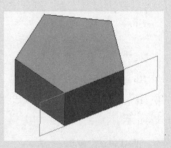

图3-18　创建基准平面

操作实战032——通过点和轴创建基准平

1 新建一个如图3-19所示的由两个拉伸特征构成的零件模型，单击工具栏上的"平面"按钮。

图3-19　零件模型

2 按住Ctrl键的同时，在模型上选择一个点和一个轴作为参考，如图3-20所示。

图3-20　选择参考

3 单击选项卡中的"确定"按钮，产生通过
所选参考的基准平面，如图3-21所示。

提示

　　使用点和轴创建基准平面时，要保证
模型中存在圆柱等有轴的特征。

图3-21　建立基准平面

3.1.2　基准平面的修改

　　创建的基准平面有时需要进行进一步完善，下面介绍完善的两种方法。

● 在模型树中的DTMl上单击鼠标右键，会弹出与所建基准平面相关的快捷菜单。从中可以对
　其进行重命名、删除、隐藏、编辑参数等一系列操作。

● 在模型树中的DTMl上单击鼠标右键，在弹出的快捷菜单中执行"编辑"命令，可以对
　DTMl相对参考的偏移量进行修改，然后单击菜单工具栏中的"重新生成"按钮 即可。

提示

　　当创建一个基准平面时，此基准平面的名称就会出现在模型树中，并自动命名为 "DTM1"，后
续新建基准面命名为"DTM2"、"DTM3"……依次类推。依据不同参考建立的基准平面其右键菜单
会有差别。

3.2　创建基准轴

　　如同基准平面一样，基准轴也可以用作特征创建的参照。基准轴对制作基准平面、同轴放置
项目和创建径向阵列特别有用，可以将基准轴用作参照，以放置设置基准标签注释。与特征轴相
反，基准轴是单独的特征，可以被重定义、隐含、遮蔽或删除。可在创建基准轴期间对其进行预
览。可指定一个值作为轴长度，或调整周长度使其在视觉上与选定为参照的边、曲面、基准轴、
"零件"模式中的特征或"组件"模式中的零件相拟合。参照的轮廓用于确定基准轴的长度。基
准轴的产生分为两种情况：一种是以基准轴作为一个单独的特征来创建；另一种是在创建带有圆
弧的特征期间，系统会自动产生一个基准轴，但此时必须将配置文件选项"为圆弧特征显示轴
线"设置为"开"。

　　新建的基准轴，系统自动命名为 "A_1"，后续建立的基准轴依次命名为 "A_2"、
"A_3"……，可以通过其名称或基准轴自身对其进行选择。

　　单击"基准"工具栏中的"轴"按钮 ，将打开"基准轴"对话框，它包括"放置"、"显

示"和"属性"三个选项卡。下面分别进行介绍。

单击"放置"选项卡，如图3-22所示。

● "参考"列表框：可以从中选择新建基准轴的参考，以及与参考的约束类型。

● "偏移参考"列表框：选择了参考后，可以在此框中选择偏移参考以及偏移量。

"显示"选项卡包含"调整轮廓"复选框，如图3-23所示。"调整轮廓"允许调整基准轴轮廓的长度，从而使基准轴轮廓与指定尺寸或选定参考相拟合。选中该复选框时，即可调整其大小或相对参考改变其尺寸。

● 大小：允许将基准轴长度调整到指定长度。可使用控制滑块将基准轴长度手动调整至所需长度，或者在"长度"值框内指定一个值。

● 参考：允许调整基准轴轮廓的长度，从而使其与选定参考（如边、曲面、基准轴、"零件"模式中的特征或"组件"模式中的零件）相拟合，可以在设计区通过单击来选取参考。

单击"属性"选项卡，如图3-24所示。从中可以对基准轴重命名，单击 [i] 按钮，查看特征信息。

图3-22 "放置"选项卡

图3-23 "显示"选项卡

图3-24 "属性"选项卡

操作实战033——创建基准轴

下面介绍如何创建基准轴，其具体操作步骤如下所述。

1 首先创建一个如图3-25所示的长方体。

图3-25 创建实体

2 单击"基准"工具栏中的"轴"按钮 /轴，弹出"基准轴"对话框。

3 单击实体的一个面，基准轴就会出现在鼠标单击的大体位置，这时可以通过操作手柄对其进行定位约束，如图3-26所示。

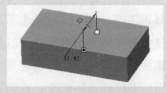

图3-26 位置基准轴

4 通过操作手柄选择其他参考后，基准轴创建完成，如图3-27所示。

图3-27 完成基准轴创建

3.3 基准点

基准点的用途非常广泛，既可用于辅助建立其他基准特征，也可辅助定义特征的位置。Creo 2.0中提供了3种类型的基准点，单击"点"选项 ××点 右侧的下三角按钮就可以看到，如图3-28所示。

图3-28 三种类型基准点

- "点"选项 ××：从实体或实体交点或从实体偏离创建的基准点。
- "偏移坐标系"选项 ×：通过选定的坐标系创建基准点。
- "域"选项 ××：直接在实体或曲面上单击鼠标即可创建基准点，该基准点在行为建模中供分析使用。

3.3.1 基准点

使用基准点工具 ××，可创建位于模型实体或偏离模型实体的基准点。单击基准特征工具栏中的 ××，弹出如图3-29所示的"基准点"对话框。该对话框中包含"放置"和"属性"两个选项卡。关于"放置"选项卡的各项功能如下所述。

图3-29 "放置"选项卡

- 参考：在"放置"选项卡左侧的基准点列表中选择一个基准点，该栏中列出了生成该基准点的放置参考。
- 偏移：当基准点与参考的约束为偏移时，"偏移"输入框可用，可用来定义点的偏移尺寸。

明确偏移尺寸有两种方法，即明确偏移比率和明确实数（实际长度）。

- 偏移参考：通过约束条件定位基准点的参考。它有两种可选择方式，即"在其上"和"偏移"。
- 曲线末端：从选择的曲线或边的端点定位基准点，要使用另一个端点作为偏移基点，则单击"下一个端点"按钮；参考：从选定的参考定位基准点。
- 新点：单击"放置"选项卡中的"新点"，可继续创建新的基准点。

在几何建模时可将基准点用作构造元素，或用作进行计算和模型分析的已知点。要向模型中添加基准点，可使用"基准点"特征。"基准点"特征包含操作过程中创建的多个基准点。属于相同特征的基准点表现如下所述。

- 在"模型树"中，所有的基准点均显示在一个特征节点上。
- "基准点"特征中的所有基准点相当于一个组。删除一个特征会删除该特征中的所有点。
- 要删除"基准点"特征中的个别点，必须编辑该点的定义。

Creo支持4种类型的基准点，这些点依据创建方法和作用的不同而各不相同。

- 一般点：在图元上、图元相交处或自某一图元偏移处所创建的基准点。
- 草绘：在"草绘器"中创建的基准点。

- 自坐标系编辑：通过自选定坐标系偏移所创建的基准点。
- 域点：在行为建模中用于分析的点。一个域点标识一个几何域。

操作实战034——创建基准点

下面介绍如何创建基准点，其具体操作步骤如下所述。

1 利用"拉伸工具"创建如图3-30所示的拉伸实体。

图3-30　拉伸实体

2 单击"点"按钮，打开"基准点"对话框。选择模型的顶部放置基准点，拖动基准点定位句柄到顶部的两条边线，修改定位尺寸，建立一个基准点PNT0，如图3-31所示。

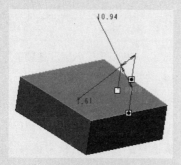

图3-31　建立基准点

3 单击"基准点"对话框中的"新点"，然后选择顶面、右面和右侧面，如图3-32所示。

图3-32　选择3个平面

4 选择完毕产生一个基准点PNTI，单击"确定"按钮，完成两个基准点的创建，如图3-33所示。

图3-33　基准点创建示意图

5 单击工具栏中的"保存文件"按钮 ，在弹出的"保存文件"对话框中单击"确定"按钮 **确定**，完成当前文件的保存。

注意

在选择多个参考对象时，先按住Ctrl键，然后依次选择。

3.3.2　偏移坐标系基准点

可以通过相对于选定坐标系定位点的方法建立基准点，也可以通过输入一个或多个文件创建点阵列的方法将点手动添加到模型中，或同时使用这两种方法将点手动添加到模型中。可使用笛卡尔坐标系、球坐标系或柱坐标系偏移点。

单击"基准"工具栏"点"  右侧的下三角按钮，在弹出的下拉列表中选择"偏移坐标系"选项，即可打开"基准点"对话框，如图3-34所示。

在"基准点"对话框中有两个选项卡，即"放置"选项卡和"属性"选项卡。下面介绍"放置"选项卡中的选项。

- 参考：选择参考坐标系。
- 类型：放置点的偏移类型。
- 名称、X轴、Y轴、Z轴：点在选定坐标系轴上的值。
- 导入…：将数据文件导入到模型中。
- 更新值…：使用文本编辑器显示点表中列出的所有点的值。也可使用文本编辑器来添加新点、更新点的现有值或删除点。重定义基准点偏移坐标系时，如果单击"更新值…"按钮，并使用文本编辑器编辑一个或所有点的值，则Creo将为原始点指定新值。
- 保存…：将点坐标保存为点文件（.pts）。
- 使用非参数阵列：现有的点阵列将被转换为非参数阵列。

图3-34 "基准点"对话框

操作实战035——创建坐标系基准点

下面介绍如何创建坐标系基准点，其具体操作步骤如下所述。

1 创建一个如图3-35所示的拉伸实体。

图3-35 拉伸实体

图3-36 选择坐标系

2 单击基准特征工具栏中的"偏移坐标系"按钮 ，打开"基准点"对话框。

3 在模型树中单击系统默认的坐标系"PRT_CSYS_DEF"，模型中会加亮显示系统坐标系，如图3-36所示。

4 在对话框中单击"名称"下的单元格，系统自动产生基准点PNT0，然后分别设定该点在X轴、Y轴、Z轴方向的尺寸为50、60、-25，如图3-37所示。

图3-37 数值设置示意图

5 单击“确定”按钮，完成基准点的建立，如图3-38所示（为便于观看，模型显示样式设为消隐）。

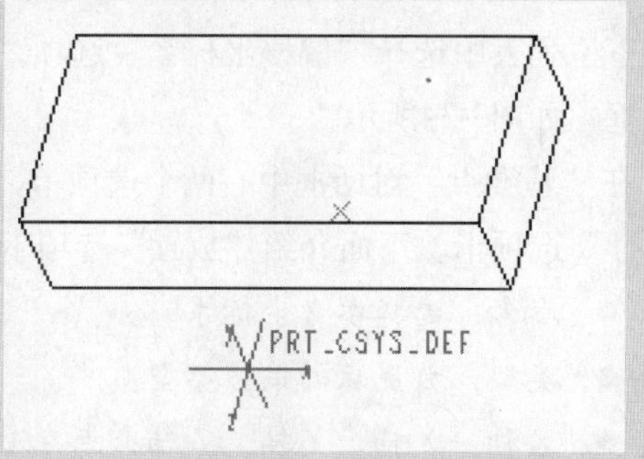

图3-38　基准点

3.3.3　域基准点

单击“基准”工具栏“点”选项右侧的下三角按钮，然后单击“域”按钮，将打开“基准点”对话框，如图3-39所示。

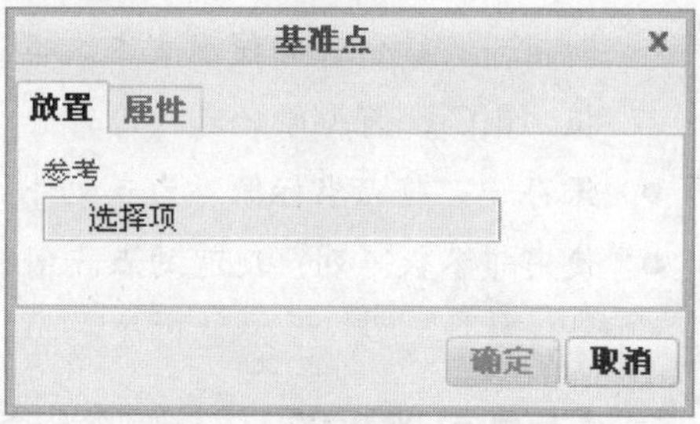

图3-39　“基准点”对话框

操作实战036——创建域基准点

1 首先创建一个如图3-40所示的拉伸实体。

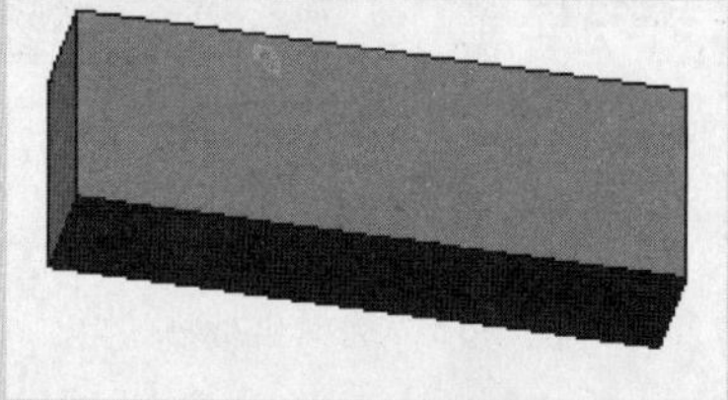

图3-40　拉伸实体

2 单击基准特征工具栏中的“域”按钮，弹出“基准点”对话框，选择模型上需要创建点的面，如图3-41所示。

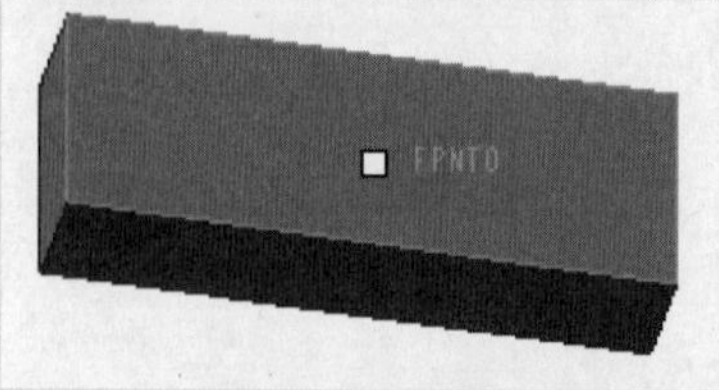

图3-41　选择参考

3 所选参考出现在“基准点”对话框“放置”选项卡的“参考”的文本框中，如图3-42所示。

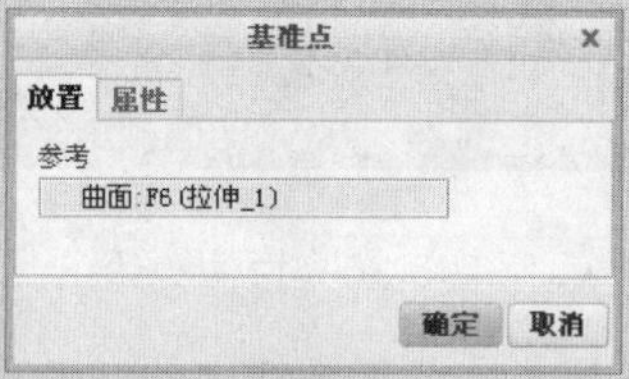

图3-42　“基准点”对话框

4 单击“确定”按钮，完成基准点的建立，如图3-43所示。

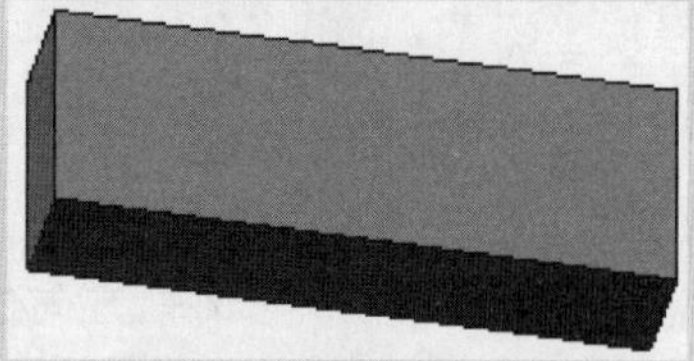

图3-43　创建基准点

3.4 基准曲线

　　基准曲线在曲面设计中会经常用到。与草绘基准曲线性质相同，基准曲线允许创建二维截面，该截面可用于创建许多其他特征，如拉伸或旋转。此外，基准曲线也可用于创建扫描特征的轨迹。

　　基准曲线可以由一个或多个草绘段以及一个或多个开放或封闭的环组成。但是，将基准曲线用于其他特征通常限定在开放或封闭环的单个曲线（它可以由很多段组成）。

　　草绘基准曲线时Creo在离散的草绘基准曲线上边创建一个单一复合基准曲线。该类型的复合曲线不能重定义起点。由草绘曲线创建的复合曲线可以作为轨迹选择，例如可作为扫描轨迹。使用"查询选取"可以选择底层草绘曲线图元。

⚙ 操作实战037——创建草绘基准曲线

1 首先创建一个如图3-44所示的拉伸实体。

图3-44 拉伸实体

2 单击"基准"工具栏中的"草绘"按钮 ，选择实体顶面为草绘平面，草绘方向为实体右侧面，然后进入草绘环境，如图3-45所示。

3 在草绘设计区，接受默认的平面为草绘环境的参考，单击 样条 按钮绘制一条样条曲线，完成后单击对号按钮 ✓ ，草绘基

准曲线创建完成，如图3-46所示。

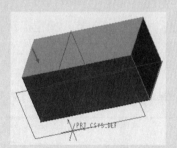

图3-45 草绘平面

图3-46 草绘基准曲线

⚙ 操作实战038——通过点创建基准曲线

　　下面介绍如何通过点创建基准曲线，其具体操作步骤如下所述。

1 通过草绘调色板创建一个如图3-47所示的拉伸实体。

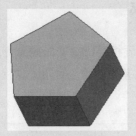

图3-47 拉伸实体

2 选择"基准"特征工具栏"基准"下拉菜单中"曲线"下的"通过点的曲线"选项，如图3-48所示。

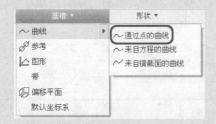

图3-48 通过点的曲线

3 弹出"曲线：通过点"操控板，然后依次选取实体的几个顶点作为曲线的经过点，

如图3-49所示。

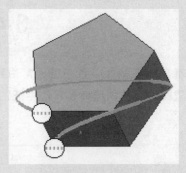

图3-49 依次选择点

4 单击"曲线：通过点"操控板上的对号按钮 ✓，完成通过点的基准曲线的创建，如图3-50所示。

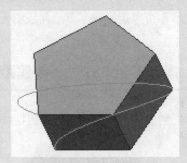

图3-50 基准曲线

操作实战039——使用方程创建基准曲线

1 创建一个如图3-51所示的拉伸实体。

图3-51 绘制实体

2 单击"模型"功能区"基准"工具栏的"基准" 基准▼ 下拉按钮，展开下拉菜单，依次选择"曲线"、"来自方程的曲线"选项。

3 弹出"曲线：从方程"操控板，选择"笛卡尔"坐标系，如图3-52所示。

图3-52 "曲线：从方程"操控板

4 单击"方程"按钮，输入方程，关于相关函数的输入一定要使用函数调用器，如图3-53所示。

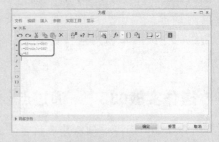

图3-53 方程输入器

5 单击"参考"选项卡，选择"PRT_CSYC_ DEF：F4"坐标系，如图3-54所示。	**6** 单击"确定"按钮，完成基准曲线的建立，如图3-55所示。
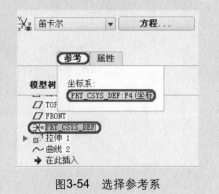	
图3-54 选择参考系	图3-55 创建效果

3.5 基准坐标系

基准坐标系是可以添加到零件和装配件中的参考特征，它有以下几方面的作用。

- 计算模型质量属性、组装零件、为"有限元分析（FEA）"放置约束。
- 在加工模块中为刀具轨迹提供制造操作参考。
- 用作定位其他特征的参考（例如坐标系、基准点、平面和轴线、输入的几何等）。

3.5.1 基准坐标系的3种表达方法

在Creo 2.0中，坐标系可分为笛卡尔坐标系、柱坐标系和球坐标系，应根据建模需要选择基准坐标系，不同的坐标系建模的参考尺寸标注不一样，选择合理的坐标系，可以简化尺寸标注，加快建模速度。

- 笛卡尔坐标系：用X、Y和Z表示坐标轴。
- 柱坐标系：用半径r、方位角θ和z表示坐标值。
- 球坐标系：用半径r、θ和φ表示坐标值。

3.5.2 设置基准坐标系的方法

单击工具栏中的"坐标系"按钮 ⅹ坐标系，打开"坐标系"对话框。该对话框中包括"原点"、"方向"和"属性"3个选项卡。

"原点"选项卡如图3-56所示。其各功能如下所述。

- 参考：显示选择的参考。
- 类型：基准坐标系相对参考的约束类型，选择的参考不同，选择约束类型也不相同。

单击"方向"标签，切换至"方向"选项卡，如图3-57所示（在"原点"选项卡中设置的选项不同，该选项卡显示的栏目也略有不同）。

单击"属性"标签，切换至"属性"选项卡，如图3-58所示。可以通过此选项卡查看特征信息，也可以对特征进行重命名。

图3-56 "原点"选项卡

图3-57 "方向"选项卡

图3-58 "属性"选项卡

建立坐标系的操作步骤如下所述。

1 单击工具栏中的"坐标系"按钮坐标系，打开"坐标系"对话框。

2 在图形窗口中选择坐标系的放置参考。

3 选定坐标系的偏移类型并设定偏移量。

4 单击"确定"按钮，创建默认方向的新坐标系；若需设定新坐标系的坐标方向，则单击"方向"标签，在展开的"方向"选项卡中设定新坐标系。

提示

如果选择一个顶点作为原始参照，则必须利用"方向"选项卡通过选择坐标轴的参考确定坐标轴的方向。不管是通过选取坐标系还是选取平面、边或点作为参考，要完全定位一个新的坐标系，至少应选择两个参考对象。

操作实战040——以3个平面为参考创建基准坐标系

1 创建一个如图3-59所示的拉伸实体。

图3-59 创建拉伸实体

2 单击工具栏中的"坐标系"按钮坐标系。

3 打开"坐标系"选项卡，按住Ctrl键，依次选择相邻的3个面。

4 在"坐标系"对话框的"原点"选项卡中，3个面已作为参考显示，如图3-60所示。

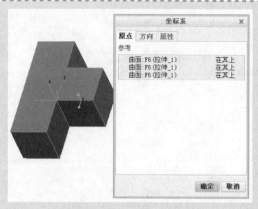

图3-60 "坐标系"对话框

5 单击"确定"按钮，建立名称为"CS0"的新坐标系，如图3-61所示。

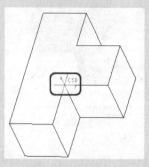

图3-61 创建坐标系

操作实战041——以不平行的两条直线为参考创建基准坐标系

1 创建一个如图3-62所示的拉伸实体。

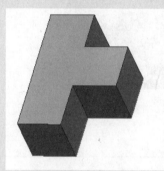

图3-62 拉伸实体

2 单击工具栏中的"坐标系"按钮 坐标系。

3 按住Ctrl键，依次选择相连的两条边。"原点"选项卡的"参考"选项区就会出现选择的参考，如图3-63所示。

4 单击"确定"按钮，完成坐标系的建立，如图3-64所示。

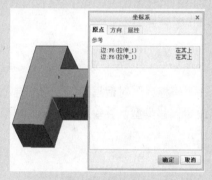

图3-63 选择参考

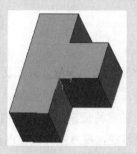

图3-64 建立坐标系

操作实战042——以坐标系为参考创建基准坐标系

1 创建一个如图3-65所示的拉伸实体。

2 单击工具栏中的"坐标系"按钮 坐标系。

3 弹出"坐标系"对话框，选择"PRT_CSYS_DEF"坐标系为参考（在设计区单击坐标或在模型树中选择），如图3-66所示。

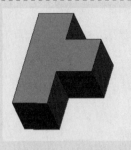

图3-65 拉伸实体

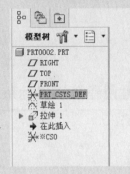

图3-66 选择坐标系

4 在"坐标系"对话框的"参考"选项框中设定偏移类型，并输入偏移量，如图3-67所示。

图 3-67 设置参数

5 单击"确定"按钮，创建名为"CS0"的新坐标系，如图3-68所示。

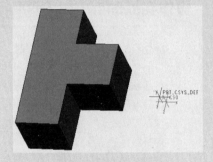

图 3-68 建立坐标系

3.6 本章小结

这一章属于基础部分，对后面的学习有重要的影响。基准特征作为建模过程中的参考，具有重要的意义。熟练掌握本章内容，可以使建模更顺利、更灵活。在创建实体特征时，往往需要一个或更多的基准特征来辅助完成创建。例如，可以新建基准平面，并在新的基准平面上进行草图绘制并生成特征；基准线可以在创建实体特征时用来作为特征的定位参考。

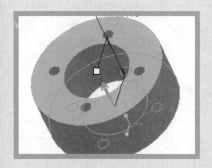

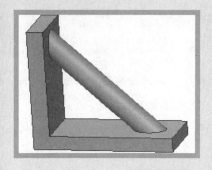

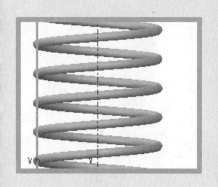

第4章

建立基本实体特征

　　本章主要介绍基本实体特征的创建方法。基本实体特征包括拉伸特征、旋转特征、扫描特征等。基本特征的名称是根据其创建形式来命名的。例如拉伸特征是由草绘截面通过拉伸得到的，旋转特征是由草绘截面旋转得到的。Creo 2.0是一个以特征造型为主的实体建模系统，也把特征作为最小的数据存储单元。在模型设计时，可以通过修改特征参数来修改模型形状。

4.1　拉伸特征

建立基本实体基本特征的命令主要在"模型"功能区的"形状"特征工具栏，如图4-1所示。

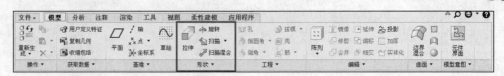

图4-1　"形状"工具栏

可通过以下两种方式建立基本实体特征。

● 通过单击"模型"功能区"基准"工具栏中的"草绘"按钮，在草绘环境中绘制二维草图截面，然后把二维草图截面通过执行"拉伸"、"旋转"等创建命令来创建。

● 单击"形状"工具栏中的"拉伸"按钮，或"旋转"按钮等，在打开的"拉伸"、"旋转"等操控面板单击"放置"按钮，选择草绘面进行草绘或直接在模型树选择平面进行草绘或单击"基准"按钮下拉列表中的"草绘"按钮进行草绘二维截面，或选取一个存储的二维截面，然后进行基本实体创建。

图4-2　通过放置草绘

图4-3　"基准"下拉列表

拉伸是创建基础特征的常用方法之一，此方法就是将二维截面沿指定的方向进行拉伸创建实体。下面对拉伸创建基础特征的方法进行介绍。

4.1.1　创建实体拉伸截面

> **操作实战043——创建实体拉伸截面**
>
> **1** 执行"新建"命令，新建一个零件文件。首先单击"TOP"面作为草绘平面，然后在"模型"功能区单击"草绘"按钮，进入草绘设计界面。单击"草绘"功能区"设置"工具栏中的"草绘视图"按钮，调整草绘视图，以便于在设计区绘制。调整后的视图效果如图4-4所示。

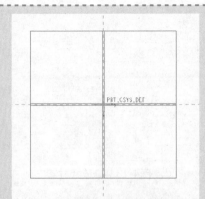

图4-4 调整草绘视图

2 单击"基准"工具栏中的"中心线"按钮⋮，创建两条垂直的中心线，如图4-5所示。

图4-5 绘制中心线

3 单击草绘工具栏中的"圆心和点"按钮◎回，以两条中心线的交点为圆心绘制一个圆形，如图4-6所示。

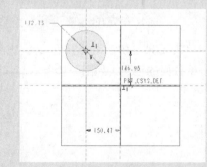

图4-6 绘制圆

4 单击"同心"按钮◎回，单击刚才创建的圆，以确定圆心创建同心圆，如图4-7所示。

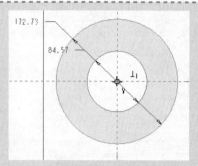

图4-7 绘制同心圆

5 单击"圆心和点"按钮◎回，在中心线上创建两个圆，如图4-8所示。

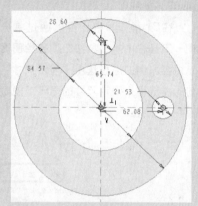

图4-8 绘制圆

6 单击两小圆中的一个，此时此圆变为选择状态，单击"编辑"工具栏中的"镜像"按钮⋔，此时命令提示区出现"选择一条中心线"信息，选择一条有效的中心线，镜像出另一侧的圆，如图4-9所示。

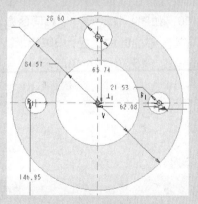

图4-9 镜像圆一

7 使用同样的方法镜像另一个圆，效果如图4-10所示。

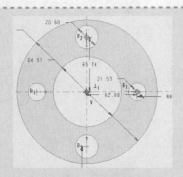

图4-10　镜像圆二

提示

在Creo 2.0中，可以通过单击"视图"工具栏中的工具按钮调整绘图区的显示内容。例如通过选中"显示尺寸"按钮前的复选框来确定尺寸的显示或隐藏，如图4-11所示。

图4-11　视图工具栏

8 单击"尺寸"工具栏中的"法向"按钮 ↦，双击大圆边线，然后在放置尺寸的地方单击以放置尺寸，并修改尺寸为180，如图4-12所示。以相同的方法修改与其同心的圆的直径为90，四个小圆的直径改为15，如图4-13所示。

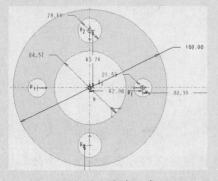

图4-12　修改尺寸

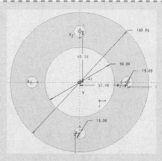

图4-13　修改尺寸

提示

四个小圆是由两个不同大小的圆镜像产生的，这两对镜像产生的圆具有直径相同的约束关系，所以只需改变镜像组中的一个圆，其镜像就会随之改变。

9 单击尺寸工具栏中的"法向"按钮 ↦，单击小圆的圆心，然后单击大圆的圆心，鼠标滑轮在两圆心中间单击放置尺寸，并修改尺寸为60，四个小圆与大圆的圆心距都改为60，如图4-14所示。

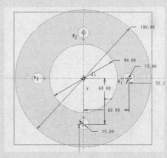

图4-14　修改位置

10 单击工具栏中的对号按钮 ✓，完成草绘截面的创建，如图4-15所示。

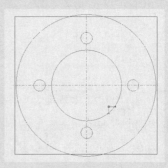

图4-15　草绘截面

4.1.2 创建实体拉伸生成方向

单击工具栏中的"打开"按钮 📂，选择要进行设计的文件并打开。例如打开上一节的文件。

单击"模型"功能区"形状"工具栏中的"拉伸"按钮 🗗，在模型树中选择"草绘1"，设计区产生一个拉伸实体，如图4-16所示。

"拉伸"操控板如图4-17所示。

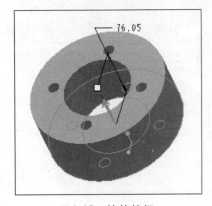

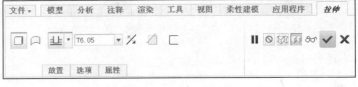

图4-16 拉伸特征 　　　　　　　　图4-17 "拉伸"操控板

- "拉伸为实体"按钮 □：生成一个实体拉伸特征。
- "拉伸为曲面"按钮 🗀：生成一个曲面拉伸特征。
- "从草绘平面以指定的深度值拉伸"按钮：以草绘平面为起点，以指定深度拉伸二维截面。
- "对称拉伸"按钮 🗄：以草绘平面为对称面，向草绘平面的两侧平均拉伸到指定值。
- "拉伸到选定的点、曲线、平面或曲面"按钮 ⬓：以草绘平面为起点，以指定对象为终点，拉伸到指定的对象。
- "尺寸输入框" [50.000 ▾]：输入拉伸实体特征的深度尺寸。
- "更改拉伸方向"按钮 ⚡：切换拉伸特征的拉伸方向。
- "移除材料"按钮 ⬚：拉伸特征为减材料，此命令在已有实体特征上生成减材料特征时才可以使用。
- "加厚草绘"按钮 ⊏：生成一个有厚度的拉伸框架。此命令不同于"拉伸为曲面"命令，因为拉伸为曲面是没有厚度的。单击此按钮后，会打开"输入厚度"编辑框，在此框中可以自定义厚度值。
- "暂停"按钮 ∥：暂停当前操控板的使用，操控板上的命令按钮将不可使用。
- "无预览"按钮 ⊘：取消设计区实体特征的预览，只可看到草绘截面。
- "分离"按钮 ▩：草绘截面中各个图元的拉伸效果以相互独立的方式显示。
- "连接"按钮 ▤：在拉伸显示效果中草绘的各个图元以相互联系统一的整体显示，也就是草绘截面作为统一体拉伸显示，不区分组成它的各个图元。
- "预览"按钮 ∞：预览特征的生成效果。
- "确定"按钮 ✔：应用并保存在工具中所做的所有更改，然后关闭工具操控板。等同于确定。

● "取消/重定义"按钮 ✕：取消所做的所有更改，等同于取消。

单击"拉伸"操控板上的 ✕ 按钮，即可改变拉伸特征的生成方向，更改前如图4-18所示，更改后如图4-19所示。也可以通过单击设计草绘截面虚线下的箭头来改变拉伸特征生成的方向，如图4-20所示。

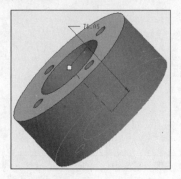
图4-18　生成方向

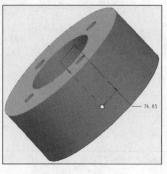
图4-19　切换方向

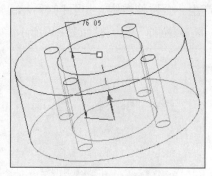
图4-20　改变方向

注意

虚线下的箭头指示方向是拉伸特征生成的方向。

4.1.3　创建实体拉伸深度

操作实战044——创建实体拉伸深度

1 单击主页工具栏中的"打开"按钮 📂，选择一个实体拉伸特征。例如选择上一节建立的实体。在模型树中的拉伸特征上单击鼠标右键，从弹出的快捷菜单中执行"编辑定义"命令，如图4-21所示。

图4-21　编辑定义

2 打开"拉伸"操控板，此时设计环境中的拉伸体也回到待编辑状态，效果如图4-22所示。

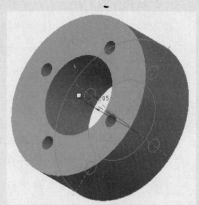
图4-22　编辑状态

3 单击"拉伸"操控板上的"对称拉伸"按钮 ⊟，拉伸特征即转换成以草绘平面为对称面的拉伸形式，如图4-23所示。

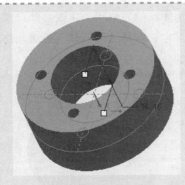

图4-23　对称拉伸

4 单击操控板上的"基准"下拉按钮 ⌒，在展开的下拉工具栏中单击"平面"按钮 ⊿，在弹出的"基准平面"对话框中，参考选择"TOP"基准平面，约束类型设为偏移，平移值输入100，如图4-24所示，创建新基准平面。

图4-24　设置偏移

5 单击操控板上的"开始"按钮 ▶，设计环境返回到拉伸操作状态，单击 ⊥ 按钮，在模型树中选择新建的平面DTM1，设计区即创建了一个从草绘平面到指定平面的拉伸实体，如图4-25所示。

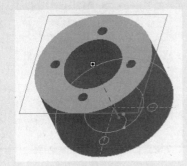

图4-25　拉伸到平面

6 单击 ⊥ 按钮，则可创建以草绘平面为拉伸起点，以输入的深度尺寸值为拉伸量的拉伸实体，如图4-26所示。输入指定的数值，效果如图4-27所示。

图4-26　输入数值

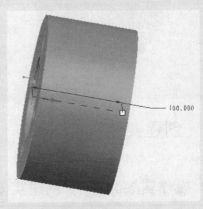

图4-27　拉伸特征

提示

可以通过设计区的拉伸控制手柄来调节深度尺寸。

7 单击"确定"按钮 ✔ 保存更改，在模型树中的拉伸特征上单击鼠标右键，从弹出的快捷菜单中执行"编辑"命令。此时设计环境中的拉伸体变为棕色，同时尺寸也显示出来，如图4-28所示。

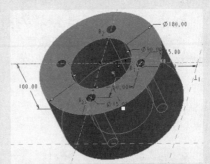

图4-28　显示尺寸

8 双击外圆的直径尺寸值，该尺寸即可重新编辑。输入新尺寸值150并按Enter键，尺寸标注变色显示，尺寸变为150，实体随之发生改变，如图4-29所示。

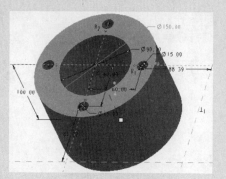

图4-29　修改尺寸

9 使用同样的方法可以修改其他尺寸，在设计区空白处单击即可退出编辑状态，更改后的效果如图4-30所示。

图4-30　拉伸特征

4.1.4　创建实体拉伸去除

操作实战045——创建实体拉伸去除

1 新建一个边长为200的正方体，如图4-31所示。

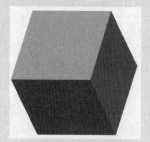

图4-31　正方体

2 单击工具栏中的"拉伸"按钮，在展开的"拉伸"操控板上单击"移除材料"按钮，将光标放在正方体的任意面上，该面即变色为待选择状态，如图4-32所示。

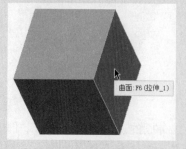

图4-32　选择平面

3 单击此面即可以该面为草绘平面进入草绘设计环境，如图4-33所示。

图4-33　草绘位置

4 在该平面绘制一个圆。直径设为80，圆心为正方形的对角线交点，如图4-34所示。

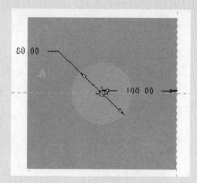

图4-34　绘制圆

5 单击"确定"按钮 ✓ 完成草绘，并返回拉伸操作界面，如图4-35所示。

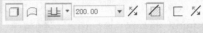

图4-36 输入数值

7 单击"应用并保存"按钮 ✓，完成实体拉伸去除，其效果如图4-37所示。

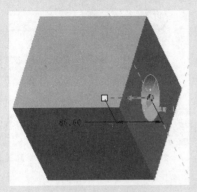

图4-35 拉伸特征

6 在尺寸输入框输入200，并按Enter键，如图4-36所示。

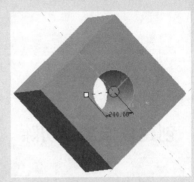

图4-37 移除材料

4.1.5 创建实体拉伸加厚

◢◆◀ 操作实战046——创建实体拉伸加厚

1 新建零件文件，草绘一个圆，如图4-38所示。

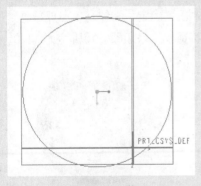

图4-38 草绘截面

2 选择图形，使其处于选择状态，单击工具栏中的"拉伸"按钮，进入实体拉伸特征操作界面，圆形此时被拉伸为圆柱体，如图4-39所示。

3 单击"加厚草绘"按钮 ⊏，即可加厚实体拉伸材料，如图4-40所示。

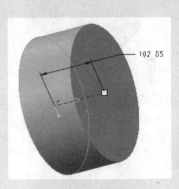

图4-39 拉伸特征

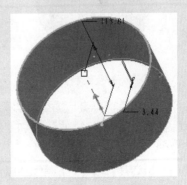

图4-40 加厚拉伸

4 在深度尺寸输入框中输入200，在厚度尺寸输入框中输入8，如图4-41所示，最终效果如图4-42所示。

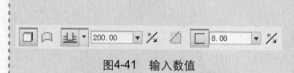

图4-41　输入数值

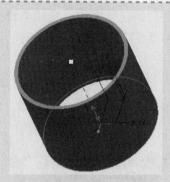

图4-42　加厚拉伸

4.1.6　创建拉伸加厚切除

操作实战047——创建拉伸加厚切除

1 新建一圆柱拉伸实体，如图4-43所示。

图4-43　拉伸实体

2 以圆柱体的上表面为草绘平面绘制一条曲线，如图4-44所示。

图4-44　绘制曲线

3 选择曲线草绘，单击"模型"功能区"形状"工具栏中的"拉伸"按钮，弹出"拉伸"操控板；单击按钮，拉伸为实体；单击选择按钮，从草绘平面以指定的深度值拉伸，并在其后的文本输入框中

输入100；单击按钮，将拉伸的深度方向改为草绘的另一侧，使草绘拉伸穿过圆柱体；单击按钮，去除材料；单击按钮，加厚草绘，并在其后面的文本输入框中输入10，如图4-45所示。

图4-45　输入数值

4 单击"确定"按钮，完成拉伸加厚切除特征，效果如图4-46所示。

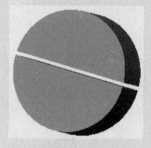

图4-46　加厚切除

提示

　　加厚草绘拉伸特征的草绘截面可以是不封闭的，加厚草绘会将构成草绘截面的边线进行加厚，因此加厚草绘特征也称为薄板特征，用于创建具有一定厚度的薄板特征。

4.2 旋转特征

旋转特征是草绘截面按指定的方向、定义的角度绕中心线旋转而成的特征。它适合创建具有旋转特性的实体。根据创建旋转特征的定义，在创建旋转特征时必须要有旋转中心线。

4.2.1 创建实体旋转特征

 操作实战048——创建实体旋转特征

创建实体旋转特征的步骤如下所述。

1 新建零件文件，单击"模型"功能区"基准"工具栏中的"草绘"按钮，弹出"草绘"对话框。在模型树中选择"FRONT"基准平面为草绘平面，使用系统默认的参考面。进入草图绘制环境，绘制如图4-47所示的草绘截面。

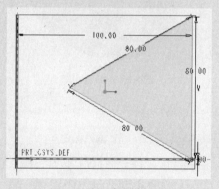

图4-47 草绘截面

2 单击"草绘"功能区"基准"工具栏中的"中心线"按钮，绘制一条如图4-48所示的竖直中心线。

3 单击"确定"按钮，退出草图绘制环境，进入零件设计环境。

4 单击"模型"功能区"形状"工具栏中的"旋转"按钮，弹出"旋转"操控板，如图4-49所示。并在设计区以所绘中心线为旋转轴，将所绘截面以360°旋转

产生预览旋转体，如图4-50所示。

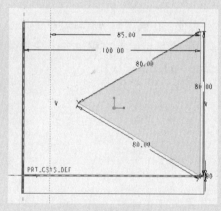

图4-48 绘制中心线

图4-49 "旋转"操控板

图4-50 旋转特征

创建实体旋转特征的截面应符合以下3个条件。

- 截面的所有图形都必须位于中心线的同一侧。
- 截面中必须有中心线，允许存在多条，系统以绘制的第一条中心线作为旋转轴。
- 截面可以是封闭的，也可以是不封闭的，而创建实体旋转特征的截面必须是封闭的。

提示

实体旋转特征通过绕中心线旋转剖面来创建特征，这也是创建基础特征的一种较常用的方法。与拉伸特征相比，只允许通过旋转剖面创建伸出项、切口、薄板伸出项及薄板切口等特征。

4.2.2 创建实体旋转角度

操作实战049——创建实体旋转角度

1 按Ctrl+O组合键打开上一节创建的实体旋转特征，在模型树中旋转特征的标签"旋转1"上单击鼠标右键，弹出快捷菜单，如图4-51所示。

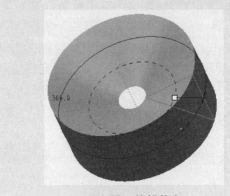

图4-52 编辑状态

图4-53 输入数值

4 在设计区特征会依据输入尺寸值随之发生改变，如图4-54所示。

图4-51 右键菜单

2 执行"编辑定义"命令，弹出"旋转"操控板，设计区特征返回到编辑状态，如图4-52所示。

3 在"旋转"操控板的尺寸输入框中输入270，按Enter键确认，如图4-53所示。

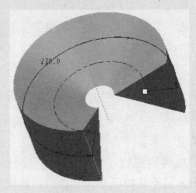

图4-54 改变特征

5 双击设计区特征的角度值，尺寸变为可编辑状态，如图4-55所示。

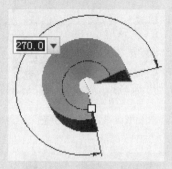

图4-55　数值输入框

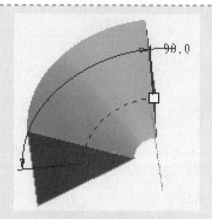

图4-56　旋转特征

6 输入90，并按Enter键确认，效果如图4-56所示。

7 重新定义完成后，单击"确定"按钮✔，重新生成旋转特征。

通过执行"编辑"命令修改旋转角度尺寸的方法如下所述。

在模型树中的"旋转 1"上单击鼠标右键，从弹出的快捷菜单中执行"编辑"命令，实体旋转特征变为棕色显示，同时标注尺寸也显示出来，如图4-57所示。双击旋转角度尺寸"270"，尺寸变为可编辑状态，输入数值"180"后按Enter键，特征依据输入尺寸发生变化，如图4-58所示。

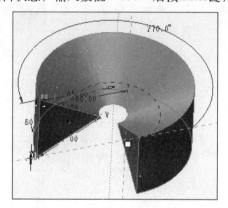

图4-57　编辑

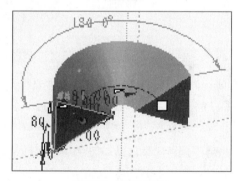

图4-58　旋转特征

提示

在"旋转"操控板的"角度值"文本框中有系统默认的4个常用角度值，即90、180、270和360，可以根据实际需要进行自行输入，取值范围在0.001度到360度之间。

4.2.3　创建实体旋转切除

操作实战050——创建实体旋转切除

1 按Ctrl+O组合键打开实体旋转特征，如图4-59所示。

图4-59　旋转特征

图4-61　草绘截面

2 单击"形状"工具栏中的"旋转"按钮，弹出"旋转"操控板，单击"移除材料"按钮◢，再单击模型树中的"FRONT"基准平面，系统将以"FRONT"基准平面为草绘平面进入草绘设计环境，如图4-60所示。

图4-60　草绘平面

3 绘制一个如图4-61所示的圆形，单击"确定"按钮✓完成草图绘制返回到"旋转"操作界面。

4 单击用于创建实体旋转特征的中心线作为旋转轴，如图4-62所示。

图4-62　旋转轴

5 选择旋转轴，实体旋转切除完成，效果如图4-63所示。单击"确定"按钮✓，完成旋转切除。

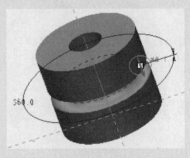

图4-63　旋转切除

提示

在没有草绘中心线的情况下，命令提示区会显示：选择直曲线或边、轴或坐标系的轴以指定旋转轴。

4.2.4　创建旋转加厚切除特征

 操作实战051——创建旋转加厚切除特征

1 创建一个圆柱体拉伸特征，如图4-64所示。

图4-64　拉伸特征

2 选择与其中心轴平行且穿过的一个面作为草绘平面，绘制一条与圆柱体中心轴重合的中心线和一条曲线，单击"确定"按钮退出草绘设计环境，如图4-65所示。

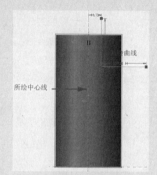

图4-65　草绘截面

3 选择创建的草绘截面，单击"模型"功能区"形状"工具栏中的"旋转"按钮$\diamond$，弹出"旋转"操控板，单击□按钮，作为实体旋转；单击⏦按钮，从草绘平面以指定的角度值旋转，并在其后面的角度值输入框中输入360；单击◿按钮，移除材料；单击□按钮，加厚草绘，并在其后面的输入厚度值输入框中输入10，如图4-66所示。

图4-66　输入数值

4 单击"确定"按钮✓，完成创建旋转加厚切除特征，效果如图4-67所示。

图4-67　旋转特征

4.3　扫描特征

扫描特征是截面按指定的轨迹扫描生成的特征，创建扫描特征要满足两个必要条件：一是存在扫描截面，二是指定扫描轨迹。

4.3.1　创建实体扫描草绘轨迹

 操作实战052——创建实体扫描草绘轨迹

1 按Crtl+N组合键新建零件文件，单击"扫描"按钮 ⍀扫描，弹出"扫描"操控板，如图4-68所示。

图4-68　"扫描"操控板

2　单击"基准"按钮 ∿，在展开的下拉面板中单击"草绘"按钮 ∿，在弹出的"草绘"对话框中选择的草绘平面为"FRONT"基准平面，参考保持默认即可。进入草绘设计环境，单击"草绘"工具栏中的 ∿样条 按钮，绘制如图4-69所示曲线。

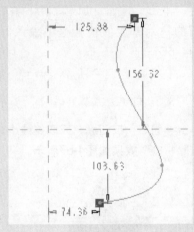

图4-69　曲线

3　单击"确定"按钮 ✔，退出草绘环境。在"扫描"操控板上单击 ▶ 按钮，退出暂停模式，继续扫描操作。此时设计区曲线如图4-70所示。

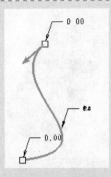

图4-70　扫描轨迹

4　系统默认此样条曲线为扫描轨迹线，可以通过单击设计区扫描轨迹线上的箭头来改变扫描轨迹的方向，如图4-71所示。

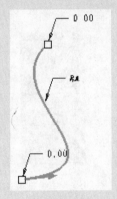

图4-71　扫描方向

4.3.2　选取实体扫描轨迹

操作实战053——选取实体扫描轨迹

1　绘制一圆柱拉伸实体，如图4-72所示。

图4-72　拉伸特征

2　单击"模型"功能区"形状"工具栏中的"扫描"按钮 ⬚，弹出"扫描"操控板，单击设计区圆柱体上的一条边线，此边线会加亮显示，并确认为扫描轨迹线，如图4-73所示。按住Ctrl键的同时，可以选取多条边线作为扫描轨迹线。

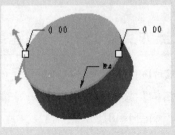

图4-73　扫描轨迹

4.3.3 创建实体扫描特征

操作实战054——创建实体扫描特征

1 按Ctrl+N组合键新建零件文件，单击"扫描"按钮 扫描，弹出"扫描"操控板，单击"基准" 下拉按钮，在展开的下拉菜单中单击"草绘"按钮，选择"TOP"平面为草绘平面，参考平面保持默认即可，进入草绘设计环境，绘制如图4-74所示的曲线。

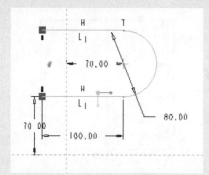

图4-74 曲线

2 单击"确定"按钮 保存并返回扫描操作界面。在扫描操作界面的设计区单击鼠标以取消暂停。选择所绘曲线，曲线会变色加粗显示，系统会自动确认此曲线为扫描轨迹线，并在端点处有一个箭头指明扫描的方向，可以通过单击此箭头来改变扫描的方向，如图4-75所示。

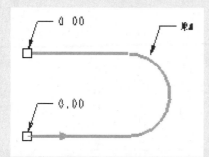

图4-75 扫描轨迹

3 单击"扫描"操控板中的"创建或编辑扫描截面"按钮 ，进入草绘设计环境。单击"草绘"工具栏中的"草绘视图"按钮 ，改变视图方向，以便于绘制。绘制如图4-76所示的截面。截面需绘制在原点处（即箭头的起始端）。单击"确定"按钮 返回到扫描操作界面。

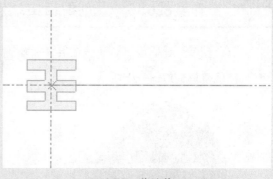

图4-76 草绘截面

4 在扫描操作的设计区生成预览实体扫描特征，如图4-77所示。

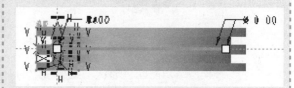

图4-77 扫描特征

5 按Ctrl+D组合键，切换到标准视图。单击"确定"按钮 ，实体扫描特征创建完成，效果如图4-78所示。

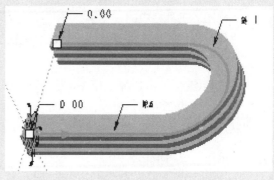

图4-78 扫描特征

提示 //

在创建扫描轨迹时应注意，对于切口、切削材料类的扫描特征，扫描轨迹不能有自身相交；扫描轨迹中的弧的半径相对于扫描截面不能太小，否则扫描截面在经过弧或半径时，由于扫描截面自身相交而造成扫描失败。

4.3.4 创建自由端点开放式扫描特征

⚙ 操作实战055——创建自由端点开放式扫描特征

1 以"TOP"基准平面为草绘平面，新建实体旋转特征如图4-79所示。

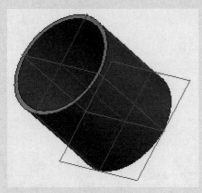

图4-79 旋转特征

2 单击"模型"功能区"形状"工具栏中的"扫描"按钮，再单击"基准"按钮，在展开的下拉菜单中单击"草绘"按钮，弹出"草绘"窗口，设置"TOP"基准平面为草绘平面，草绘方向保持默认，进行草绘。进入草绘设计环境，单击"视图"工具栏中的"显示样式"按钮，将显示样式改为"线框"，设计区模型变为线框显示模式，如图4-80所示。

3 按住Alt键，单击选择如图4-81所示的边线，此边线变色加粗显示，表示处于选择状态。

4 单击鼠标右键，在弹出的快捷菜单中执行"添加参考"命令，将此边线添加为参考，如图4-82所示。

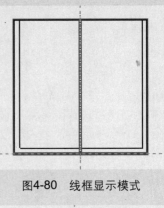

图4-80 线框显示模式

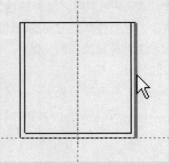

图4-81 选择边线

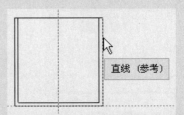

图4-82 添加参考

5 分别执行"线链"命令和"圆形修剪"命令，绘制如图4-83所示的草绘截面。

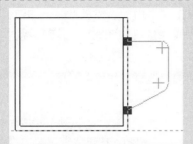

图4-83　草绘截面

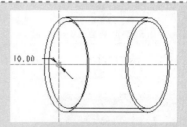

图4-84　草绘截面

6　单击"确定"按钮退出草绘设计环境，在"扫描"操控板上单击 ▶ 按钮，激活扫描操作工具。单击 ☑ 按钮，创建扫描截面，绘制如图4-84所示的截面。

7　返回扫描操作界面，单击 ∞ 按钮，预览扫描生成效果，确认无误后，单击 ✓ 按钮，创建扫描特征完成，效果如图4-85所示。

图4-85　扫描特征

4.3.5　创建合并终点开放式扫描特征

操作实战056——创建合并终点开放式扫描特征

1　以"TOP"基准平面为草绘平面草绘二维截面，并执行"拉伸"命令进行拉伸，拉伸方式选择以"TOP"基准平面为中心向两侧对称拉伸，拉伸特征如图4-86所示。

图4-86　拉伸特征

2　单击"模型"功能区"形状"工具栏中的"扫描"按钮 ⬚，弹出"扫描"操控板，在操控板上执行"基准" | "草绘"命令。选择"TOP"基准平面为草绘平面，草绘方向保持默认，进入草绘设计环境。添加如图4-87所示的两曲面为参考。

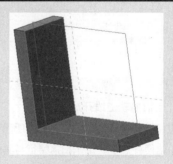

图4-87　添加参考

3　执行"线链"命令绘制如图4-88所示的曲线，完成绘制后退出草绘设计环境。

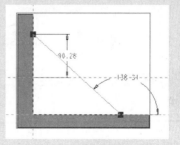

图4-88　绘制曲线

4 单击"扫描"操控板上的 按钮，创建扫描截面，进入草绘设计环境，绘制如图4-89所示的截面。

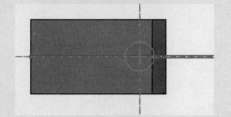

图4-89　草绘截面

5 单击"确定"按钮退出草绘设计环境。单击"扫描"操控板上的"预览"按钮 ∞，预览实体扫描特征，如图4-90所示。

图4-90　预览特征

6 单击"扫描"操控板上的 ▶ 按钮，激活扫描操作工具。单击"选项"按钮 选项，展开"选项"下拉面板，选中"合并端"前的复选框，如图4-91所示。

图4-91　合并端

7 单击"扫描"操控板上的"确定"按钮 ✓，完成扫描特征的创建，如图4-92所示。

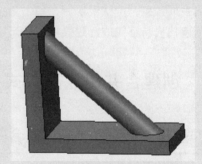

图4-92　扫描特征

提示

　　当扫描轨迹线开放时，扫描特征属性有两种选项，此时为"自由端"选项下的属性，两端点截面保持与轨迹垂直状态，如图4-90所示；选择"合并端"选项时，两端点截面自动延伸与其他实体特征融合。这两种选项决定了扫描特征与其他实体特征的整合状况。

4.3.6　创建变截面扫描特征

 操作实战057——创建变截面扫描特征

1 新建零件文件，进入建模环境。以"TOP"基准平面为草绘平面，绘制如图4-93所示的曲线。

2 以"TOP"基准平面为参考平面，新建平面DTM1，参考类型为偏移，偏移值为100。在DTM1平面绘制如图4-94所示的曲线。

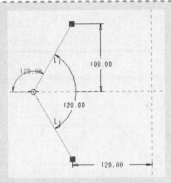

图4-93　绘制曲线一

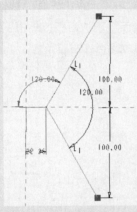

图4-94　绘制曲线二

3 以"RIGHT"基准平面为草绘平面，绘制如图4-95所示的曲线。

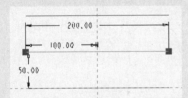

图4-95　绘制曲线三

4 单击"模型"功能区"形状"工具栏中的"扫描"按钮 ，弹出"扫描"操控板。按住Ctrl键在设计区单击选择三条曲线作为扫描轨迹线，如图4-96所示。

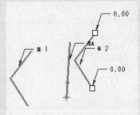

图4-96　扫描轨迹

5 单击操控板上的"创建或编辑扫描截面"按钮 ，进入草绘设计环境，在三条轨迹线的扫描起始点处绘制如图4-97所示的截面。

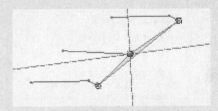

图4-97　草绘截面

6 单击"确定"按钮 ✔ 退出草绘设计环境。返回扫描操作界面，单击"确定"按钮 ✔ 完成扫描特征的创建，效果如图4-98所示。

图4-98　扫描特征

4.4　创建扫描混合特征

　　扫描混合特征是不同的截面沿扫描轨迹混合生成的特征。所以生成扫描混合特征要满足必须至少有两个截面。下面介绍生成扫描混合特征的方法。

操作实战058——创建扫描混合特征

1 新建零件文件。在建模环境下，单击"模型"功能区"基准"工具栏中的"草绘"按钮～，弹出"草绘"对话框，选择"TOP"基准平面为草绘平面，"RIGHT"基准平面为参考平面，将"方向"设置为"右"，如图4-99所示。

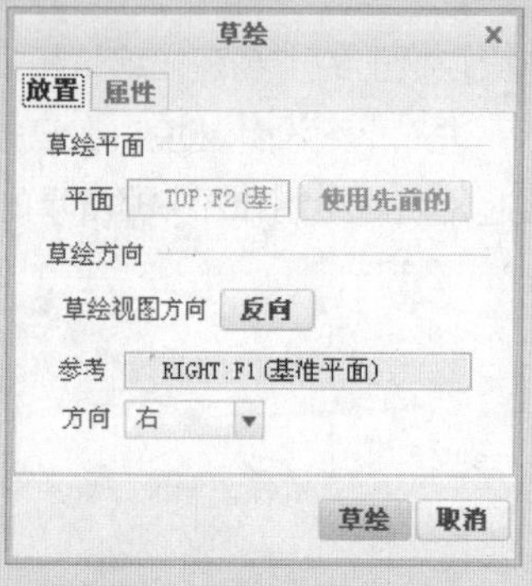

图4-99　选择草绘平面

2 单击"草绘"按钮 草绘 进入草绘设计环境，绘制如图4-100所示的曲线，单击"确定"按钮 ✔ 退出草绘设计环境。

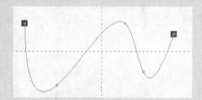

图4-100　绘制曲线

3 返回模型设计环境，单击"模型"功能区"形状"工具栏中的"扫描混合"按钮 ☞扫描混合，弹出"扫描混合"操控板，如图4-101所示。

图4-101　"扫描混合"操控板

4 系统会自动将所绘制的曲线定义为扫描轨迹，可以通过单击扫描轨迹上的箭头来改变扫描生成的方向，如图4-102所示。

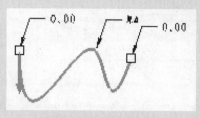

图4-102　扫描轨迹

5 单击操控板上的"截面"按钮 截面，展开"截面"下拉面板，单击"草绘"按钮 草绘，如图4-103所示。

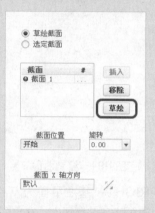

图4-103　"截面"下拉面板

6 进入草绘设计环境，绘制如图4-104所示的截面。

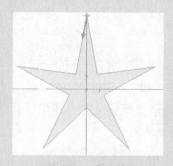

图4-104　草绘截面

7 单击"确定"按钮 ✔ 退出草绘设计环境。返回扫描混合操作界面，单击"截面"下拉面板中的"插入"按钮 插入，插入第二个截面，然后单击"草绘"按钮 草绘，如图4-105所示。

图4-105 "截面"下拉面板

图4-106 草绘截面

8 进入草绘设计环境，单击"草绘"工具栏中的"圆心和点"按钮⊙回，绘制圆。单击"编辑"工具栏中的"分割"按钮ꜛ，将圆分割为10段，如图4-106所示。单击"确定"按钮✔退出草绘设计环境。

9 返回扫描混合操作界面，单击"确定"按钮✔完成扫描混合特征的创建，效果如图4-107所示。

图4-107 扫描混合特征

提示

创建扫描混合特征时，应注意以下两点：①扫描截面的顶点数必须相同，否则会造成生成特征失败。起始截面或结尾截面可以为单独的一个点。②扫描混合时各截面的起始点先进行对应混合，然后沿混合方向进行下一组顶点的混合，如果某一截面的混合方向改变，则生成的扫描混合特征也会发生相应改变。

4.5   螺旋扫描

螺旋扫描特征是截面沿螺旋轨迹扫描生成的特征，常用于螺纹、弹簧、蜗杆的创建。

4.5.1   创建等节距螺旋扫描特征

 操作实战059——创建等节距螺旋扫描特征

1 新建零件文件，进入建模环境。单击"模型"功能区"形状"工具栏中"扫描" 选项旁边的下拉按钮ˇ，在展开的下拉菜单中单击"螺旋扫描"按钮 ꜱꜱꜱ螺旋扫描，弹出"旋转扫描"操控板，如图4-108所示。

图4-108 "螺旋扫描"操控板

2 单击操控板上的"参考"按钮 参考，展开"参考"下拉面板，单击"定义"按钮 定义... ，如图4-109所示。

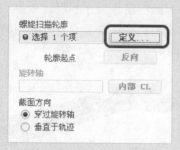

图4-109 "参考"下拉面板

3 弹出"草绘"对话框，选择"TOP"基准平面为草绘平面，草绘方向保持默认，单击"草绘"按钮 草绘 进入草绘设计环境。绘制一条中心线和一条直线，如图4-110所示。

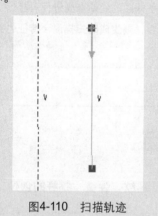

图4-110 扫描轨迹

4 单击"确定"按钮 ✔ 退出草绘设计环境。返回"螺旋扫描"操作界面，单击操控板上的"创建或编辑扫描截面"按钮 ，进入草绘设计环境，在轨迹线的起点处绘制一个圆，如图4-111所示。

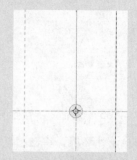

图4-111 扫描截面

5 单击"确定"按钮 ✔ 退出草绘设计环境。返回螺旋扫描操作界面，在操控板上修改间距值为40，如图4-112所示。

图4-112 数值输入

6 在操控上单击"确定"按钮 ✔ ，完成等节距螺旋扫描特征的创建，效果如图4-113所示。

图4-113 螺旋扫描特征

4.5.2 创建变节距螺旋扫描特征

操作实战060——创建变节距螺旋扫描特征

1 新建零件文件，进入建模环境。单击"模型"功能区"形状"工具栏中的"螺旋扫描"按钮 螺旋扫描，弹出"螺旋扫描"操控板，单击操控板上的"参考"按钮 参考，在展开的"参考"下拉面板中单击"定义"按钮 定义... ，弹出"草绘"对话框，设置"TOP"基准平面为草绘平面，草绘方向保持默认，进入草绘设计环境。绘制如图4-114所示的一条中心线和一条长度为500的直线。

2 单击"确定"按钮 ✓ 退出草绘设计环境。返回螺旋扫描操作界面，单击操控板上的"创建或编辑扫描截面"按钮 ，进入草绘设计环境，在轨迹线的起点处绘制如图4-115所示的截面。

#	间距	位置类型	位置
1	50.00		起点
添加间距			

图4-117 "间距"下拉面板

5 单击面板上的"添加间距"按钮，在后面的间距值输入框中输入10，此时已添加不同的间距。再次单击"添加间距"按钮，并输入新的间距值20，位置栏将数值改为300，如图4-118所示。

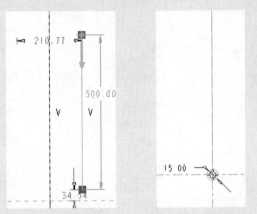

图4-114 绘制直线　　图4-115 绘制截面

3 单击"确定"按钮 ✓ 退出草绘设计环境。返回螺旋扫描操作界面，此时设计区生成的螺旋扫描特征如图4-116所示。

#	间距	位置类型	位置
1	50.00		起点
2	10.00		终点
3	20.00	按值	300.00
添加间距			

图4-118 添加间距

6 单击操控板上的"确定"按钮 ✓，完成变节距螺旋扫描特征的创建，效果如图4-119所示。

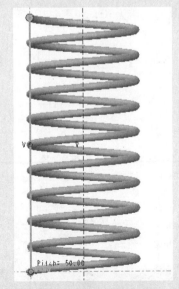

图4-116 螺旋扫描特征

4 单击操控板上的"间距"按钮 间距 ，展开"间距"下拉面板，如图4-117所示。

图4-119 螺旋扫描特征

4.5.3 创建螺旋扫描移除特征

1 新建零件文件，进入建模环境。以"TOP"基准平面为草绘平面，草绘方向保持默认绘制直径为100的圆，执行"拉伸"命令将截面拉伸为深度为300的圆柱体，效果如图4-120所示。

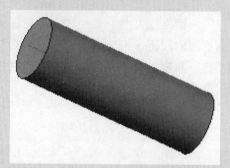

图4-120 拉伸特征

2 单击"模型"功能区"形状"工具栏中的"螺旋扫描"按钮 ，弹出"螺旋扫描"操控板。单击操控板上的"参考"按钮 ，展开"参考"下拉面板，单击"定义"按钮 ，弹出"草绘"对话框，设置"RIGHT"基准平面为草绘平面，草绘方向保持默认，进入草绘设计环境，绘制如图4-121所示的直线，单击"确定"按钮 ✔ 退出草绘设计环境，返回螺旋扫描操作界面。

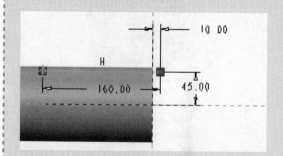

图4-121 绘制直线

3 在设计区单击圆柱体的中心线选作旋转轴，并更改确认扫描轨迹方向，单击操控

板上的"创建或编辑扫描截面"按钮 ，在扫描轨迹线起点处绘制如图4-122所示的截面。

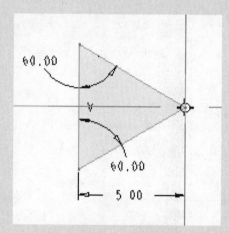

图4-122 扫描截面

4 单击"确定"按钮 ✔，退出草绘设计环境，返回螺旋扫描操作界面。单击操控板上的"移除材料"按钮 ，并在操控板上修改间距值为10，如图4-123所示。

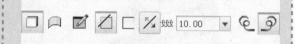

图4-123 移除材料

5 单击操控板上的"确定"按钮 ✔，完成螺旋扫描特征的创建，效果如图4-124所示。

图4-124 螺旋扫描特征

4.6 混合特征

混合特征就是将多个剖面合成一个实体特征。生成混合特征的方式有3种，即平行方式、旋转方式和一般方式。其中旋转方式和一般方式又称为非平行混合特征，当非平行混合特征的截面角度设为0°时即可创建平行混合。创建非平行混合特征时，可以通过从IGES文件中输入的方法来创建一个截面。

4.6.1 平行混合特征

操作实战062——创建平行直线混合

1 新建零件文件，单击"模型"功能区"形状"工具栏上的"形状"按钮 形状▾，在展开的下拉面板中单击"混合"按钮 ⌀混合，弹出"混合"操控板，如图4-125所示。

图4-125 "混合"操控板

2 单击"混合"操控板上的"截面"按钮 截面，展开"截面"下拉面板，单击此面板上的"定义"按钮 定义...，如图4-126所示。弹出"草绘"对话框，选择"TOP"基准平面为草绘平面，草绘方向保持默认即可，单击"草绘"按钮 草绘 进入草绘设计环境，如图4-127所示。

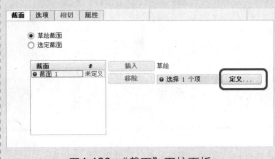

图4-126 "截面"下拉面板

图4-127 选择草绘平面

3 绘制如图4-128所示的截面，单击"确定"按钮退出草绘设计环境。返回混合操作界面，再次单击"截面"按钮，展开"截面"下拉面板，在"偏移自"选项下的偏移值输入框中输入80。图4-129表示截面2的草绘平面是相对截面1偏移80来确定的。单击"草绘"按钮 草绘... 进行草绘，绘制如图4-130所示的截面。单击"确定"按钮退出草绘设计环境。

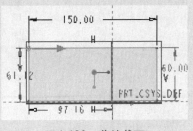

图4-128 草绘截面

图4-129　数值输入

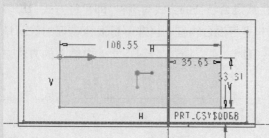

图4-130　草绘截面

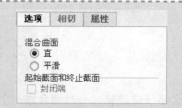

图4-131　"选项"下拉面板

图4-132　混合特征

4 返回混合操作界面，单击"混合"操控板上的"选项"按钮 _{选项}，展开"选项"下拉面板，单击选中"混合曲面"选项下的"直"单选按钮，如图4-131所示。单击"混合"操控板上的 ✔ 按钮，完成混合特征的创建，如图4-132所示。

提示

平行直线混合特征是混合特征中最简单的混合方法，平行混合特征中各截面是相互平行的，在绘制截面时要保证各截面的顶点数相同。

操作实战063——创建平行平滑混合

1 单击"模型"功能区"形状"工具栏中的"混合"按钮 _{混合}，展开"混合"操控板，单击"截面"按钮，展开"截面"下拉面板，单击"定义"按钮，弹出"草绘"对话框，选择"TOP"基准平面为草绘平面，草绘方向保持默认，进入草绘设计环境，绘制如图4-133所示的截面，单击"确定"按钮退出草绘设计环境。

2 返回混合操作界面，单击"截面"按钮，展开"截面"下拉面板，设置"偏移自"下面的选项为截面1和80，如图4-134所示。单击"草绘"按钮，进入草绘设计环境，绘制如图4-135所示的截面。单击"确定"按钮退出草绘设计环境。

图4-134　数值输入

图4-133　草绘截面

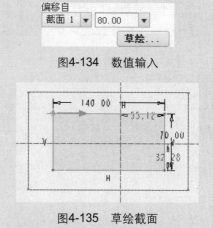

图4-135　草绘截面

3 返回"混合"操作界面，单击"截面"按钮，展开"截面"下拉面板，在"截面"列表框的空白区域单击鼠标右键，从弹出的快捷菜单中执行"新建截面"命令，如图4-136所示。设置"偏移自"为截面2和100，如图4-137所示。单击"草绘"按钮，进入草绘设计环境。

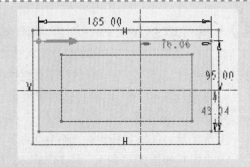

图4-138　草绘截面

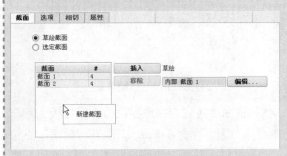

图4-136　"截面"下拉面板

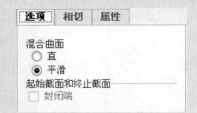

图4-139　"选项"下拉面板

图4-137　数值输入

5 单击"混合"操控板上的 ✔ 按钮，完成混合特征的创建，效果如图4-140所示。

4 绘制如图4-138所示的截面。单击"确定"按钮退出草绘设计环境。返回混合操作界面，单击"混合"操控板上的"选项"按钮，展开"选项"下拉面板，如图4-139所示。在"混合曲面"选项下选中"平滑"单选按钮。

图4-140　混合特征

提示

　　创建平行平滑混合特征时，应注意以下几点：①创建混合特征各截面的边数或顶点数量必须相同。保证各截面顶点数相等的常用方法有两种，即将某条边打断成两段或在某个顶点处绘制一个特征顶点。②平行混合特征各截面必须是封闭的，而且各截面只能有一个封闭轮廓。③如果混合截面数只有两个，使用"平滑"混合与使用"直线"混合效果是一样的，只有当混合截面多于两个时，"平滑"混合才起作用。④生成混合特征时，从每个截面的起点处开始，若各截面的起始点设置不当，会发生扭曲现象，可重新定义起始点，一般各截面的起始点应位于同一方位与混合的方向相同。

4.6.2　旋转混合特征

　　旋转混合特征：各截面绕旋转轴混合而生成的特征。下面介绍旋转混合特征的创建方法。

操作实战064——创建平滑旋转混合特征

1 单击"模型"功能区"形状"工具栏中的"形状"按钮 形状▼，在展开的下拉面板中单击"旋转混合"按钮 旋转混合，弹出"旋转混合"操控板，如图4-141所示。单击操控板上的"截面"按钮 截面，展开"截面"下拉面板，如图4-142所示。

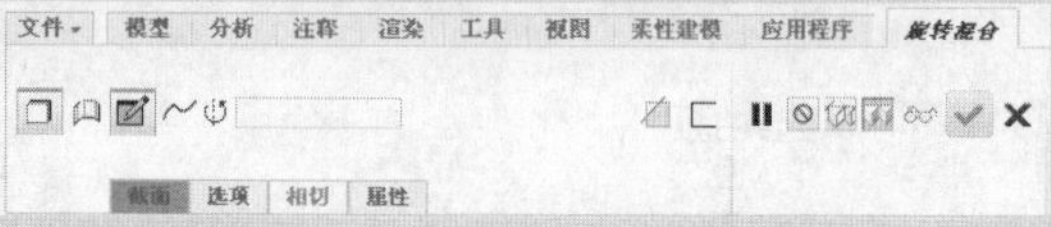

图4-141 "旋转混合"操控板

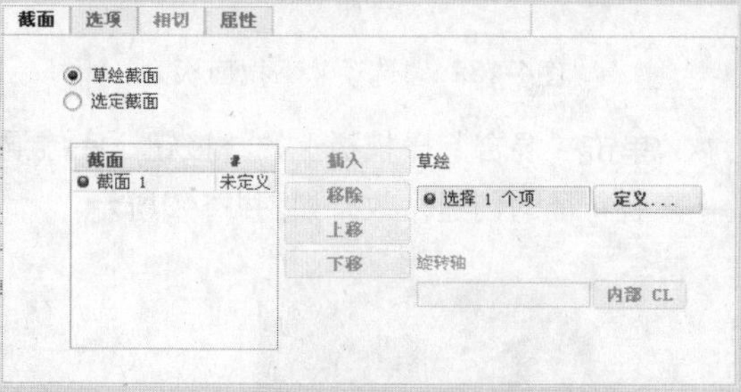

图4-142 "截面"下拉面板

2 单击"截面"下拉面板中的"定义"按钮 定义...，弹出"草绘"对话框，选择"TOP"基准平面为草绘平面，草绘方向保持默认，如图4-143所示。单击"草绘"按钮 草绘 进入草绘设计环境。绘制如图4-144所示的截面和一条用作旋转轴的中心线。单击"确定"按钮 ✔，退出草绘设计环境。

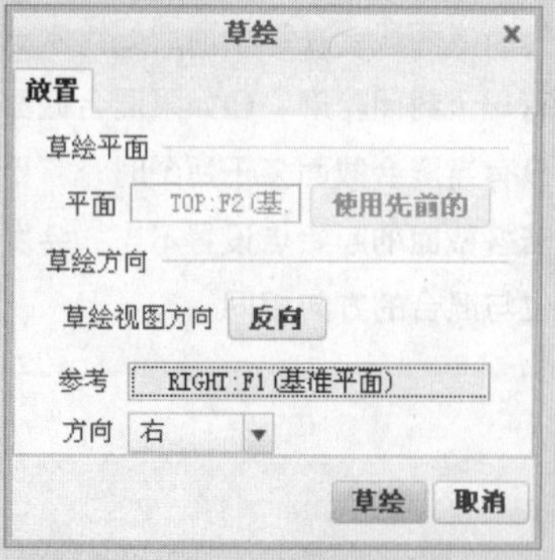

图4-143 "草绘"对话框

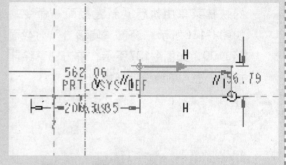
图4-144 草绘截面

3 返回旋转混合操作界面，在操控板上单击"截面"按钮 截面，展开"截面"下拉面板，设置"偏移自"为截面1和45，对截面2的草绘平面进行定义，如图4-145所示。单击"草绘"按钮 草绘...，进入草绘设计环境，绘制如图4-146所示的截面。单击"确定"按钮 ✔，退出草绘设计环境。

图4-145 数值输入

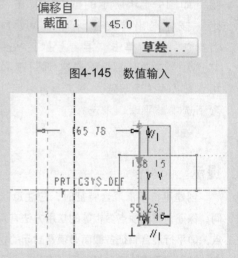
图4-146 草绘截面

4 返回旋转混合操作界面，在操控板上单击"截面"按钮 截面，展开"截面"下拉面板，在"截面"列表框中单击鼠标右键，从弹出的快捷菜单中执行"新建截面"命令，如图4-147所示。设置"偏移自"为截面2和45，以确定截面3的草绘

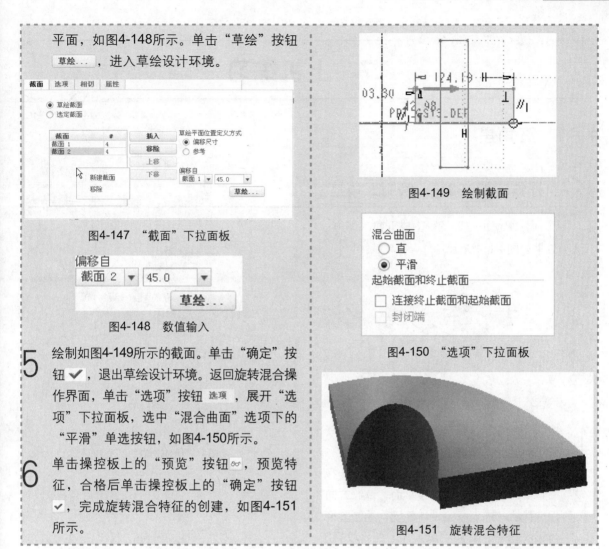

平面，如图4-148所示。单击"草绘"按钮 草绘... ，进入草绘设计环境。

图4-147 "截面"下拉面板

图4-148 数值输入

图4-149 绘制截面

图4-150 "选项"下拉面板

5 绘制如图4-149所示的截面。单击"确定"按钮 ✓ ，退出草绘设计环境。返回旋转混合操作界面，单击"选项"按钮 选项 ，展开"选项"下拉面板，选中"混合曲面"选项下的"平滑"单选按钮，如图4-150所示。

6 单击操控板上的"预览"按钮 ∞ ，预览特征，合格后单击操控板上的"确定"按钮 ✓ ，完成旋转混合特征的创建，如图4-151所示。

图4-151 旋转混合特征

连接起始截面和终止截面：在模型树中生成的旋转混合特征"旋转混合1"上单击鼠标右键，从弹出的快捷菜单中执行"编辑定义"命令，模型返回到旋转混合操作状态，单击"旋转混合"操控板上的"选项"按钮 选项 ，展开"选项"下拉面板，选中"连接终止截面和起始截面"前的复选框，如图4-152所示。单击操控板上的"确定"按钮 ✓ ，完成旋转混合特征的编辑定义，效果如图4-153所示。

图4-152 "选项"下拉面板

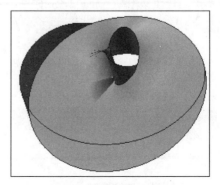

图4-153 旋转混合特征

4.7 上机练习

4.7.1 五角星

 操作实战065——绘制五角星

下面介绍使用拉伸特征生成五角星的方法，效果如图4-154所示。

图4-154 五角星

1 按Ctrl+N组合键新建零件文件，单击"模型"功能区"基准"工具栏中的"草绘"按钮 ，弹出"草绘"对话框，选择"TOP"基准平面为草绘平面，草绘方向保持默认，进入草绘设计环境，绘制直径为50的圆形，如图4-155所示。然后放置3条过圆心的中心线，并把3条中心线之间的角度修改为72°，如图4-156所示。

2 通过中心线与圆的交点，使用"线链"工具绘制两条线，如图4-157所示。选择两条线，执行"镜像"命令，以绘制的一条中心线为中心线镜像图元，如图4-158所示。删除圆和3条中心线，如图4-159所示。

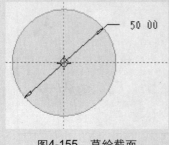

图4-155 草绘截面

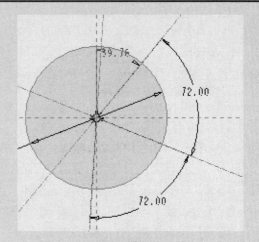

图4-156 放置中心线

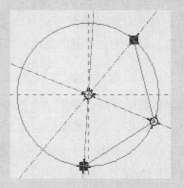

图4-157 绘制线

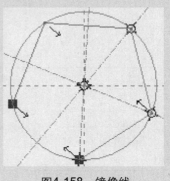

图4-158 镜像线

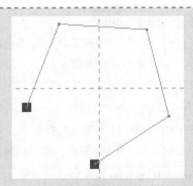

图4-159　删除图元

3 使用"线链"工具连接所绘曲线的端点，如图4-160所示。删除多余的线段，如图4-161所示。

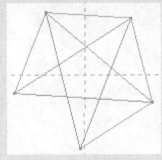

图4-160　绘制线

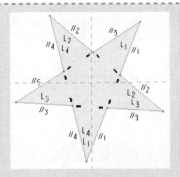

图4-161　删除线

4 单击"确定"按钮退出草绘设计环境，执行"拉伸"命令，拉伸深度值设为5，单击"确定"按钮，完成实体拉伸特征的创建，效果如图4-162所示。

图4-162　拉伸特征

4.7.2　支撑柱

 操作实战066——创建支撑柱

下面介绍创建支撑柱的方法。创建支撑柱使用的命令为"拉伸"、"旋转"，效果如图4-163所示。

图4-163　支撑柱

1 新建零件文件，单击"模型"功能区"形状"工具栏中的"旋转"按钮，弹出"旋转"操控板，在操控板上单击"放置"按钮，展开"放置"下拉面板，单击"定义"按钮，弹出"草绘"对话框。选择"TOP"基准平面为草绘平面，草绘方向保持默认，进入草绘设计环境，绘制如图4-164所示的截面，单击"确定"按钮退出草绘设计环境。返回旋转操作界面，单击"确定"按钮完成旋转特征的创建，如图4-165所示。

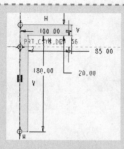

图4-164　草绘截面

图4-165　旋转特征效果

2 单击"模型"功能区"形状"工具栏中的"拉伸"按钮，弹出"拉伸"操控板，在设计区单击选择旋转特征的下方平面作为草绘平面，进入草绘设计环境，绘制如图4-166所示的圆形截面。单击"确定"按钮退出草绘设计环境。返回拉伸操作界面，设置拉伸深度为30，单击"确定"按钮完成拉伸特征的创建，效果如图4-167所示。

图4-166　草绘截面

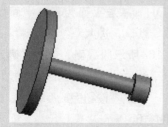

图4-167　拉伸特征

3 单击"模型"功能区"形状"工具栏中的"拉伸"按钮，弹出"拉伸"操控板，在设计区单击选择旋转特征的上方平面作为草绘平面，进入草绘设计环境，先绘制如图4-168所示的圆，然后单击"草绘"工具栏中的"中心线"按钮，绘制两条垂直的中心线，如图4-169所示。选择绘制的圆，单击"编辑"工具栏中的"镜像"按钮，对圆进行镜像，效果如图4-170所示。单击"确定"按钮退出草绘设计环境。

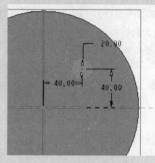

图4-168　草绘截面

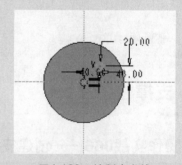

图4-169　绘制中心线

4 返回拉伸操作界面，设置将拉伸方向更改为草绘方向的另一侧，移除材料，深度值为20。单击"确定"按钮完成拉伸特征的创建，效果如图4-171所示。

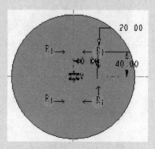

图4-170　镜像圆

图4-171　拉伸特征

5 单击"模型"功能区"工程"工具栏中的"拔模"按钮，弹出"拔模"操控板。单击操控板上的"参考"按钮，展开"参考"下拉面板，如图4-172所示。单击"参考"下拉面板"拔模曲面"选择框中的"选择项"按钮，然后在设计区单击模型下方拉伸特征的圆柱的圆曲面，如图4-173所示。单击"参考"下拉面板"拔模枢轴"选择框的"单击此处添加项"按钮，然后在设计区单击选择拉伸特征的下方平面，如图4-174所示。

图4-172　"参考"下拉面板

图4-173　选择曲面

图4-174　拔模枢轴

6 此时"参考"下拉面板的显示如图4-175所示。

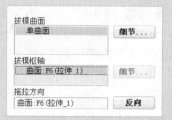

图4-175　"参考"下拉面板

7 在"拔模"操控上将角度值改为15，如图4-176所示。单击操控板上的"确定"按钮完成拔模特征的创建，效果如图4-177所示。

图4-176　数值输入

图4-177　拔模特征

8 单击"模型"功能区"工程"工具栏中的"倒圆角"按钮，弹出"倒圆角"操控板，在设计区选择上方圆盘的边线进行倒圆角，并在操控板上输入倒圆角的半径值为10，单击"确定"按钮完成倒圆角特征，效果如图4-178所示。

图4-178　支撑柱

9 完成支撑柱的设计后，执行"文件"｜"保存"命令保存文件。

4.7.3 电源插头

操作实战067——绘制电源插头

在电源插头的制作过程中，主要掌握"拉伸"、"混合"、"扫描"、"旋转"命令在实际设计中的应用。通过本例来进一步熟悉这些命令。本例效果如图4-179所示。

图4-179 电源插头

1 新建名称为chatou的零件文件，单击"模型"功能区"形状"工具栏中的"混合"按钮，弹出"混合"操控板，单击操控板上的"截面"按钮，再单击"定义"按钮，如图4-180所示。弹出"草绘"对话框，选择"TOP"基准平面为草绘平面，参考方向保持默认，如图4-181所示。

图4-180 "截面"下拉面板

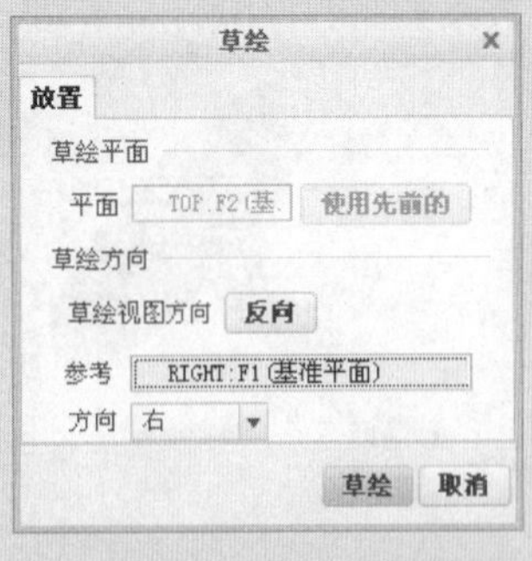

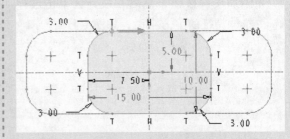

图4-181 "草绘"对话框

2 在草绘设计环境，绘制如图4-182所示的截面。单击"确定"按钮退出草绘设计环

境。返回混合操作界面，单击"截面"按钮，设置"偏移自"为截面1和30，并进入草绘设计环境，绘制如图4-183所示的截面。单击"确定"按钮退出草绘设计环境。

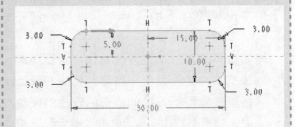

图4-182 草绘截面

图4-183 草绘截面

3 返回混合操作界面，单击"确定"按钮，完成混合特征，如图4-184所示。

图4-184 混合特征

4 单击"模型"功能区"形状"工具栏中的"旋转"按钮，弹出"旋转"操控板，在操控板上单击"放置"按钮，展开"放置"下拉面板，单击"定义"按钮，弹出"草绘"对话框，选择"RIGHT"基准平面为草绘平面，草绘方向保持默认，进入草绘设计环境，绘制如图4-185所示的截面。单击"确定"按钮退出草绘设计环境，生成如图4-186所示的旋转特征。

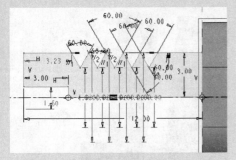

图4-185　草绘截面

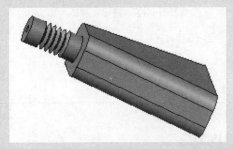

图4-186　旋转特征

5　单击"模型"功能区"形状"工具栏中的"扫描"按钮，弹出"扫描"操控板，单击操控板上的"基准"按钮，在弹出的"基准"下拉面板中单击"草绘"按钮，选择"RIGHT"基准平面为草绘平面，草绘方向保持默认，进入草绘设计环境。绘制如图4-187所示的曲线，单击"确定"按钮退出草绘设计环境。返回扫描操作界面，单击"创建或编辑草绘截面"按钮，绘制如图4-188所示的截面，单击"确定"按钮退出草绘设计环境。

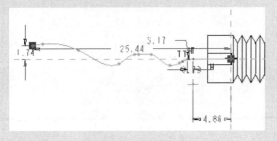

图4-187　绘制曲线

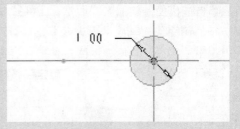

图4-188　草绘截面

6　返回扫描操作界面，单击"确定"按钮完成扫描特征的创建，效果如图4-189所示。

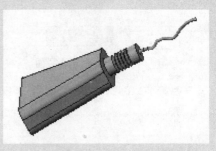

图4-189　扫描特征

7　单击"模型"功能区"形状"工具栏中的"拉伸"按钮，弹出"拉伸"操控板，在设计区单击选择混合特征的上顶面作为草绘平面，进入草绘设计环境，绘制如图4-190所示的截面。单击"确定"按钮退出草绘设计环境。返回拉伸操作界面，设置拉伸深度为20，完成拉伸特征的创建，效果如图4-191所示。

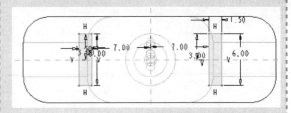

图4-190　草绘截面

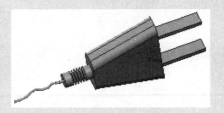

图4-191　拉伸特征

8 单击"模型"功能区"形状"工具栏中的"拉伸"按钮，在设计区单击选择刚创建的拉伸特征的侧面作为草绘平面进入草绘设计环境，绘制如图4-192所示的截面。单击"确定"按钮退出草绘设计环境。返回拉伸操作界面，设置将拉伸的深度方向更改为草绘的另一侧，移除材料，深度值为17。单击"确定"按钮完成拉伸特征的创建，效果如图4-193所示。

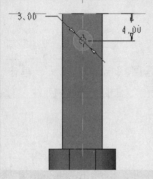

图4-192 草绘截面

图4-193 拉伸特征

9 完成电源插头的制作后，执行"文件"｜"保存"命令保存文件。

4.8 本章小结

学习本章后，要掌握基本实体特征的创建方法。一个零件无论多么复杂，它也是由基本实体特征构成的。本章的一些知识点相对来说比较简单。但仍需要多加练习，以便达到融会贯通。在本章中扫描与混合类特征是难于掌握的，它们主要用来建立外形较为复杂的模型，在学习中应该有所侧重。

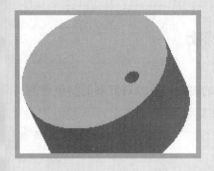

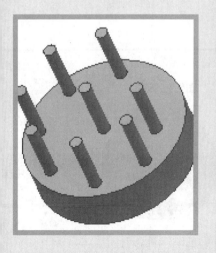

第5章

特征的复制

在设计中如果要多次用到相同的特征，可以对特征进行复制。特征的复制方式有复制、镜像、阵列几种。在实际设计中为便于操作，需要灵活选取复制方式。

5.1 特征复制和粘贴

复制与粘贴的方式是最简单的生成相同特征的方法，在粘贴的过程中可以对复制的特征重新定义。这种方式又可细分为两种不同的类型：复制与粘贴、选择性复制与粘贴。

5.1.1 复制与粘贴

操作实战068——复制孔特征

1 新建直径为50，高度为80的圆柱体特征，如图5-1所示。单击圆柱体的上顶面使其处于选中状态，如图5-2所示。

图5-1 圆柱体

图5-2 选取平面

2 单击"模型"功能区"工程"工具栏中的"孔"按钮，弹出"孔"操控板，如图5-3所示。在设计区出现了一个孔的预览特征，如图5-4所示。

图5-3 "孔"操控板

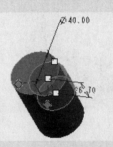

图5-4 放置孔

3 在设计区双击直径尺寸改为10，深度尺寸改为80，拖动定位滑块使孔处于图5-5所示的位置。单击"确定"按钮✔完成孔特征的创建并返回到模型设计环境。效果如图5-6所示。

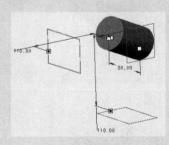

图5-5 定位孔

图5-6 孔特征

4 单击孔使其处于选中状态，如图5-7所示。单击"模型"功能区"操作"工具栏中的"复制"按钮，然后单击"模型"功能区"操作"工具栏中的"粘贴"按钮粘贴，弹出"孔"操控板。单击设计区圆柱体的上顶面以粘贴对象，圆柱体上生成粘贴孔的预览特征，如图5-8所示。

图5-7 选取孔

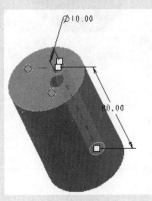

图5-8 放置孔

5 对粘贴对象的尺寸、位置作进一步的调整，如图5-9所示。单击"确定"按钮✓完成孔的粘贴并返回到模型设计环境。按Ctrl+D组合键切换到标准视图，最终效果如图5-10所示。

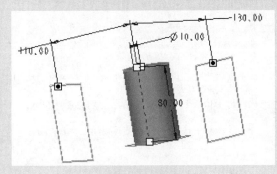

图5-9 定位孔

图5-10 孔特征

5.1.2 选择性移动复制特征

⚙ **操作实战069——选择性移动复制特征**

1 新建直径为100，深度为50的圆柱体特征，如图5-11所示。在圆柱体的上顶面放置一个孔特征，如图5-12所示。

图5-11 圆柱体

图5-12 放置孔

2 在模型树中或在设计区选择孔特征，单击"模型"功能区"操作"工具栏中的"复制"按钮，复制孔特征。单击"模型"功能区"操作"工具栏中的"粘贴"按钮右侧的下三角按钮，在弹出的下拉菜单中单击"选择性粘贴"按钮选择性粘贴。弹出"选择性粘贴"对话框，选中"对副本应用移动/旋转变换"复选框，然后单击"确定"按钮确定(0)，如图5-13所示。

弹出"移动（复制）"操控板，如图5-14所示。

图5-13 "选择性粘贴"对话框

图5-14 "移动（复制）"操控板

3 单击操控板上的"沿选定参考平移特征"按钮↔，在设计区单击选择"FRONT"

基准平面为参考，如图5-15所示。在操控板输入平移值20，单击操控板上的"确定"按钮✓完成特征的复制，如图5-16所示。

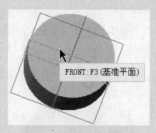

图5-15 选择参考

图5-16 复制孔

5.1.3 选择性旋转复制特征

操作实战070——选择性旋转复制特征

1 新建直径100，深度50的圆柱体特征，如图5-17所示。在圆柱体的上顶面放置一个孔特征，如图5-18所示。

图5-17 圆柱体

图5-18 放置孔

2 在模型树中或在设计区选择孔特征，单击"模型"功能区"操作"工具栏中的"复制"按钮，复制孔特征。单击"模型"功能区"操作"工具栏中的"粘贴"按钮右侧的下三角按钮，在弹出的下拉菜单中单击"选择性粘贴"按钮选择性粘贴。弹出"选择性粘贴"对话

框，选中"对副本应用移动/旋转变换"前的复选框。

3 然后单击"确定"按钮 确定(0) ，弹出"移动（复制）"操控板。单击操控板上的"相对选定参考旋转特征"按钮，在设计区单击选择圆柱体的中心轴，在操控板上输入旋转角度90，单击操控板上的"确定"按钮✓完成特征的复制，效果如图5-19所示。

图5-19 复制孔

5.2 复制

通过特征操作来复制特征，可分为使用新参考复制特征、使用镜像方式复制特征等几种方式。

5.2.1 使用新参考复制特征

操作实战071——使用新参考复制特征

1 新建长为400、宽为300、高为200的拉伸长方体，如图5-20所示。单击"模型"功能区"工程"工具栏中的"孔"按钮 孔，弹出"孔"操控板，在设计区单击选择长方体的上顶面放置孔，并设置孔的深度为200，直径为30，距相邻两边的距离均为80，完成孔特征创建后的效果如图5-21所示。

图5-20 拉伸特征

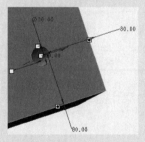

图5-21 放置孔

2 单击"模型"功能区"操作"工具栏中的"操作"按钮 操作▼，在弹出的下拉菜单中执行"特征操作"命令。弹出"菜单管理器"窗口的"特征"选项，从中选择"复制"选项，如图5-22所示。

图5-22 选择"复制"选项

3 在"菜单管理器"窗口弹出"复制特征"选项，从中选择"新参考"、"选择"、"独立"和"完成"选项，如图5-23所示。

4 弹出"选择"对话框，在模型树或设计区选择孔特征，在"菜单管理器"窗口弹出"选择特征"选项，从中选择"完成"选项，如图5-24所示。

图5-23 选择选项　　图5-24 选择"完成"选项

5 弹出"组元素"对话框（如图5-25所示）和"组可变尺寸"选项。在"组可变尺寸"选项中选中"Dim 1"、"Dim 2"、"Dim 3"、"Dim 4"复选框，并选择"完成"选项，如图5-26所示。弹出信息输入框，在"输入Dim 1"下面的文本框中输入60，并单击"确定"按钮 ✓，如图5-27所示。按照相同方式将Dim 2改为400，Dim 3改为100，Dim 4改为100。

图5-25 "组元素"对话框

图5-26 选择选项

图5-27 数值输入

6 弹出"参考"选项（如图5-28所示），在"命令信息提示区"显示"选择曲面对应于突出显示的曲面"，在设计区单击选择长方体的侧面作为新孔特征的位置面。

7 "命令信息提示区"显示"选择 边对应于突出显示的边"，在设计区单击选择长方体的侧边作为放置新孔特征的一条参考边，如图5-29所示。

图5-28 "参考"选项

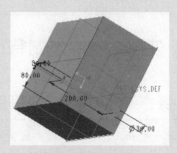

图5-29 选择参考

8 "命令信息提示区"显示"选择 边对应于突出显示的边"，在设计区选择与上一条参考边相邻的侧边作为放置新孔特征的另外一条参考边。"菜单管理器"窗口弹出"组放置"选项，从中选择"完成"选项，如图5-30所示。

图5-30 选择"完成"选项

9 弹出"特征"选项（如图5-31所示），从中选择"完成"选项，完成孔特征的复制，效果如图5-32所示。

图5-31 选择选项

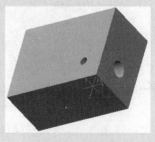

图5-32 复制孔

5.2.2 使用相同参考复制特征

 操作实战072——使用相同参考复制特征

1 新建长为400，宽为300，高为200的拉伸长方体，如图5-33所示。单击"模型"功能区"工程"工具栏中的"孔"按钮 孔，弹出"孔"操控板，在设计区单击选择长方体的上顶面放置孔，并设置孔的深度为200，直径为30，距相邻两边的距离均为80，完成孔特征创建后的效果如图5-34所示。

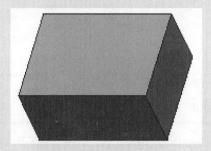

图5-33 拉伸特征

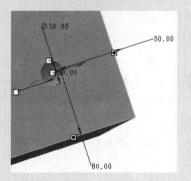

图5-34 放置孔

2 单击"模型"功能区"操作"工具栏中的"操作"按钮 操作▾，在弹出的下拉菜单中执行"特征操作"命令 特征操作。弹出"菜单管理器"窗口，选择"复制"选项，如图5-35所示。

3 在"菜单管理器"窗口弹出"复制特征"选项，从中选择"相同参考"、"选择"、"独立"和"完成"选项，如图5-36所示。

4 弹出"选择"对话框，在模型树或设计区选择孔特征，"菜单管理器"窗口弹出"选择特征"选项，从中选择"完成"选项，如图5-37所示。

图5-35 选择"复制"选项

图5-36 选择选项 图5-37 选择"完成"选项

5 弹出"组元素"窗口，如图5-38所示。同时还会弹出"组可变尺寸"选项窗口。在此窗口中选中"Dim 1"、"Dim 2"、"Dim 3"、"Dim 4"复选框，并选择"完成"选项，如图5-39所示。弹出信息输入框，在"输入Dim 1"下的文本框中输入280，并单击"确定"按钮 ✓，如图5-40所示。按照相同方式将Dim 2的值改为200，Dim 3的值改为150，

Dim 4的值改为250。

图5-38　"组元素"窗口　　图5-39　选择选项

图5-40　数值输入

6 单击"组元素"窗口中的"确定"按钮
确定，在"菜单管理器"窗口中弹出
"特征"选项，从中选择"完成"选项，
如图5-41所示。完成孔特征的复制，效果
如图5-42所示。

图5-41　选择"完成"　　图5-42　复制孔
选项

5.2.3　使用移动方式复制特征

操作实战073——使用移动方式复制特征

1 新建长为400，宽为300，高为200的长
方体，如图5-43所示。为其添加一个孔
特征，并修改直径为40，深度为100，
如图5-44所示。

图5-43　拉伸特征

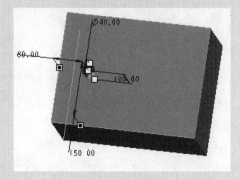

图5-44　放置孔

2 在模型设计环境下，单击"模型"功能区
"操作"工具栏下拉选择面板中的"特征
操作"按钮特征操作。在"菜单管理器"窗口
中弹出"特征"选项，从中选择"复制"
选项，如图5-45所示。在"菜单管理器"
中弹出"复制特征"下拉选项，依次选择
"移动"、"选择"和"独立"选项后，
再选择"完成"选项，如图5-46所示。弹
出"选择"对话框，如图5-47所示。

图5-45　选择"复制"选项

图5-46　选择选项

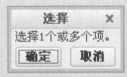

图5-47 "选择"对话框

3 在设计区选择"孔"特征或在模型树中选取"孔"标签，单击"选择"对话框中的"确定"按钮。在"菜单管理器"窗口中弹出"移动特征"选项，选择"平移"选项，如图5-48所示。在"菜单管理器"中弹出"一般选择方向"选项，从中选择"平面"选项，如图5-49所示。鼠标悬停在长方体的右侧面，此时右侧面变色，单击选择此面即可，如图5-50所示。

图5-48 选择"平移" 图5-49 选择"平面"
　　 选项　　　　　　 选项

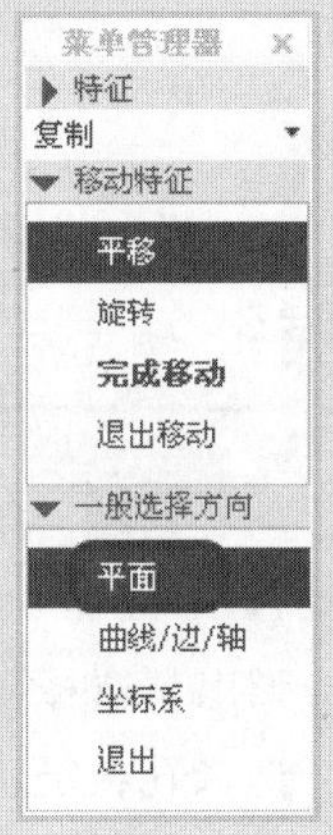

图5-50 选择平面

4 在"菜单管理器"窗口中弹出"方向"选项，从中选择"反向"选项，然后选择"确定"选项，如图5-51所示。在弹出的"输入偏移距离"下面的文本输入框中输入"-80"，并单击"确定"按钮✔，如图5-52所示。在"菜单管理器"窗口中选

择"完成移动"选项，如图5-53所示。

图5-51 选择选项

输入偏移距离
-80

图5-52 数值输入

图5-53 选择"完成移动"选项

5 弹出"组元素"对话框，如图5-54所示。在"菜单管理器"中弹出"组可变尺寸"选项，如图5-55所示。选中"Dim 1"、"Dim 2"前的复选框，然后选择"完成"选项，如图5-56所示。

图5-54 "组元素"对话框

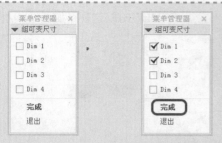

图5-55 "组可变尺寸"选项 图5-56 选择选项

6 弹出文本输入框,如图5-57所示。将"Dim 1"的尺寸改为"30",单击"确定"按钮 ✓。用同样的方法将"Dim 2"的尺寸改为"200"。单击"组元素"对话框中的"确定"按钮,选择"菜单管理器"窗口 "特征"选项中的"完成"选项,平移复制特征完成。将显示样式切换到"线框"样式,效果如图5-58所示。

图5-57 文本输入框

图5-58 复制特征效果

5.2.4 使用镜像方式复制特征

 操作实战074——使用镜像方式复制特征

1 新建长为400,宽为300,高为200的长方体,并在其上顶面放置孔特征,如图5-59所示。

图5-59 长方体和孔

2 在模型树中或设计区选择孔特征,单击"模型"功能区"操作"工具栏中的"复制"按钮 📄,复制孔特征。单击"模型"功能区"操作"工具栏中的"操作"按钮 操作▼,在弹出的下拉菜单中执行"特征操作"命令。在"菜单管理器"窗口弹出"特征"选项,从中选择"复制"选项。"菜单管理器"窗口弹出"复制特征"选项,分别选择"镜像"、"选择"、"独立"和"完成"选项,如图5-60所示。

3 弹出"选择"选项,在模型树中或设计区选择孔特征。在弹出的"选择特征"选项中选择"完成"选项。在"菜单管理器"窗口中弹出"设置平面"选项,从中选择"产生基准"选项,如图5-61所示。

图5-60 选择选项 图5-61 选择"产生基准"选项

4 在"菜单管理器"窗口中弹出"基准平面"选项,从中选择"偏移"选项,如图5-62所示。

5 在设计区单击选择长方体的侧面作为参考,如图5-63所示。

图5-62 选择"偏移"选项　　图5-63 选择参考

6 在"菜单管理器"窗口中弹出"偏移"选项,从中选择"输入值"选项,如图5-64所示。

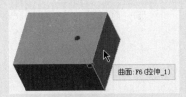

图5-64 选择"输入值"选项

7 在弹出的信息文本框中输入偏移值-200,并单击"确定"按钮✓。在"菜单管理

器"窗口中的"基准平面"选项下选择"完成"选项,如图5-65所示。

8 在弹出"菜单管理器"的"特征"选项中选择"完成"选项,如图5-66所示。

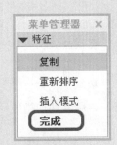

图5-65 选择"完成"选项　　图5-66 选择"完成"选项

9 执行该操作后,即可完成孔特征的复制,效果如图5-67所示。

图5-67 复制孔效果

5.3 镜像特征

镜像命令是将选择的特征按照指定的平面镜像产生另一侧相同的特征,所镜像出的特征具有形状尺寸相同、位置以指定镜像平面为中心相对称的特点。

1 新建如图5-68所示零件文件。

图5-68　新建文件

2 在模型设计环境按住Ctrl键在设计区选择"拉伸1"和"拉伸2"拉伸特征或在模型树中选择"拉伸1"和"拉伸2"标签，选中后零件加亮显示，如图5-69所示。

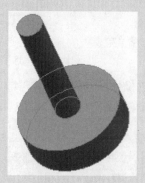

图5-69　选择特征

3 单击"模型"功能区"编辑"工具栏中的"镜像"按钮 ⚙镜像，弹出"镜像"操控板，如图5-70所示。

图5-70　"镜像"操控板

4 此时命令信息提示栏出现"选择要镜像的平面或目的基准平面"，把鼠标悬放在要选择的镜像平面上，此平面变色，表示处于可选择状态，如图5-71所示。

图5-71　选择平面

5 单击要作为镜像平面的平面，此时待镜像的特征以线框加亮显示，镜像平面为左上方的圆形部分，如图5-72所示。

图5-72　突出显示

6 单击"确定"按钮 ✓ 完成镜像，返回到模型设计环境，效果如图5-73所示。

图5-73　镜像特征

5.4 阵列

在设计中，阵列的使用非常广泛，通过阵列可以产生大量相同的特征。阵列的类型可以分为：尺寸阵列、方向阵列、轴阵列、表阵列等几种。

5.4.1 尺寸阵列

 操作实战076——尺寸阵列

1 新建一长为400，宽为300，高为200的长方体，并在长方体上放置一直径为40，距长方体两侧面各为50，深度为200的通孔，如图5-74所示。

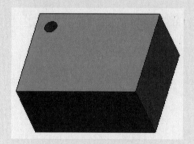

图5-74 长方体和孔

2 选择"孔"特征，单击"模型"功能区"编辑"工具栏中的"阵列"按钮，弹出"阵列"操控板，如图5-75所示。

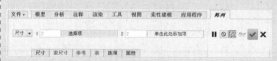

图5-75 "阵列"操控板

3 "孔"特征的尺寸以蓝色显示出来，如图5-76所示。

4 单击"孔"的定位尺寸50，在尺寸的下方出现下拉文本输入框，如图5-77所示。

5 在此文本输入框中可以输入数值或选择数值，输入70并按Enter键。设计区的特征发生如图5-78所示的变化。

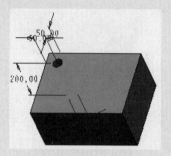

图5-76 显示尺寸

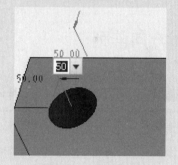

图5-77 选择尺寸

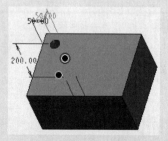

图5-78 修改尺寸

6 在设计区的拉伸特征上生成两个预览的阵列孔，可以通过"阵列"操控板上的"尺寸"下拉选项后边的选项1后的文本输入框来更改生成阵列特征的数量，此处输入3，如图5-79所示。

图5-79　数值输入

7 执行该操作后，设计区的特征即会发生相应变化，如图5-80所示。

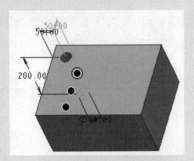

图5-80　阵列预览

8 单击"阵列"操控板上的 单击此处添加项 按钮，然后单击"孔"的第二个定位尺寸，并把距离尺寸也改为70，生成的预览特征如图5-81所示。

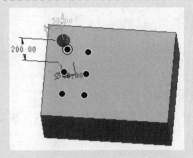

图5-81　阵列预览

9 在"阵列"操控板上将项2的数值改为5，单击"确定"按钮 ✓，创建尺寸阵列完成，返回到模型设计环境，效果如图5-82所示。

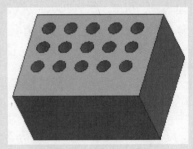

图5-82　阵列特征效果

5.4.2　方向阵列

操作实战077——方向阵列

1 新建一长为400，宽为300，高为200的长方体，并在长方体上放置一直径为40，距长方体两侧面各为50，深度为200的通孔，如图5-83所示。

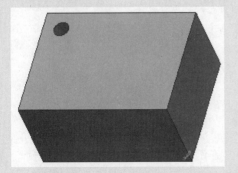

图5-83　长方体和孔

2 选择"孔"特征，单击"模型"功能区"编辑"工具栏中的"阵列"按钮 ⊞，弹出"阵列"操控板，在阵列类型下拉框中选择"方向"选项，以确定阵列的类型，如图5-84所示。

图5-84　方向阵列

3 单击选择长方体的水平边线作为第一方向参考，如图5-85所示。

4 并在"阵列"操控板第一方向参考的"成员数"输入框中输入4，在第一方向参考的"成员间距"输入框中输入50，如图5-86所示。

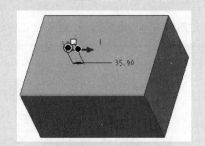

图5-85 选择参考

图5-86 数值输入

5 在设计区生成的预览特征如图5-87所示。

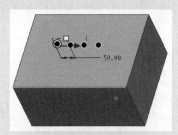

图5-87 预览特征

6 单击"阵列"操控板上2项后面的^{单击此处添加项}按钮,以添加第二方向的参考,单击选择

长方体的侧边线作为参考方向,如图5-88所示。

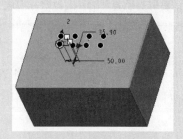

图5-88 选择参考方向

7 依照上面的方法修改成员数为4,成员间距为50,并单击"阵列"操控板上2项的"反向第二方向"按钮,再单击"确定"按钮,完成方向阵列创建,并返回模型设计环境,效果如图5-89所示。

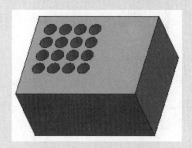

图5-89 完成后的效果

5.4.3 轴阵列

操作实战078——轴阵列

1 新建直径为400,厚度为200的圆柱体,如图5-90所示。

图5-90 创建圆柱体

2 选择圆柱体的上顶面,单击"模型"功能区"工程"工具栏中的"孔"按钮,弹出

"孔"操控板,单击操控板上的"放置"按钮 放置 ,将类型设置为"直径",如图5-91所示。

图5-91 设置类型

提示

使用直径参考时，定位尺寸应满足两个条件：一是定位对象与中心轴的距离，另一个是定位对象与旋转体径向上的角度。所以本例中，要确定孔到中心线的距离、孔和圆径向之间的角度。

3 将两个定位滑块中的一个拖动到圆柱体的轴心，将另一个拖动到与圆面相交的基准平面上即可定位，如图5-92所示。

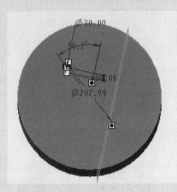

图5-92　调整定位滑块

4 调整角度为45°，将到圆柱体轴心线的距离设为50，孔的深度设为200，单击"确定"按钮✓完成特征创建，效果如图5-93所示。

图5-93　调整后的效果

5 选择"孔"特征，单击"模型"功能区"编辑"工具栏中的"阵列"按钮，将阵列类型选项中的"尺寸"改为"轴"，单击选择设计区圆柱体的中心轴，如图5-94所示。

6 执行该操作后，在设计区会出现预览阵列特征，如图5-95所示。

图5-94　选择圆柱体的中心轴

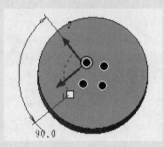

图5-95　预览阵列特征

7 通过"阵列"操控板1后边的文体输入可以改变圆周向生成特征成员的数量和所生成阵列特征与圆柱径向的角度。图5-96中将特征成员数量改为6，角度改为45°。

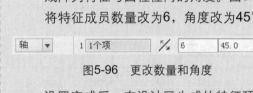

图5-96　更改数量和角度

8 设置完成后，在设计区生成的特征预览如图5-97所示。

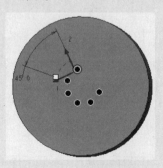

图5-97　特征预览效果

9 通过2项后面的文本输入框可以设置径向生成阵列成员的数量。此处设置径向成员数量为3，成员间距为50，如图5-98所示。

图5-98　设置数量和间距

10 设计区生成阵列特征预览如图5-99所示。

11 单击"阵列"操控板上的"确定"按钮 ✓，完成轴阵列创建，并返回模型设计环境，效果如图5-100所示。

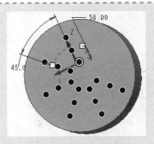

图5-99　阵列特征预览

图5-100　完成后的效果

5.4.4　填充阵列

 操作实战079——填充阵列

1 新建边长为400，高为200的正方形拉伸实体，并在实体上放置距两侧面均为50，直径为30的通孔，如图5-101所示。

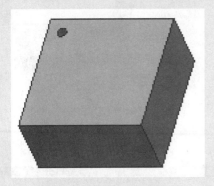

图5-101　新建拉伸实体

2 选择"孔"特征，单击"模型"功能区"编辑"工具栏中的"阵列"按钮 ，执行阵列类型选项中的"填充"命令。单击"阵列"操控板上的"参考"按钮，在弹出的下拉面板中单击"定义"按钮 定义... ，如图5-102所示。

图5-102　单击"定义"按钮

3 弹出"草绘"对话框，选择拉伸实体的上顶面为草绘平面，草绘方向保持默认即可，单击"草绘"按钮 草绘 进入草绘环境，绘制如图5-103所示的矩形。

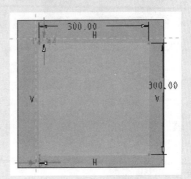

图5-103　绘制矩形

4 单击"确定"按钮✔完成草绘。设计区生成无序阵列的预览效果如图5-104所示。

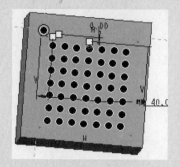

图5-104　生成的无序阵列预览

5 在"阵列"操控板修改阵列成员中心间距50，阵列成员组与草绘线的距离为30，如图5-105所示。

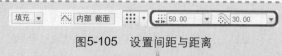

图5-105　设置间距与距离

6 单击"确定"按钮✔完成填充阵列创建并返回到模型设计环境，效果如图5-106所示。

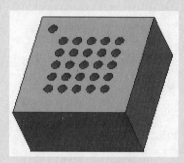

图5-106　完成后的效果

5.4.5　表阵列

操作实战080——表阵列

1 新建边长为400，深度为100的正方形拉伸体，并在其上放置边长为50，深度为300的正方形拉伸体，如图5-107所示。

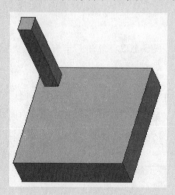

图5-107　新建实体

2 选择"拉伸2"，单击"阵列"按钮▦，弹出"阵列"操控板，将阵列类型改为"表"。设计区"拉伸2"的尺寸已经显示出来，如图5-108所示。

3 按住Ctrl键选取"拉伸2"的尺寸，尺寸将以选中状态显示。单击"阵列"操控板

中的"编辑"按钮 编辑 ，弹出"Pro/TABLE TM 2.0"窗口，如图5-109所示。

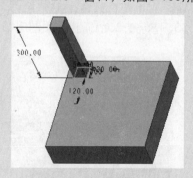

图5-108　"拉伸2"的尺寸

图5-109　"Pro/TABLE TM 2.0"窗口

4 在"Pro/TABLE TM 2.0"窗口中，选择的尺寸组被命名为"TABLE1"，其中会显示如图5-110所示内容。在表中输入如图5-111所示内容。

R9		表名TABLE1				
R10						
R11	idx	d5(300.00)	d8(120.00)	d9(120.00)	d6(50.00)	d7(50.00)
R12						
R13						
R14						
R15						
R16						

图5-110 显示的内容

R11	idx	d5(300.00)	d9(120.00)	d8(120.00)	d6(50.00)	d7(50.00)
R12	1	300.00	-120.00	120.00	50.00	50.00
R13	2	300.00	120.00	-120.00	50.00	50.00
R14	3	300.00	-120.00	-120.00	50.00	50.00
R15	4	100.00	0.00	0.00	80.00	*

图5-111 输入内容

提示

其中几列的作用及意义如下所述。idx列为标识索引列，索引号从1开始，每行的索引号必须唯一，但不必连续。d5(300.00)、d8(120.00)、d9(120.00)……为尺寸列，用来引导不同阵列成员中对应尺寸的数值，如果与引导尺寸（列标题尺寸）相同，可以用"*"表示。例如，4 | 100 | 0 | 0 | 80 | * | 行表示索引号4的阵列成员，构成此阵列成员的尺寸为d5(100)、d8(0)、d9 (0)、d6(80)、d7(与引导尺寸相同)。

5 输入完毕后，执行"文件"｜"保存"命令，关闭"表编辑管理"窗口。在设计区生成如图5-112所示表阵列预览，单击"确定"按钮 ✓ 完成表阵列创建，并返回到模型设计环境。效果如图5-113所示。

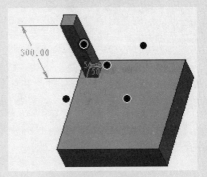

图5-112 表阵列预览

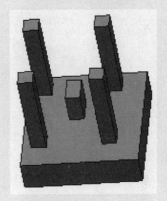

图5-113 完成后的效果

5.4.6 曲线阵列

操作实战081——曲线阵列

1 新建直径为400，厚度为100的圆柱体，并在其上放置与其同心的，直径为30的圆柱体，如图5-114所示。

2 选择"拉伸2"，单击"阵列"按钮▦，将阵列类型改为"曲线"，单击"阵列"操控板上的"参考"按钮 参考 ，在弹出的下拉面板中单击"定义"按钮 定义... ，弹出"草绘"对话框，选择放置"拉伸2"

的平面为草绘平面，进入草绘环境，如图5-115所示。

图5-114 创建两个圆柱体

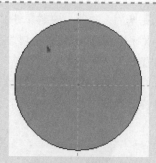

图5-115　草绘平面

3 绘制与"拉伸1"同心的圆，并绘制一条从此圆圆心到圆周线的直线，单击"删除段"按钮删除部分圆周线，效果如图5-116所示。

图5-116　删除部分圆周线

4 单击"确定"按钮，退出草绘设计环境。设计区生成如图5-117所示的曲线阵列。

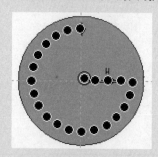

图5-117　曲线阵列效果

5 单击"阵列"操控板上的"阵列成员间距"按钮，以阵列成员之间的尺寸值来确定阵列成员的放置，并在其后面的所属文本输入框中输入或选择指定数值。此处输入的是60，如图5-118所示。

图5-118　输入数字

6 执行该操作后，在设计区的曲线阵列预览发生的相应变化，如图5-119所示。

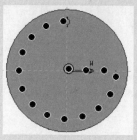

图5-119　改变后的效果

7 单击"阵列"操控板上的"阵列成员数目"按钮，以指定阵列成员数目的方式来确定阵列成员的放置。它与上一个命令不可同时使用，需要单击此按钮激活。激活后，在它后面所属的文本输入框中输入8，如图5-120所示。

图5-120　输入阵列成员数目

8 执行该操作后，在设计区的曲线阵列预览即发生相应变化，如图5-121所示。

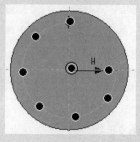

图5-121　调整数量后的效果

9 单击"确定"按钮完成曲线阵列的创建，并返回到模型设计环境，效果如图5-122所示。

图5-122　完成后的效果

5.4.7 参考阵列

操作实战082——参考阵列

1 新建轴阵列特征，如图5-123所示。

图5-123 新建轴阵列特征

2 单击"模型"功能区"工程"工具栏中的"边倒角"按钮，对轴阵列成员中的初始轴阵列对象进行倒边角，效果如图5-124所示。

图5-124 倒圆角后的效果

3 选择模型树中的"倒角1"，单击"阵列"按钮，在阵列类型下拉列表中选择"参考"选项，如图5-125所示。

4 此时设计区的参考阵列预览如图5-126所示。

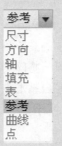

图5-125 选择 图5-126 参考阵列预览
"参考"选项

5 单击"确定"按钮，完成参考阵列创建并返回模型设计环境，效果如图5-127所示。

图5-127 创建参考阵列后的效果

 提示

参考阵列在已存在的阵列上才可以使用，并且是生成阵列的初始特征发生变动时。

5.4.8 点阵列

操作实战083——点阵列

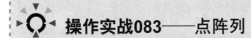

1 新建拉伸实体"拉伸1"，并在其上放置另外的拉伸实体"拉伸2"，如图5-128所示。

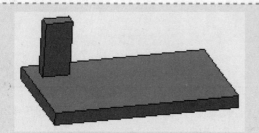

图5-128　新建拉伸实体

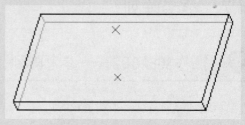

图5-130　创建两个基准点

2 在模型树中选择"拉伸2"，单击"模型"功能区"编辑"工具栏中的"阵列"按钮⊞。弹出"阵列"操控板，将阵列类型改为"点"，单击"使用来自基准点特征的点"按钮✕✕，如图5-129所示。

图5-129　单击"使用来自基准点特征的点"按钮

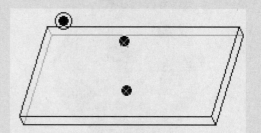

图5-131　设计区的点阵列

3 单击"模型"按钮 模型 ，弹出"模型"功能区，单击"点"按钮✕✕点，创建两个基准点，如图5-130所示。

4 单击"阵列"按钮，返回到阵列操控板，设计区的点阵列如图5-131所示。

5 单击"确定"按钮✓完成点阵列的创建，并返回到模型设计环境，如图5-132所示。

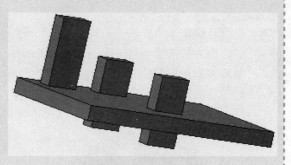

图5-132　完成后的效果

5.5　上机练习

5.5.1　制作轴承垫圈

 操作实战084——制作轴承垫圈

下面介绍轴承垫圈的制作方法，效果如图5-133所示。

1 新建零件文件，以"TOP"基准平面为草绘平面，绘制包含一条中心线的截面，如图5-134所示。

2 单击"模型"功能区"形状"工具栏中的"旋转"按钮⚲旋转，弹出"旋转"操控板，单击"从草绘平面以指定的角度值旋转"按钮⚲，将"角度"设置为360，单击"确定"按钮✓，完成旋转特征的创建，效果如图5-135所示。

图5-133 轴承垫圈效果

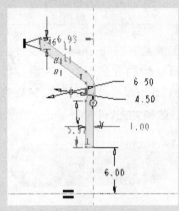

图5-134 绘制截面

图5-135 创建旋转特征后的效果

3 以"RIGHT"基准平面为草绘平面，绘制如图5-136所示的截面。

4 单击"模型"功能区"形状"工具栏中的"拉伸"按钮 ，进入拉伸操作界面，在模型树中选择上步创建的草绘，更改拉伸方向，使指向旋转特征的一侧，并设置为移除材料，深度值为10，效果如图5-137所示。

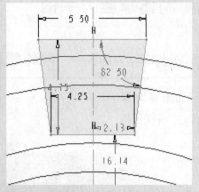

图5-136 绘制截面

图5-137 拉伸后的效果

5 在模型树中单击选择上步创建的拉伸移除材料特征，单击"模型"功能区"形状"工具栏中的"阵列"按钮 ，阵列类型为轴阵列，选择创建旋转特征时的旋转轴，阵列成员数为12，阵列成员间的角度为30，单击"确定"按钮 ，完成阵列特征的创建，轴承垫圈制作完成后效果如图5-138所示。

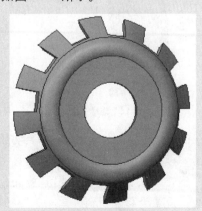

图5-138 完成后的效果

5.5.2 制作螺丝刀手柄

操作实战085——制作螺丝刀手柄

下面介绍螺丝刀手柄的制作方法，效果如图5-139所示。

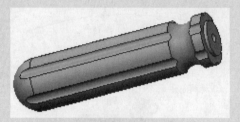

图5-139 螺丝刀手柄效果

1 以"TOP"基准平面为草绘平面，创建直径为30，深度为120的拉伸实体，如图5-140所示。

图5-140 创建拉伸实体

2 以"RIGHT"基准平面为草绘平面，绘制如图5-141所示包含一条中心线的截面。

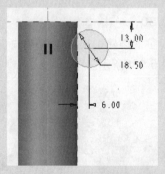

图5-141 绘制截面

3 在模型树中单击选择创建的草绘截面，单击"模型"功能区"形状"工具栏中的"旋转"按钮 旋转，弹出"旋转"操控板，设置为移除材料，单击"从草绘平面以指定的角度值旋转"按钮，角度值

为360。单击"确定"按钮 ✓ 完成旋转移除特征的创建，效果如图5-142所示。

图5-142 旋转移除特征

4 单击"模型"功能区"工程"工具栏中的"倒圆角"按钮 倒圆角，在设计区单击选择圆柱体的底部圆边，在操控板输入半径值15，单击"确定"按钮 ✓ 完成倒圆角，效果如图5-143所示。

图5-143 倒圆角后的效果

5 以圆柱体的上部圆面为草绘平面进行草绘，如图5-144所示。

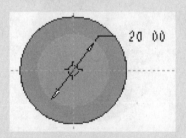

图5-144 草绘截面

6 对草绘截面执行"拉伸"命令，设置深度为2，效果如图5-145所示。以此拉伸特征的上圆面为草绘平面进行草绘，截面如图5-146所示。

7 对创建的草绘截面执行"拉伸"命令，设置深度为80，方向为从草绘平面指向圆柱体，并设置移除材料，如图5-147所示，完成拉伸移除特征的创建。

图5-145　拉伸后的效果

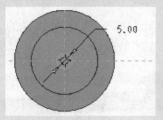

图5-146　绘制截面

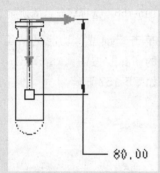

图5-147　拉伸移除特征

8 在特征上选择如图5-148所示的平面为草绘平面进行草绘，如图5-149所示。

图5-148　选择草绘平面

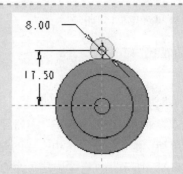

图5-149　绘制截面后的效果

9 对草绘截面执行"拉伸"命令，拉伸方向为指向圆柱体的一侧，单击"穿透"按钮，并设置移除材料，效果如图5-150所示。

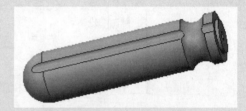

图5-150　调整后的效果

10 选择上步创建的拉伸移除特征，执行"阵列"命令，阵列类型为轴阵列。在设计区选择圆柱体的中心轴，阵列成员数量为6，阵列成员间的角度为60，单击"确定"按钮 ✓ 完成阵列特征的创建，效果如图5-151所示。执行"文件"｜"保存"命令保存文件。

图5-151　完成后的效果

5.5.3　制作螺丝钉

 操作实战086——制作螺丝钉

下面介绍螺丝钉的制作方法，要用到的命令有"拉伸"、"旋转"、"螺旋扫描"、"阵列"，效果如图5-152所示。

图5-152　螺丝钉效果

1 新建零件文件，以"TOP"基准平面为草绘平面，绘制包含一条中心线的截面，如图5-153所示。执行"旋转"命令，创建旋转特征，如图5-154所示。

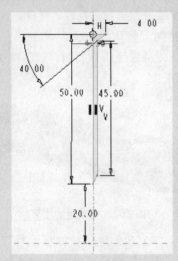

图5-153　草绘截面

图5-154　旋转后的效果

2 单击"模型"功能区"工程"工具栏中的"倒圆角"按钮，在设计区选择旋转特征上部的圆边线，在操控板上将圆角半径改为0.2，单击"确定"按钮，完成倒圆角，效果如图5-155所示。

图5-155　倒圆角后的效果

3 在设计区单击选择螺丝钉的顶面，如图5-156所示。

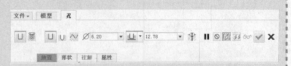

图5-156　选择螺丝钉的顶面

4 然后单击"模型"功能区"工程"工具栏中的"孔"按钮，弹出"孔"操控板，如图5-157所示。

图5-157　"孔"操控板

5 在操控板上单击"创建简单孔"按钮，然后单击"使用草绘钻孔定义轮廓"按钮，再单击"激活草绘器以创建截面"按钮，转到草绘设计环境，绘制包含一条中心线的截面，如图5-158所示。

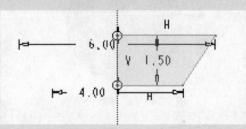

图5-158　绘制包含一条中心线的截面

6 单击"确定"按钮 ✔ 退出草绘设计环境。返回孔操作界面，单击操控板上的"放置"按钮，弹出"放置"下拉面板，在"类型"后面的下拉选项中选择

"径向"，在设计区选择旋转特征的中心线，定位孔的放置。单击操控板上的"确定"按钮☑完成孔特征的创建，如图5-159所示。

图5-159　创建孔特征

7 单击选择旋转特征的上顶面作为草绘平面进行草绘，绘制如图5-160所示的截面。对创建的草绘平面执行"拉伸"命令，拉伸方向为指向旋转特征的一侧，单击"穿透"按钮▉，如图5-161所示。

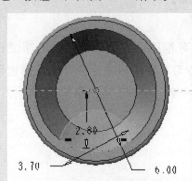

图5-160　绘制截面

图5-161　拉伸后的效果

8 对上一步创建的拉伸特征执行"阵列"命令，阵列类型为轴阵列，选择旋转特征的中心轴为旋转轴，阵列成员数量为4，阵列成员间的角度为90，如图5-162所示。

图5-162　阵列后的效果

9 单击"模型"功能区"形状"工具栏中的"螺旋扫描"按钮，弹出"螺旋扫描"操控板，单击操控板上的"参考"按钮，弹出"参考"下拉面板，单击"定义"按钮，选择"RIGHT"基准平面为草绘平面，草绘方向保持默认，进入草绘设计环境。按住Alt键在设计区单击选择如图5-163所示的曲线。

图5-163　选择曲线

10 单击鼠标右键，在弹出的快捷菜单中执行"添加参考"命令，绘制如图5-164所示的曲线和一条与旋转特征中心轴重合的中心线。单击"确定"按钮退出草绘设计环境。

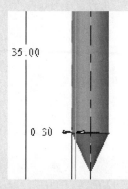

图5-164　绘制曲线和中心线

11 绘制如图5-165所示的扫描截面。在螺旋扫描操作界面进行设置，并设置移除材料，间距值为0.4，单击"确定"按钮，完成螺旋扫描特征的创建，如图5-166所示。执行"文件"｜"保存"命令保存文件。

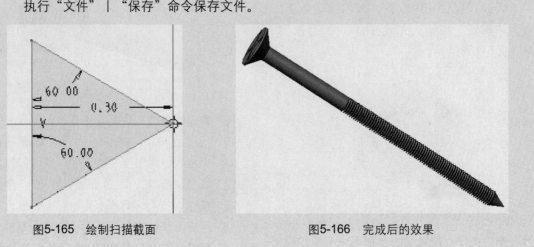

图5-165　绘制扫描截面　　　　　　　　　　图5-166　完成后的效果

5.6　本章小结

　　编辑实体特征达到预期效果的方法不止一种，这时可根据现实需求或操作的简便程度来灵活选择。这一章的操作命令对参考的使用很频繁，在练习实践中对使用参考的掌握也会更熟练。这一章"阵列"命令是重点，应多加练习，并且阵列在实际设计中也是很常见的操作。

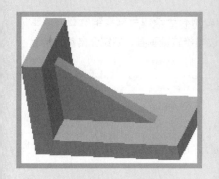

第6章

工程特征

在实际的设计应用中，往往要用到一些工程特征，例如孔特征、倒角特征、倒圆角特征、壳特征、筋特征等。本章介绍如何在Creo 2.0中创建工程特征，并以创建实际的零件模型为例，介绍创建工程特征的具体操作步骤及注意事项。

6.1 孔

利用"孔"工具可向模型中添加简单孔、定制孔和工业标准孔。通过定义放置参考、设置次（偏移）参照及定义孔的具体特性来添加孔。通过本节可以了解孔特征，及掌握孔特征的创建方法。

6.1.1 孔的分类

在Creo 2.0版本中，孔总是从放置参考位置开始延伸到指定的深度。孔的类型主要有直孔、草绘孔和标准孔3种。

- 直孔：具有圆截面的切口，它始于放置曲面并延伸到指定的终止曲面或用户定义的深度。
- 草绘孔：由定义的草绘截面旋转得到的孔。
- 标准孔：具有基本形状的螺孔。它是基于相关的工业标准的，可带有不同的末端形状、标准沉孔和埋头孔。对选定的紧固件，既可计算攻螺纹所需参数，也可计算间隙直径；既可利用系统提供的标准查找表，也可创建查找表来查找这些直径。

提示

草绘孔在草绘截面时，还必须绘制中心线作为旋转轴，截面必须有一条边与旋转轴所在的边垂直，作为与所选的放置平面相对齐的参考。如果一个截面中有两个边与旋转轴垂直，系统会自动指定上面的边与所选择的放置平面对齐。

6.1.2 创建孔特征

创建孔特征可向模型中添加简单孔、草绘孔和工业标准孔。通过定义放置参考及定义孔尺寸来添加孔。

"孔"操控板上部分按钮的作用如下所述。

- "直孔"按钮 ：创建简单直孔。
- "标准孔"按钮 ：创建螺钉孔和螺钉过孔，单击此按钮后可使用"沉头孔"、"埋头孔"选项。
- 按钮：使用预定义矩形作为钻孔轮廓。
- 按钮：使用标准孔轮廓作为钻孔轮廓，单击此按钮后可使用"沉头孔"、"埋头孔"选项。
- 按钮：使用草绘定义钻孔轮廓。

操作实战087——创建孔特征

下面用一个实例来介绍创建孔特征的具体操作过程。

1 首先用"拉伸工具"创建一个实体，如图6-1所示。

图6-1 拉伸特征

2 单击"模型"功能区"工程"工具栏中的"孔"按钮，弹出"孔"操控板，如图6-2所示。

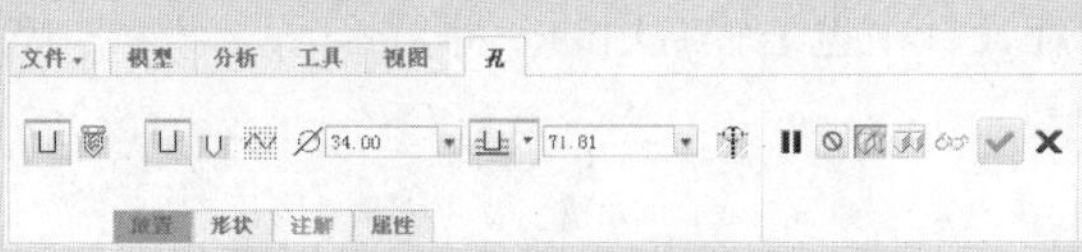

图6-2 "孔"操控板

3 选取孔的放置面（主参考），单击"孔"操控板上的"放置"按钮，展开"放置"下拉面板，如图6-3所示。然后单击孔要放置的平面，该平面将加亮显示，并且该平面的名称标签将出现在"放置"下拉面板的"放置"文本框中，如图6-4所示。

图6-3 "放置"选项卡

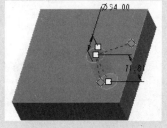

图6-4 放置孔

4 在"放置"下拉面板中选择孔的放置类型，在"类型"下拉列表中有"线性"、

"径向"、"直径"选项，此处选择"线性"选项，如图6-5所示。线性表示以两个不平行的特征参考，配合相应的偏移距离来确定孔的放置位置。

图6-5 放置类型

5 在"偏移参考"文本框中单击，文本框中出现（选择两个选项）字样。按住Ctrl键的同时，在设计区单击拉伸特征的两个侧面，如图6-6所示。

图6-6 选择偏移参考

6 被选择的两个曲面的名称标签将出现在"偏移参考"文本框中。在"偏移参考"文本框中输入孔对应每个曲面的偏移值，确定孔的中心到这两个曲面的距离，从而确定孔的位置，如图6-7所示。也可以通过设计区的定位滑块来捕捉偏移参考，确定孔的位置。

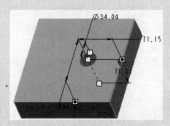

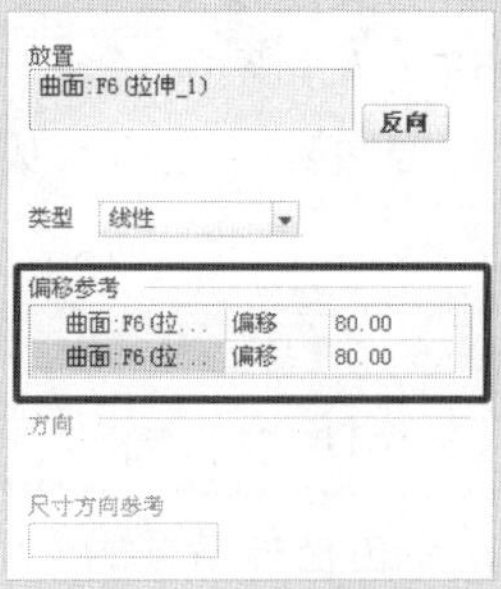

图6-7 对孔定位

7 通过操控板修改孔的直径为50，深度为80，如图6-8所示。单击"确定"按钮 ✓，完成孔的创建，如图6-9所示。

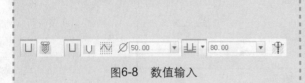

图6-8　数值输入

图6-9　创建孔

6.1.3　创建直孔

直孔也称为简单孔，是孔创建中最简单的一种，在设计中也是较常用的一种。

操作实战088——创建直孔

创建直孔可通过定义孔位置，孔直径、深度来完成。

1 新建零件文件，创建拉伸特征，如图6-10所示。

图6-10　拉伸特征

2 单击"模型"功能区"工程"工具栏中的"孔"按钮 ，弹出"孔"操控板。单击操控板上的"创建简单孔"按钮 和"使用预定义矩形作为钻孔轮廓"按钮 ，如图6-11所示。由于系统默认创建简单孔，故也可以不单击这两个按钮。

图6-11　选择简单孔

3 在设计区单击拉伸特征的一个曲面作为放置孔的平面（主参考），如图6-12所示。

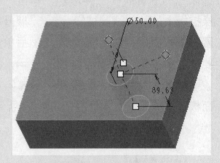

图6-12　放置孔

4 单击操控板上的"放置"按钮，展开"放置"下拉面板。设置放置类型为"线性"。在"偏移参考"文本框内单击，按住Ctrl键的同时在设计区单击选择两个侧面作为偏移参考(次参考)，如图6-13所示。

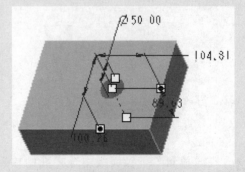

图6-13　定位孔

5 通过操控板上的直径值文本输入框和深
度值文本输入框定义圆的直径和深度,
单击"确定"按钮完成孔特征创建,效
果如图6-14所示。

图6-14　创建孔

6.1.4　创建草绘孔

 操作实战089——创建草绘孔

创建草绘孔可以满足特殊孔或自定义孔的需要。下面通过实例来说明草绘孔的创建方法。

1 新建零件文件,创建实体拉伸特征,如
图6-15所示。

2 单击"模型"功能区"工程"工具栏中的
"孔"按钮,弹出"孔"操控板。在
操控板上单击"使用草绘定义钻孔轮廓"
按钮,操控板上出现"激活草绘器以创
建截面"按钮,单击此按钮。激活草
绘器,并进入到草绘界面。

3 在草绘器中绘制一条中心线和封闭的截
面,如图6-16所示。单击"确定"按钮退
出草绘设计环境。

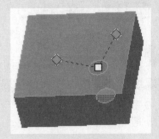

图6-17　放置孔

图6-18　偏移参考

6 单击"确定"按钮,完成草绘孔的创建,
效果如图6-19所示(线框显示模式)。

图6-15　拉伸特征　　图6-16　草绘截面

4 返回孔操作界面,在设计区单击拉伸特
征的上表面作为孔放置面,如图6-17
所示。

5 在"放置"下拉面板上,将放置类型改为
线性,并选择拉伸特征的两侧面为偏移参
考,如图6-18所示。

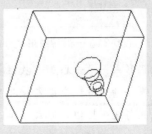

图6-19　草绘孔

6.1.5 创建标准孔

标准孔是基于相关工业标准的，可以带有不同的末端形状，例如标准沉头孔和埋头孔。

操作实战090——创建标准孔

创建标准孔的步骤如下所述。

1 单击工具栏上的"孔"按钮。

2 在操控面板中单击"标准孔"按钮，然后单击"放置"按钮放置孔，如图6-20所示。

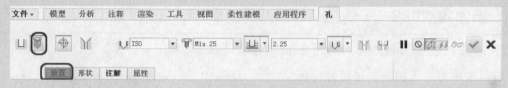

图6-20 放置标准孔

3 然后在"螺纹系列"按钮后的列表中指定孔应依据的标准，包括ISO、UNC或UNF标准，在"螺纹尺寸"按钮后的列表中可以指定孔的尺寸。

标准孔一般有以下3种结构形式。

- 一般螺孔形式：单击添加"攻丝"按钮，然后单击"形状"按钮形状，在弹出的下滑板中设置螺孔参数，如图6-21所示。
- 沉头孔形式：单击添加"攻丝"按钮和添加"沉头孔"按钮，再单击形状按钮形状，在弹出的上滑板中设置螺孔参数，如图6-22所示。

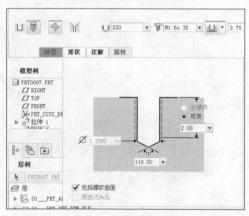

图6-21 一般螺纹形式

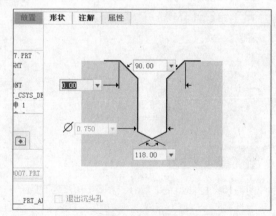

图6-22 沉头孔形式

- 沉孔形式：单击添加"攻丝"按钮和添加"沉孔"按钮，然后单击"形状"按钮形状，在弹出的上滑板中设置螺孔参数，如图6-23示。
- 沉头与沉头孔组合形式：单击添加"攻丝"按钮，添加"沉头孔"按钮和添加"沉孔"按钮，然后单击"形状"按钮形状，在弹出的上滑板中设置螺孔参数，如图6-24所示。

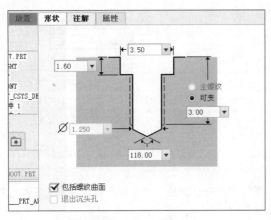

图6-23 沉孔形式

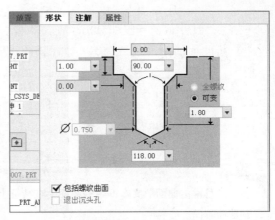

图6-24 沉头与沉头孔组合形式

6.2 抽壳

壳特征是将实体的一个或几个表面去除，然后掏空实体内部，形成有一定厚度的壳。

操作实战091——创建抽壳特征

根据壳的定义，抽壳特征可以用来去除实体的内部材料。下面以实例来说明抽壳的操作方法。

1 新建零件文件，创建实体拉伸特征。特征为边长200，深度80的立方体，如图6-25所示。

图6-26 "壳"操控板

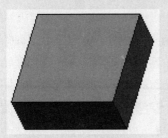

图6-25 拉伸特征

2 单击"模型"功能区"工程"工具栏中的"壳"按钮 回壳 ，弹出"壳"操控板，如图6-26所示。

图6-27 移除的曲面

3 按住Ctrl键的同时，在设计区单击选择拉伸特征的上顶面和一个侧面，这两个曲面即被设置为移除的曲面，如图6-27所示。

4 单击操控板上的"参考"按钮，展开"参考"下拉面板。在"非默认厚度"文本框中单击，然后在设计区单击拉伸特征的下顶面，此平面的标签即会出现在文本框中。将此面的厚度设置为30，如图6-28所示。

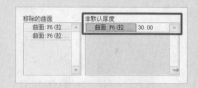

图6-28　非默认厚度

提示

"移除的曲面"文本框中的曲面会在特征上移除；"非默认厚度"文本框中曲面厚度的设置与其他曲面不同。

在"壳"操控板"厚度"文本输入框中输入壳厚度10，如图6-29所示。单击"确定"按钮 ✔ 完成壳特征的创建，如图6-30所示。

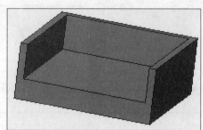

图6-29　数值输入　　　　　　　　　　图6-30　壳特征

6.3　倒圆角

圆角特征常出现在机械零件的边缘，可以使产品的棱角光滑过渡。为产品添加圆角特征既是工艺的要求，也是美观的要求。在Creo 2.0中可创建和修改圆角。圆角是一种边处理特征，是通过向一条或多条边、边链或在曲面之间添加半径形成的。在Creo中，可以创建两种不同类型的圆角：简单圆角和高级圆角。创建简单圆角时，只能指定单个参考组，并且不能修改过渡类型；当创建高级圆角时，可以定义多个"圆角组"，即圆角特征的段。

6.3.1　倒圆角特征选项设置

首先介绍倒圆角特征选项的设置。新建零件文件，然后单击"倒圆角"按钮 倒圆角 ▾，弹出"倒圆角"操控板，如图6-31所示。

（1）"集"模式 。激活"集"模式，可用来处理倒圆集。系统默认选取此选项。默认设置用于具有"圆形截面形状倒圆角"的选项。

- "半径"文本输入框：控制当前"恒定"倒圆角的半径距离。可键入新值，或从列表中选取最近使用的值。此选项仅适用于"恒定"倒圆角。

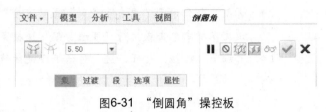

图6-31 "倒圆角"操控板

- "圆锥参数"文本框：控制当前的"圆锥"倒圆角的锐度。可键入新值，或从列表中选取最近使用的值。此框与"集"下拉面板中的"参数"框相对应。

- "圆锥距离"文本框：控制当前的"圆锥"倒圆角的圆锥距离。可键入新值，或从列表中选取最近使用的值。此框对应于"设置"面板"半径"列表中的D列距离框。

- "圆锥距离"列表框：指示已选取了有效对象作为活动"圆锥"倒圆角集中当前半径的距离参照。如果将图柄捕捉到参照，或者在"集"下拉面板的"半径"列表下的"距离"框中选取了"参照"，则此列表框可用。该列表框对应于"半径"列表中的D（圆锥）或D1\D2（D1×D2圆锥）列表框。

（2）"过渡"模式。激活"过渡"模式，可以定义倒圆角特征的所有过渡。"过渡"类型对话框可设置显示当前过渡的默认过渡类型，包含基于几何环境的有效过渡类型的列表。

下面介绍下拉面板。

（1）"集"下拉面板。要使用此面板，必须激活"集"模式。"集"下拉面板如图6-32所示，其中包含下列几个选项。

- "集"文本框：包含当前倒圆角特征的所有倒圆角集，可用来添加、移除倒圆角集或选取倒圆角集以进行修改。

- "截面形状"下拉列表框：控制活动倒圆角集的截面形状。

- "圆锥参数"文本框：控制当前"圆锥"倒圆角的锐度。可键入新值，或从列表中选取最近使用的值。默认值为0.50。仅当选取了"圆锥"、"C2附近"或"D1×D2圆锥"截面形状时，此框才可用。

- "延伸曲面"按钮：控制活动的倒圆角集的创建方法。

- "完全倒圆角"按钮：将活动倒圆角集切换为"完全"倒圆角，或允许使用第三个曲面来驱动曲面到曲面"完全"倒圆角。再次单击此按钮可将倒圆角恢复为先前状态。

- "通过曲线"按钮：允许由选定曲线驱动活动的倒圆角半径，以创建由曲线驱动的倒圆角。这会激活"驱动曲线"列表框。再次单击此按钮可将倒圆角恢复为先前状态。

- "参考"文本框：包含为倒圆角集所选取的有效参考。

第二列表框：根据活动的倒圆角类型，可激活下拉列表框。

- 驱动曲线：包含曲线的参照，由该曲线驱动倒圆角半径来创建由曲线驱动的倒圆角。可在该列表中单击或执行"通过曲线"快捷菜单命令将其激活。只需将半径捕捉（按住Shift键单击并拖动）至曲线即可打开该列表框。

- 驱动曲面：包含由"完全"倒圆角替换的曲面参照。可在该列表框中单击或执行"移除曲面"快捷菜单命令将其激活。

◆ 骨架：包含用于"垂直于骨架"或"可变"曲面至曲面倒圆角集的可选骨架参照。可在该文本框中单击或执行"可选骨架"快捷菜单命令将其激活。

◆ "细节"按钮：打开"链"对话框以便能修改链属性，如图6-33所示。

图6-32 "集"下拉面板

图6-33 "链"对话框

● "半径"文本框：控制活动的倒圆角集的半径的距离和位置。对于"完全"倒圆角或由曲线驱动的倒圆角改变不可用。

（2）"过渡"下拉面板（如图6-34所示），要使用此面板，必须激活"过渡"模式。"过渡"文本框包含整个倒圆角特征的所有用户定义的渡过，可用来修改过渡。

（3）"段"下拉面板，可执行倒圆角段管理，如图6-35所示。从中可查看倒圆角特征的全部倒圆角集，查看当前倒圆角集中的全部倒圆角段，修剪、延伸或排除这些倒圆角段，以及处理放置模糊问题。"段"面板包含下列几个选项。

图6-34 "过渡"下拉面板

图6-35 "段"下拉面板

● "集"文本框：列出包含放置模糊的所有倒圆角集。此文本框针对整个倒圆角特征。

● "段"文本框：列出了当前倒圆角集中放置不明确从而产生模糊的所有倒圆角段，并指示这些段的当前状态（"包括"、"排除"或"已编辑"）。

（4）"选项"下拉面板如图6-36所示。

● "实体"单选按钮：以与现有几何相交的实体形式创建倒圆角特征。仅当选取实体作为倒圆角集参照时，此链接类型才可用。系统自动默认选中此选项。

- "曲面"单选按钮：以与现有几何不相交的实体形式创建倒圆角特征。仅当选取实体作为倒圆角集参照时，此链接类型才可用。系统自动默认不选取此选项。
- "创建终止曲面"复选框：创建结束曲面，已封闭倒圆角特征的倒圆角段端点。仅当选取了有效几何以及"曲面"或"新面组"连接类型时，此复选框才可用。系统自动默认不选取此选项。

图6-36 "选项"下拉面板

6.3.2 创建基本倒圆角特征

操作实战092——创建恒定半径倒圆角特征

恒定半径倒圆角特征在数控加工中使用非常广泛，其创建方法如下所述。

1 新建零件文件，创建如图6-37所示的模型。

图6-37 实体模型

2 单击"模型"功能区"工程"工具栏中的"倒圆角"按钮 ⊘倒圆角 ，弹出"倒圆角"操控板，如图6-38所示。

图6-38 "倒圆角"操控板

3 在操控板上的"半径"文本框中输入恒定半径倒圆角的值，如图6-39所示。

图6-39 输入数值

4 在设计区单击选择要倒圆角的边，如图6-40所示。单击操控板上的"确定"按钮 ✓ ，完成倒圆角特征的创建，如图6-41所示。

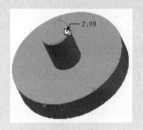

图6-40 选择边

图6-41 倒圆角特征

操作实战093——创建完全倒圆角特征

通过一对边可以创建完全圆角，圆角特征生成在两条边中间，大小由两条边之间的距离决定。创建完全倒圆角特征的方法如下所述。

1 新建零件文件,创建拉伸特征,如图6-42所示。

图6-42　拉伸特征

2 单击"模型"功能区"工程"工具栏中的"倒圆角"按钮 ⤵倒圆角 ▼,弹出"倒圆角"操控板。按住Ctrl键的同时在设计区单击选择拉伸特征的两条边,如图6-43所示。

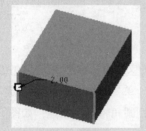

图6-43　选择边

3 单击操控板上的"集"按钮,展开"集"下拉面板。可以发现被选择的两条边的标签已显示在"参考"文本框中,在此下拉面板中单击"完全倒圆角"按钮 完全倒圆角 ,如图6-44所示。

4 此时设计区的拉伸特征已完全倒圆角,如图6-45所示。

图6-44　"集"下拉面板

图6-45　完全倒圆角

5 单击操控板上的"确定"按钮 ✔,完成倒圆角特征的创建,效果如图6-46所示。

图6-46　完全倒圆角

🔆 操作实战094——创建变化半径倒圆角特征

与恒定半径倒圆角特征不同,变化半径倒圆角特征的圆角半径是变化的。其创建方法如下所述。

1 新建零件文件,创建拉伸特征,如图6-47所示。

图6-47　拉伸特征

2 单击"模型"功能区"工程"工具栏中的"倒圆角"按钮 ⤵倒圆角 ▼,弹出"倒圆角"操控板。在设计区单击选择要倒圆角的边,如图6-48所示。

3 单击操控板上的"集"按钮,展开"集"下拉面板。在"半径"文本框内单击鼠标右键，弹出快捷菜单，如图6-49所示。

图6-48　选择边

图6-49　快捷菜单

4 执行"添加半径"命令，在列表框中产生新的半径，在相应的位置输入半径值10。同样的方法，再添加两个不同的半径2和15，如图6-50所示。

图6-50　添加半径

5 此时设计区的特征如图6-51所示。单击操控板上的"确定"按钮✔，完成倒圆角特征的创建，效果如图6-52所示。

图6-51　特征预览

图6-52　倒圆角特征

操作实战095——创建曲线驱动倒圆角特征

曲线驱动倒圆角特征是通过曲线来创建的倒圆角特征，曲线驱动倒圆角特征的半径也是可以变化的。其创建方法如下所述。

1 新建零件文件，创建拉伸特征，如图6-53所示。

图6-53　拉伸特征

2 选择拉伸特征的上顶面作为草绘平面，进行草绘，绘制如图6-54所示的曲线。单击"确定"按钮，退出草绘设计环境。

3 单击"模型"功能区"工程"工具栏中的"倒圆角"按钮，弹出"倒圆角"操控板。单击操控板上的"集"按

钮，展开"集"下拉面板。按住Ctrl键的同时在设计区选择拉伸特征的两个相邻面，如图6-55所示。

图6-54　绘制曲线

图6-55　选择参考

4 单击"集"操控板上的"通过曲线"按钮 通过曲线 ，如图6-56所示。然后在设计区单击选择草绘的曲线，如图6-57所示。

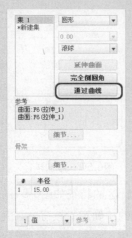

图6-56 "通过曲线"按钮

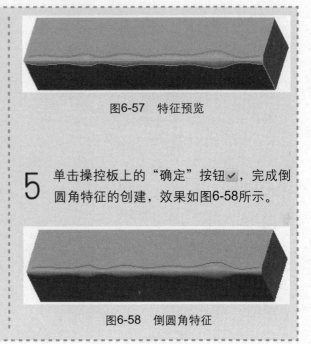

图6-57 特征预览

5 单击操控板上的"确定"按钮 ✓，完成倒圆角特征的创建，效果如图6-58所示。

图6-58 倒圆角特征

6.3.3 自动倒圆角

新建零件文件，单击"模型"功能区"工程"工具栏中"倒圆角"选项 倒圆角 旁边的下拉按钮，在展开的下拉菜单中单击"自动倒圆角"按钮 自动倒圆角 ，弹出"自动倒圆角"操控板，如图6-59所示。

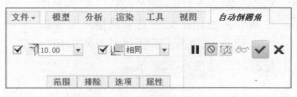

图6-59 "自动倒圆角"操控板

操控板上部分选项的作用如下所述。

- ☑ ：选择凸边，将对凸边进行倒圆角。默认已选择此项。其后边为凸边半径值文本输入框。
- ☑ ：选择凹边，将对凹边进行倒圆角，默认已选择此项。其后边为凹边半径值文本输入框。
- "范围"按钮 范围 ：单击后将展开"范围"下拉面板，如图6-60所示。

在"范围"下拉面板中，部分选项的作用如下所述。

- 实体几何：选择此项后，将对整个实体特征的所有边进行倒圆角。
- 选定的边：选择此项后，将对选择的边进行倒圆角。
- ☑ 凸边：选中"凸边"复选框，对凸边进行倒圆角。
- ☑ 凹边：选中"凹边"复选框，对凹边进行倒圆角。
- "排除"按钮 排除 ：单击后将展开"排除"下拉面板，如图6-61所示。

在"排除"下拉面板中的"排除的边"文本框是指不被倒圆角的边，也就是被排除的边的标签将显示在此栏中。

图6-60 "范围"下拉面板　　　　　图6-61 "排除"下拉面板

 操作实战096——创建自动倒圆角特征

在实体特征中，如果有大量相同的倒圆角，可以通过自动倒圆角来创建。创建方法如下所述。

1 新建零件文件，创建一个有既有凸边又有凹边的拉伸实体特征，如图6-62所示。

图6-62 拉伸特征

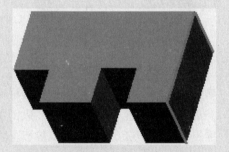

图6-63 排除的边

2 单击"模型"功能区"工程"工具栏中的"自动倒圆角"按钮✈自动倒圆角，弹出"自动倒圆角"操控板，按住Ctrl键在设计区单击选择几条边，这些边将不被倒圆角，也就是成为排除的边，如图6-63所示。

3 单击操控板上的"确定"按钮✔，完成自动倒圆角特征的创建，效果如图6-64所示。

图6-64 自动倒圆角

6.4　倒角

倒角是在相邻曲面的交界处进行平直切除，产生一个平面。在Creo中，倒角可以分为两种类型，一种是边倒角，另一种是拐角倒角。

- "边倒角"按钮 边倒角：在选定边处切掉一块平直剖面的材料，以在共有该边的两原始曲面之间创建斜角曲面。
- "拐角倒角"按钮 拐角倒角：从拥有三条边的零件顶角点去除材料。

6.4.1 边倒角

边倒角有多种类型，下面对各种类型的创建方法进行介绍。

操作实战097——创建45×D倒角特征

45×D倒角特征用来创建角度为45°，长度自定义的倒角。其创建方法如下所述。

1 新建零件文件，创建实体拉伸特征，如图6-65所示。

图6-65 拉伸特征

2 单击"模型"功能区"工程"工具栏中的"边倒角"按钮 倒角▼，弹出"边倒角"操控板，如图6-66所示。在操控板上将倒角类型改为45×D，并将D值改为20，如图6-67所示。

图6-66 "边倒角"操控板

图6-67 数值输入

3 在设计区单击选择要倒角的边，如图6-68所示。

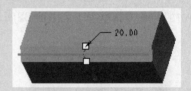
图6-68 选择边

4 单击操控板上的"确定"按钮 ✔，完成倒角特征的创建，效果如图6-69所示。

图6-69 倒角特征

操作实战098——创建D×D倒角特征

D×D倒角特征用来创建长度自定义的倒角，其创建方法如下所述。

1 新建零件文件，创建实体拉伸特征，如图6-70所示。

图6-70 拉伸特征

2 单击"模型"功能区"工程"工具栏中的"边倒角"按钮 倒角▼，弹出"边倒角"操控板。在操控板上选择D×D倒角类型，并将D值改为30，如图6-71所示。

图6-71 数值输入

3 在设计区单击选择要倒角的边，如图6-72
所示。

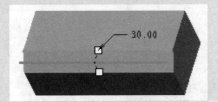

图6-72 选择边

4 单击操控板上的"确定"按钮 ✓，完成倒
角特征的创建，效果如图6-73所示。

图6-73 倒角特征

操作实战099——创建D1×D2倒角特征

D1×D2倒角特征在创建倒角特征时，可以分别对倒角两条边的距离进行自定义。其创建方法
如下所述。

1 新建零件文件，创建实体拉伸特征，如
图6-74所示。

图6-74 拉伸特征

2 单击"模型"功能区"工程"工具栏中
的"边倒角"按钮 ◎ 倒角 ▼，弹出"边倒
角"操控板。在操控板上将倒角类型改为
D1×D2，并将D1值改为10，D2值改为
40，如图6-75所示。

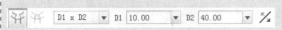

图6-75 数值输入

3 在设计区单击选择要倒角的边，如图6-76
所示。

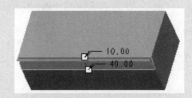

图6-76 选择边

4 单击操控板上的"确定"按钮 ✓，完成倒
角特征的创建，效果如图6-77所示。

图6-77 倒角特征

 ## 操作实战100——创建角度×D倒角特征

角度×D倒角特征用来创建角度和长度均自定义的倒角。其创建方法如下所述。

1 新建零件文件，创建拉伸特征，如图6-78
所示。

图6-78 拉伸特征

2 单击"模型"功能区"工程"工具栏中的
"边倒角"按钮 ◎ 倒角 ▼，弹出"边倒角"
操控板。在操控板上将倒角类型改为角度
×D，并在操控板上将角度改为30，D值
改为15，如图6-79所示。

角度 x D ▼ 角度 30.0 ▼ D 15.00 ▼ ⅔

图6-79 数值输入

3 在设计区单击选择要倒角的边，如图6-80所示。

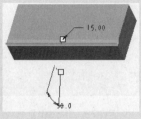

图6-80　选择边

4 单击操控板上的"确定"按钮✓，完成倒角特征的创建，效果如图6-81所示。

图6-81　倒角特征

操作实战101——创建O×O倒角特征

创建O×O倒角特征的方法如下所述。

1 新建零件文件，创建拉伸实体特征，如图6-82所示。

图6-82　拉伸特征

2 单击"模型"功能区"工程"工具栏中的"边倒角"按钮，弹出"边倒角"操控板。在操控板上将倒角类型改为O×O，并将O值改为20，如图6-83所示。

图6-83　数值输入

3 在设计区单击选择要倒角的边，如图6-84所示。

图6-84　选择边

4 单击操控板上的"确定"按钮✓，完成倒角特征的创建，效果如图6-85所示。

图6-85　倒角特征

操作实战102——创建O1×O2倒角特征

创建O1×O2倒角特征的方法如下所述。

1 新建零件文件，创建拉伸特征，如图6-86所示。

图6-86　拉伸特征

2 单击"模型"功能区"工程"工具栏中的"边倒角"按钮，弹出"边倒角"操控板。在操控板上将倒角类型改为O1×O2，并将O1值改为20，O2值改为10，如图6-87所示。

图6-87　数值输入

3 在设计区单击选择要倒角的边，如图6-88
所示。

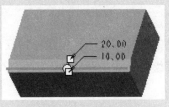

图6-88　选择边

4 单击操控板上的"确定"按钮✓，完成倒
角特征的创建，效果如图6-89所示。

图6-89　倒角特征

6.4.2　拐角倒角

　　拐角倒角特征是在实体的拐角处进行切除，形
态如图6-90所示。

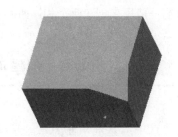

图6-90　拐角倒角

操作实战103——创建拐角倒角特征

　　创建拐角倒角特征的方法如下所述。

1 新建零件文件，创建拉伸特征，如图6-91
所示。

图6-91　拉伸特征

2 单击"模型"功能区"工程"工具栏中的
"拐角倒角"按钮 ▽ 拐角倒角，弹出"拐角
倒角"操控板，如图6-92所示。

图6-92　"拐角倒角"操控板

3 在设计区单击选择一个顶点，如图6-93
所示。

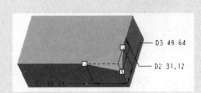

图6-93　选择顶点

4 在操控板上将D1值改70，D2值改为80，
D3值改为90，如图6-94所示。

| D1 | 70.00 | ▼ | D2 | 80.00 | ▼ | D3 | 90.00 | ▼ |

图6-94　数值输入

5 单击操控板上的"确定"按钮✓，完成拐
角倒角特征的创建，效果如图6-95所示。

图6-95　拐角倒角

6.5　筋

筋特征是一种特殊类型的延伸项，用于创建附属于零件的肋片或腹板。创建筋特征首先要绘制确立筋的截面。筋特征连接到所属特征的方式决定了其草绘截面总是开放的。Creo 2.0中提供了两种筋特征的创建方法，分别为轮廓筋和轨迹筋。

6.5.1　轮廓筋

轮廓筋一般用来创建两个相连曲面之间的连接筋，有平直加强筋和旋转加强筋两种创建方法。

☼ 操作实战104——创建平直加强筋

创建平直加强筋时，重点在于草绘平面的选取。其创建方法如下所述。

1 以"TOP"基准平面为草绘平面绘制截面。对截面进行对称拉伸，深度为200，如图6-96所示。

图6-96　拉伸特征

2 单击"模型"功能区"工程"工具栏中的"轮廓筋"按钮，弹出"轮廓筋"操控板，如图6-97所示。

图6-97　"轮廓筋"操控板

3 单击操控板上的"参考"按钮，弹出"参考"下拉面板，单击下拉面板中的"定义"按钮，弹出"草绘"文本框，选择"TOP"基准平面为草绘平

面，草绘方向保持默认，如图6-98所示。

图6-98　"草绘"对话框

4 进入草绘设计环境，按住Alt键，在特征的一条边上单击，然后再单击鼠标右键，在弹出的快捷菜单中执行相应命令添加该边为参考，如图6-99所示。用同样的方法添加与此边相连的另外一条边为参考。添加完参考后的效果如图6-100所示。

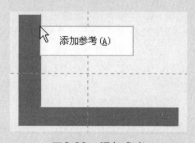

图6-99　添加参考

工程特征 第6章

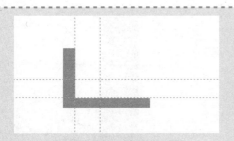

图6-100 添加参考

5 绘制与上一步两参考相交的直线，如图
  6-101所示。单击"确定"按钮退出草绘
  设计环境。

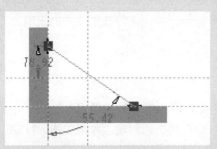

图6-101 绘制直线

6 返回轮廓筋操作界面，在设计区更改及确
  定特征生成方向，以便特征能正确生成。
  如方向不正确，可通过单击设计区的箭头
  来改变生成方向，如图6-102所示。

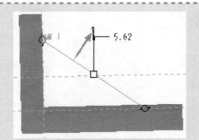

图6-102 更改方向

7 在操控板上修改筋厚度为30，如图6-103
  所示。

图6-103 数值输入

8 单击操控板上的"确定"按钮✓，完成轮
  廓筋特征的创建，效果如图6-104所示。

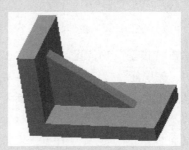

图6-104 轮廓筋

 操作实战105——创建旋转加强筋

旋转加强筋与平直加强筋的创建方法一样，只是所连接的特征有所不同。在草绘截面时应选取正确的、便于草绘的草绘平面。其创建方法如下所述。

1 新建零件文件，以"TOP"基准平面为草绘
  平面绘制如图6-105所示的截面。对截面进
  行拉伸，创建拉伸实体，如图6-106所示。

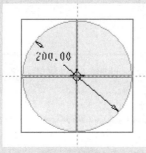

图6-105 草绘截面

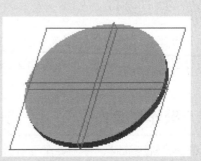

图6-106 拉伸特征

2 以拉伸特征的上顶面为草绘平面进行草
  绘，草绘截面如图6-107所示。对截面进行
  拉伸，创建拉伸特征，如图6-108所示。

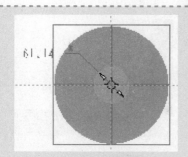

图6-107　草绘截面

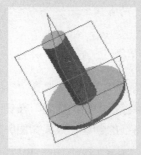

图6-108　拉伸特征

3 单击"模型"功能区"工程"工具栏中的"轮廓筋"按钮 筋，弹出"轮廓筋"操控板。单击操控板上的"参考"按钮 参考，弹出"参考"下拉面板，单击下拉面板中的"定义"按钮 定义...，弹出"草绘"文本框，选择"RIGHT"基准平面为草绘平面，草绘方向保持默认。

4 进入草绘设计环境，绘制如图6-109所示的截面，注意直线端点要与特征相交。

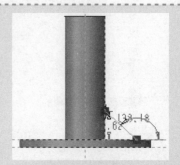

图6-109　绘制直线

5 单击"确定"按钮，退出草绘设计环境。在操控板上修改筋厚度为10，如图6-110所示，并保证特征生成方向正确。

图6-110　数值输入

6 单击操控板上的"确定"按钮 ✓，完成轮廓筋特征的创建，效果如图6-111所示。

图6-111　轮廓筋

6.5.2　轨迹筋

轨迹筋多用于腔室中，用来对腔室的加巩。用于创建轨迹筋的曲线可以不与特征曲面相交，并可以同时创建多条，曲线之间允许相交。

操作实战106————创建轨迹加强筋

在创建轨迹筋时，首先要保证有合理、正确的草绘平面来绘制轨迹筋的截面。轨迹筋的创建方法如下所述。

1 新建零件文件，创建如图6-112所示的壳特征。

2 以壳的底面为参考创建新平面DTM1，参考类型为偏移，如图6-113所示。

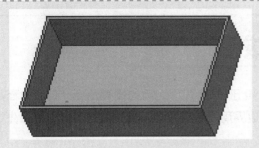

图6-112 壳特征

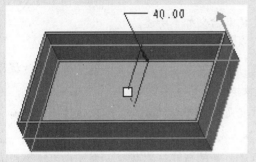

图6-113 创建平面

3 单击"模型"功能区"工程"工具栏中的"轨迹筋"按钮 筋，弹出"轨迹筋"操控板，如图6-114所示。

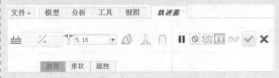

图6-114 "轨迹筋"操控板

其中部分按钮的作用如下所述。

● ◿ ：添加拔模，详细参数可以通过"形状"下拉面板来设置。

● ⨖ ：在底部添加倒圆角，详细参数可以通过"形状"下拉面板来设置。

● ⨂ ：在顶部添加倒圆角，详细参数可以通过"形状"下拉面板来设置。

4 单击操控板上的"放置"按钮 放置 ，展开"放置"下拉面板。在下拉面板中单击 "定义"按钮 定义... ，弹出"草绘"对话框。选择DTM1新建平面为草绘平面，草绘方向保持默认，如图6-115所示。

图6-115 "草绘"文本框

5 进入草绘设计环境，绘制如图6-116所示的截面。单击"确定"按钮退出草绘设计环境。

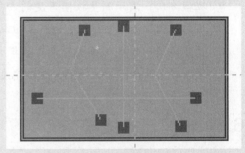

图6-116 草绘截面

6 在操控板上修改筋的厚度为8，并在筋的顶部添加倒圆角，如图6-117所示。

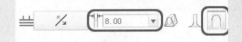

图6-117 数值输入

7 单击操控板上的"确定"按钮 ，完成轨迹筋特征的创建，效果如图6-118所示。

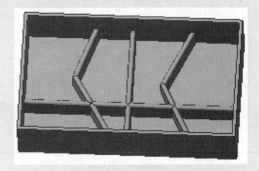

图6-118 轨迹筋

6.6 拔模

拔模特征将向单曲面或一系列曲面中添加一个介于0°~30°之间的拔模角度。仅当曲面是由列表圆柱面或平面形成时，才可拔模。曲面边的边界周围有圆角时不能拔模。不过，可以先拔模，然后对其边进行圆角过渡。

在Creo 2.0中创建拔模特征时，其中的一些关键术语的含义如下所述。

- 拔模曲面：模型中要拔模的曲面。
- 拔模枢轴：拔模前后长度不会发生变化的边，也称为中立曲线。可选取平面（此时拔模曲面与选取平面的交线即为拔模枢轴）或选取拔模曲面上的单个曲线链作为拔模枢轴。
- 拔模方向：用于测量拔模角度的方向，通常就是模具开模的方向。可以通过选取平面（其法向即为拔模方向）、直边、基准轴或坐标轴来定义拔模方向。
- 拔模角度：生成的拔模斜面与拔模方向的角度。如果创建分割拔模，则可以为拔模曲面的每侧定义两个不同的角度，拔模角度必须在0°~30°之间。

6.6.1 创建基本拔模

 操作实战107——创建中性面拔模特征

1 新建零件文件，创建拉伸特征，如图6-119所示。

图6-119 拉伸特征

2 单击"模型"功能区"工程"工具栏中的"拔模"按钮 拔模，弹出"拔模"操控板，如图6-120所示。

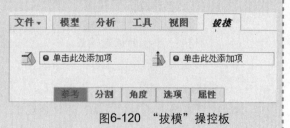

图6-120 "拔模"操控板

其中部分按钮的作用如下所述。

- ● 单击此处添加项 ：拔模枢轴收集器。
- ● 单击此处添加项 ：拔模参考收集器。系统默认拔模枢轴作为拔模参考。

其中部分选项的作用如下所述。

- 拔模曲面：拔模曲面收集器。
- 拔模枢轴：拔模枢轴收集器。
- 拖拉方向：拔模参考收集器。

3 单击操控板上的"参考"按钮 参考 ，弹出"参考"下拉面板，如图6-121所示。

图6-121 "参考"下拉面板

4 单击设计区特征的一个面，此面即成为拔模曲面，其标签会显示在"参考"下拉面板的"拔模曲面"文本框中，如图6-122所示。

图6-122 拔模曲面

5 单击操控板上"拔模枢轴收集器" 中的 单击此处添加项 字样，然后在设计区单击选择一个面作为拔模枢轴，如图6-123所示。

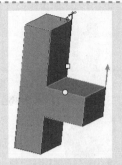

图6-123 拔模枢轴

6 在操控板上修改拔模角度为15，如图6-124所示。

图6-124 数值输入

7 单击操控板上的"确定"按钮 ，完成拔模特征的创建，效果如图6-125所示。

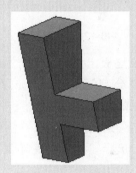

图6-125 拔模特征

6.6.2 创建分割拔模

操作实战108——创建中性面分割拔模特征

1 新建零件文件，创建拉伸特征，如图6-126所示。

图6-126 拉伸特征

2 单击"模型"功能区"工程"工具栏中的"拔模"按钮 拔模，弹出"拔模"操控板。在设计区单击选择特征的一个面，此面即成为拔模曲面，如图6-127所示。

3 单击操控板上"拔模枢轴收集器" 中的 单击此处添加项 字样，然后在设计区单击选择一个面作为拔模枢轴，如图6-128所示。

图6-127　拔模曲面

图6-128　拔模枢轴

4　单击操控板上的"分割"按钮 分割 ，展开"分割"下拉面板，在"分割选项"下的下拉列表中选择"根据拔模枢轴分割"选项，然后在"侧选项"下拉列表中选择"独立拔模侧面"选项，如图6-129所示。

图6-129　"分割"下拉面板

5　此时原拔模曲面以拔模枢轴为界线被分为两侧，在操控板上分别输入侧1、侧2的角度值为10、20。并更改侧2的角度方向，如图6-130所示。

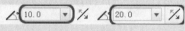

图6-130　数值输入

6　单击操控板上的"确定"按钮 ✓ ，完成拔模特征的创建，效果如图6-131所示。

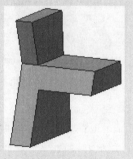

图6-131　拔模特征

6.6.3　创建可变拖拉方向拔模

 操作实战109——创建可变拖拉方向拔模特征

1　新建零件文件，创建如图6-132所示的特征。

图6-132　拉伸特征

2　单击"模型"功能区"工程"工具栏中的"可变拖拉方向拔模"按钮 可变拖拉方向拔模 ，展开"可变拖拉方向拔模"操控板，如图6-133所示。

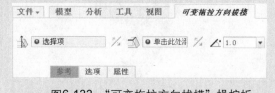

图6-133　"可变拖拉方向拔模"操控板

3 在设计区单击选择下方拉伸特征的上顶面，如图6-134所示。同时此面会出现在"参考"下拉面板的"拖拉方向参考曲面"文本框中，如图6-135所示。

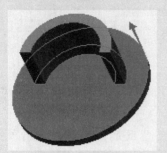

图6-134　选择面

图6-135　"参考"下拉面板

4 在"参考"下拉面板的"拔模枢轴"文本框中单击，如图6-136所示。

图6-136　单击添加项

5 在设计区单击选择上方特征的一条边，如图6-137所示。

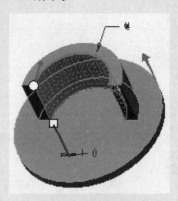

图6-137　选择边

6 在操控板上输入拔模角度，值为15，如图6-138所示。

图6-138　数值输入

7 单击操控板上的"确定"按钮✓，完成可变拖拉方向拔模特征的创建，效果如图6-139所示。

图6-139　拔模特征

6.7　上机练习

下面介绍机械零件的绘制方法。

1 新建零件文件，以"TOP"基准平面为草绘平面，绘制圆。修改圆的直径尺寸为200，如图6-140所示。

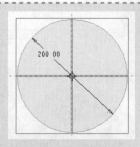

图6-140　绘制圆

2 单击"确定"按钮，退出草绘设计环境。对所绘截面进行拉伸，拉伸类型为以"TOP"基准平面对称拉伸，深度为10，如图6-141所示。

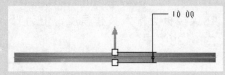

图6-141　拉伸特征

3 以"TOP"基准平面为草绘平面进行草绘，绘制两个圆，直径分别为100、75，如图6-142所示。

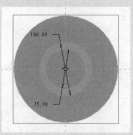

图6-142　草绘截面

4 单击"确定"按钮，退出草绘设计环境。对所绘截面进行拉伸，拉伸类型为以"TOP"基准平面对称拉伸，深度为40，如图6-143所示。

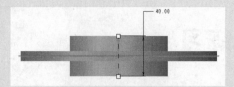

图6-143　拉伸特征

5 以"TOP"基准平面为草绘平面进行草绘，绘制圆，修改圆的直径为50，如

图6-144所示。

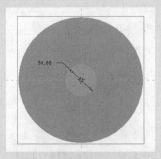

图6-144　绘制截面

6 单击"确定"按钮，退出草绘设计环境。对所绘截面进行拉伸，拉伸类型为以"TOP"基准平面对称拉伸，深度为10，并设为移除材料，如图6-145所示。

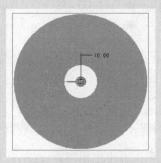

图6-145　拉伸特征

7 在"模型"功能区单击"孔"按钮，在最大的拉伸特征的上顶面放置孔。进入"孔"操作界面，选择直孔，直径为8，深度为10。放置类型为径向，偏移参考选择"FRONT"基准平面和拉伸特征的轴A_1轴。偏移参数中角度设为0，半径设为31。具体设置如图6-146所示。

图6-146　"放置"下拉面板

8 单击"确定"按钮，完成孔的放置，如图6-147所示。

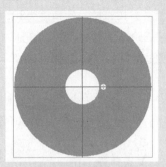

图6-147 孔特征

9 对孔进行阵列，阵列类型为轴。选择拉伸特征的A_1轴为阵列参考，成员数量为6，成员间的角度为60，如图6-148所示。

图6-148 数值输入

10 单击"确定"按钮，完成阵列，如图6-149所示。

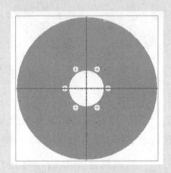

图6-149 阵列特征

11 先选择"FRONT"基准平面，然后单击"模型"功能区中的"轮廓筋"按钮。将以"FRONT"基准平面为草绘平面打开草绘器，如图6-150所示。

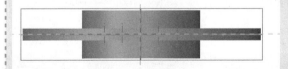

图6-150 绘图区

12 在特征上选取四条边添加为参考，如图6-151所示。

图6-151 添加参考

13 绘制如图6-152所示的直线。单击"确定"按钮返回轨迹筋操作界面，设置筋的厚度为3.5，完成筋的创建，如图6-153所示。

图6-152 绘制直线

图6-153 筋特征

14 选择筋特征进行阵列，阵列类型为轴。选择拉伸特征的A_1轴作为参考轴，成员数量为12，成员间角度为30。在设计区单击取消不需要的成员，即把特征上的黑点点除，如图6-154所示。

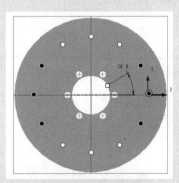

图6-154 阵列成员

15 完成阵列特征，如图6-155所示。以同样的方法创建与其相对称的另一侧的孔阵列特征，如图6-155所示。

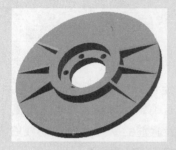

图6-155 孔阵列特征

图6-156 下侧阵列特征

16 先单击选择"RIGHT"基准平面，然后单击"轮廓筋"按钮，绘制直线，如图6-157所示。完成草绘后，创建厚度为1.5的筋，如图6-158所示。

图6-157 绘制直线

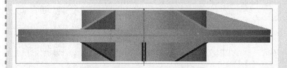

图6-158 筋特征

17 以相同的方法在另一侧创建与其相对称的厚度相同的筋特征，如图6-159所示。按住Ctrl键在模型树中选择刚刚创建的两个筋特征，然后单击鼠标右键，从弹出的快捷菜单中执行"组"命令，将它们合并为一个组。

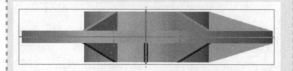

图6-159 筋特征

18 对合并的组进行阵列，阵列类型为轴阵列，选择拉伸特征的A_1轴为参考，成员数量为12，成员间角度为30，并在设计区点除不需要的成员，如图6-160所示。完成的阵列特征如图6-161所示。

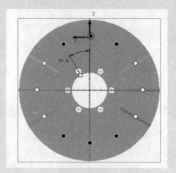

图6-160 选择成员

图6-161 阵列特征

19 以"TOP"基准平面为草绘平面进行草绘，绘制两个圆，直径分别为180、115。放置两条中心线，与竖直中心线的角度分别为14、7，如图6-162所示。

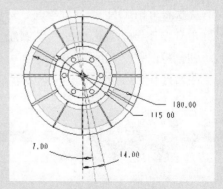

图6-162 草绘截面

20 在所绘中心线与两个圆的交点上绘制四个小圆，其中两个圆的直径为4，另外两个圆的直径为8，如图6-163所示。

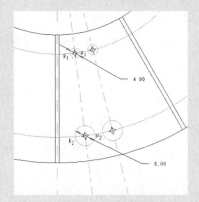

图6-163 绘制圆

21 以每条中心线上的两个圆为一组，将四个小圆分为两组。绘制每组圆的相切直线，共四条，如图6-164所示。删除两个大圆和放置的中心线，并执行"删除段"命令，删除多余的线段，效果如图6-165所示。

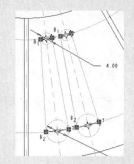

图6-164 绘制相切直线

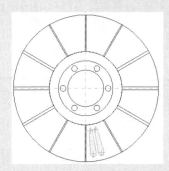

图6-165 删除段

22 绘制一条竖直中心线，用鼠标左键框选刚刚绘制的截面，对所框选的图形执行"镜像"命令，选择放置的竖直中心线以镜像所选图形，如图6-166所

示。删除放置的竖直中心线，并退出草绘设计环境。

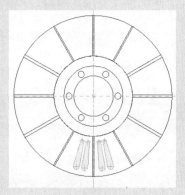

图6-166 镜像

23 对所绘制的截面执行"拉伸"命令，拉伸类型为对称，深度为10，并移除材料，如图6-167所示。

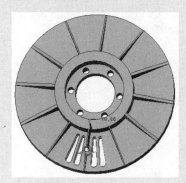

图6-167 拉伸特征

24 对拉伸特征执行"阵列"命令。阵列类型为轴阵列，选择模型中间拉伸特征的A_1轴为参考，阵列成员数量为6，成员间角度为60，单击"确定"按钮完成阵列，如图6-168所示。

图6-168 阵列特征

25 在模型树中单击选择"TOP"基准平面，然后单击"模型"功能区中的"平面"按钮▱，新建基准平面。参考约束为偏移，平移值为12，如图6-169所示。

图6-169 新建平面

26 以新建平面DTM1为草绘平面，进行草绘。单击"圆心和端点"按钮 ⌒弧▾，以A_1轴为圆心绘制直径为200的弧，如图6-170所示。放置与竖直中心线成60度角的中心线，如图6-171所示。

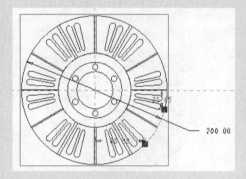

图6-170 绘制弧

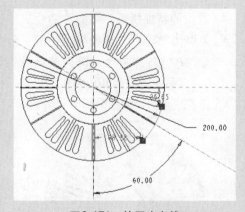

图6-171 放置中心线

27 在中心线上绘制直径为12，到A_1轴距离为90的圆，如图6-172所示。绘制与圆相切，并与弧相交的两条直线，如图6-173所示。

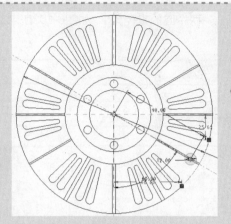

图6-172 绘制圆

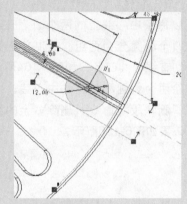

图6-173 相切线

28 执行"删除段"命令，删除多余的线段，并删除放置的中心线，如图6-174所示。单击"确定"按钮完成草绘。

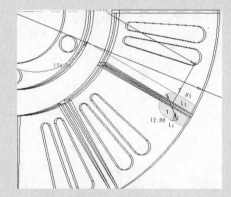

图6-174 删除段

29 对所绘截面执行"拉伸"命令，拉伸方向指向"TOP"基准平面，深度为9，并移除材料，单击"确定"按钮完成拉伸，如图6-175所示。

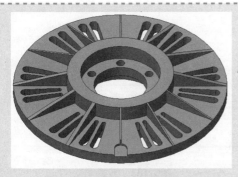

图6-175　拉伸特征

30 对拉伸特征执行"阵列"命令，阵列类型为轴阵列，选取A_1轴为参考，成员数量为3，成员间角度为120，如图6-176所示。单击"确定"按钮完成阵列特征。

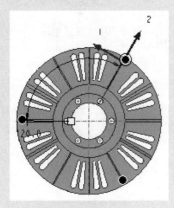

图6-176　阵列特征

31 在模型树中选择刚刚创建的阵列特征，单击"模型"功能区中的"镜像"按钮 镜像，对所选对象执行"镜像"命令。镜像平面选择"TOP"基准平面，单击"确定"按钮，完成镜像，如图6-177所示。

图6-177　镜像特征

32 在设计区单击选择如图6-178所示的平面，单击"模型"功能区中的"孔"按钮 孔，放置孔。放置类型为径向，偏移参考为A_1轴和"RIGHT"基准平面，偏移参数为到轴的距离为90，与"RIGHT"基准平面间的角度为30，如图6-179所示。

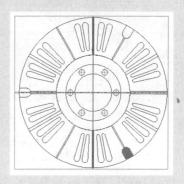

图6-178　放置平面

图6-179　偏移参考

33 设置孔的直径为8，单击"穿透"按钮 ，再单击"确定"按钮完成孔放置，如图6-180所示。

图6-180　孔

34 对放置的孔执行"阵列"命令，阵列类型为轴阵列，选择A_1轴为参考轴，成员数量为3，成员间角度为120，单击"确定"按钮完成阵列特征，如图6-181所示。

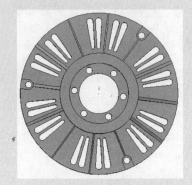

图6-181　阵列特征

35 以"TOP"基准平面为草绘平面进行草绘，放置一条竖直中心线，然后绘制在此中心线上对称的矩形，矩形长为8，宽为6，到中心的距离为85，如图6-182所示。删除放置的中心线，单击"确定"按钮完成草绘。

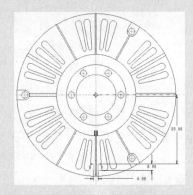

图6-182　草绘截面

36 对所绘截面执行"拉伸"命令，拉伸方式为对称拉伸，深度为20，单击"确定"按钮完成拉伸，如图6-183所示。

37 选择如图6-184所示的拉伸特征的上顶面，在此平面放置孔。孔直径为4，深度为20。孔到所在平面两边的距离为3和4，如图6-185所示。单击"确定"按钮完成孔的放置。

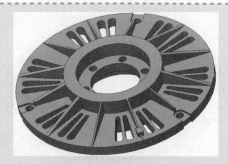

图6-183　拉伸特征

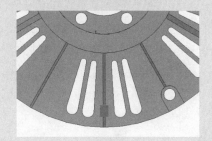

图6-184　放置平面

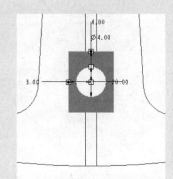

图6-185　放置孔

38 按住Ctrl键在模型树中选择孔和孔所在的拉伸特征，单击鼠标右键，在弹出的快捷菜单中执行"组"命令，将两特征合并为一组。对合并的组执行"阵列"命令。阵列类型为轴阵列，选择A_1轴为阵列参考，成员数量为3，成员间角度为90，单击"确定"按钮完成阵列，如图6-186所示。

39 以"TOP"基准平面为草绘平面进行草绘，放置两条中心线，一条竖直，另一条与此成30度角，如图6-187所示。在一条中心线上绘制圆，圆的直径为14，到中心的距离为95，如图6-188

所示。单击"确定"按钮完成草绘。

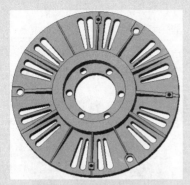

图6-186　阵列特征

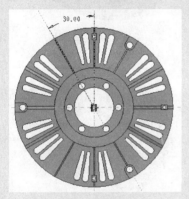

图6-187　放置中心线

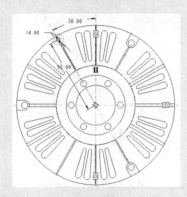

图6-188　草绘截面

40 对草绘执行"拉伸"命令，拉伸方式为对称，深度为20，并移除材料，如图6-189所示。单击"确定"按钮完成拉伸。

41 在设计区单击选择如图6-190所示的曲面，然后单击"拔模"按钮，选择"TOP"基准平面为拔模枢轴，如图6-191所示。

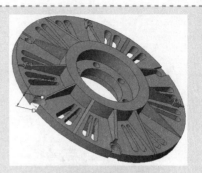

图6-189　拉伸特征

图6-190　拔模曲面

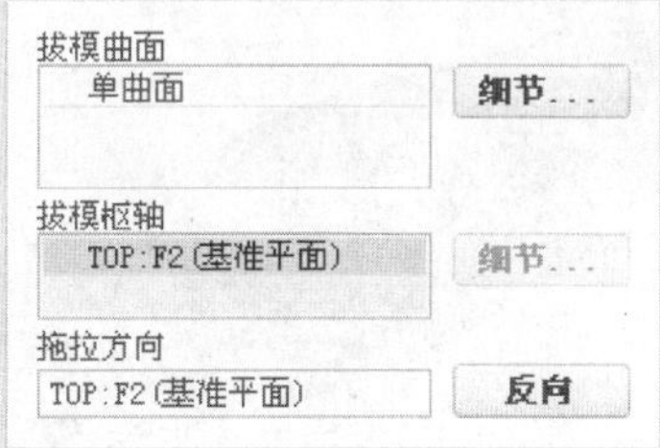

图6-191　拔模枢轴

42 单击操控板上的"分割"按钮 分割 ，在"分割选项"下面的下拉列表中选择"根据拔模枢轴分割"选项，在"侧选项"下面的下拉列表中选择"独立拔模侧面"选项，如图6-192所示。在操控板上将两侧的角度均设为10，并根据设计区特征的显示调整拔模角度方向，如图6-193所示。

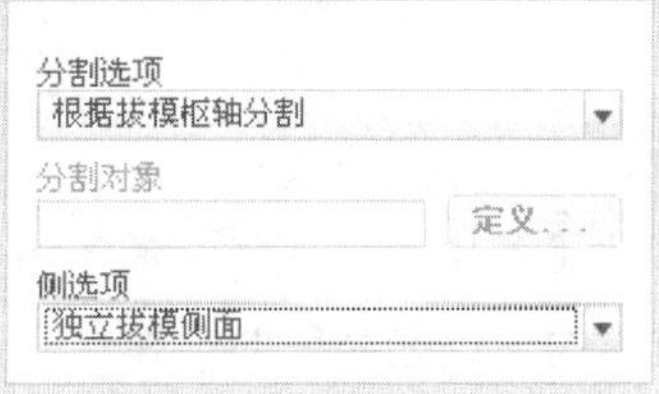

图6-192　"分割"操控板

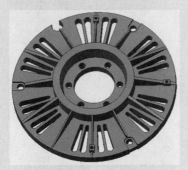

图6-193　数值输入

43 单击"确定"按钮完成拔模，效果如图6-194所示。

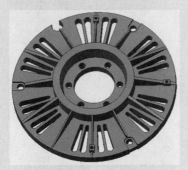

图6-194　拔模特征

44 在设计区选择如图6-195所示的两边，执行"倒圆角"命令，半径值设为2，如图6-196所示。单击"确定"按钮完成倒圆角。

图6-195　选择边

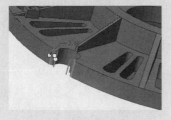

图6-196　倒圆角

45 在设计区选择如图6-197所示的四条边（拉伸2、拉伸3的内侧边），单击"模型"功能区的"倒角"按钮 ◥ 倒角 ，将倒角类型设为D×D，D值为1，单击"确定"按钮完成倒角，如图6-198所示。

图6-197　选择边

图6-198　倒角

46 完成最终设计，效果如图6-199所示。

图6-199　机械零件

6.8　本章小结

在工业设计中孔、倒角、筋等特征是产品上常见的组成部分，因此本章介绍的这些特征是源于生活实际的。这些特征的创建有一个共同点，它们都是在已创建的特征上生成的。这一章中的筋和拔模的操作不容易掌握应多加练习。

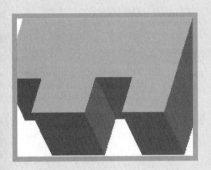

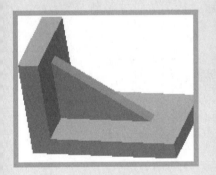

第7章

构造特征

构造特征指工程中的特定部件，如槽、轴、法兰等。这些构造特征在工程产品上很常见，具有相对规范的设计要求，以符合工程设计的需要。Creo 2.0对这些常见的构造特征提供了专门的建模命令，通过对这些命令的掌握可以更快地设计产品，来满足设计需要。

7.1 轴、退刀槽和法兰

轴、槽、法兰等命令实现的功能也可以通过前面的基本实体特征来实现。在Creo 2.0中已经很少用到，但有时使用它们也能较快地提高设计速度。

 操作实战110——修改配置文件

轴、槽、法兰等命令在Creo 2.0中默认是不开启的，需要手动设置打开，具体方法如下所述。

1 执行"文件"|"选项"命令，在弹出的"Creo Parametric 选项"对话框中选择"配置编辑器"选项，如图7-1所示。

图7-1 选择"配置编辑器"选项

2 "Creo Parametric 选项"窗口出现"配置编辑器"内容界面，在窗口底部有"添加"、"查找"、"删除"按钮，可以通过这些按钮对上方列表中的项进行配置操作。

3 单击"添加"按钮 添加(A)...，弹出"选项"对话框。在"选项名称"文本框中输入allow_anatomic_features，在"选项值"文本框中输入yes，如图7-2所示。

图7-2 "选项"对话框

4 单击"确定"按钮确认添加，在"Creo Parametric 选项"对话框中单击"确定"按钮，弹出"Creo Parametric 选项"对话框，单击"是"按钮，如图7-3所示。弹出"另存为"对话框，系统默认将配置文件保存到工作目录，不要随便改动配置文件保存路径，单击"确定"按钮完成配置，并重新启动Creo 2.0软件。

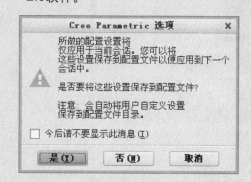

图7-3 "Creo Parametric 选项"对话框

5 重启Creo 2.0后，新建文件，轴、法兰等命令已经开启使用。但按钮仍处于隐藏状态，可以执行"文件"|"选项"命令，在弹出的"Creo Parametric 选项"对话框中执行"自定义功能区"命令来添加。

6 新建选项卡，并重命名为构造特征。将"轴"、"法兰"、"槽"等命令添加到此选项卡，自定义功能区完成，如图7-4所示。

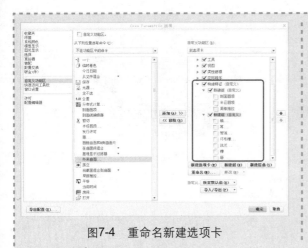

图7-4　重命名新建选项卡

7 自定义选项卡"构造特征"在功能区的显示样式如图7-5所示。

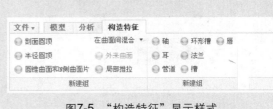

图7-5　"构造特征"显示样式

7.1.1　轴

轴是工业设计中最常用的部件之一，本节根据放置方式来介绍轴特征。

🔆 操作实战111——创建线性轴特征

1 新建一边长为20的正方形拉伸实体，如图7-6（a）所示。单击"构造特征"操控板（"构造特征"是上一节新建的自定义选项卡）上的"轴"工具，弹出"轴：草绘"对话框和"菜单管理器"窗口，如图7-6（b）和图7-6（c）所示。

（a）正方形拉伸实体

（b）"轴：草绘"对话框　（c）"菜单管理器"窗口

图7-6　创建实体及打开窗口

2 在"菜单管理器"窗口中选择"线性"和"完成"选项，进入草绘设计环境，绘制包含一条"中心线"的二维截面，如图7-7（a）所示。单击"确定"按钮完成草绘，退出草绘设计环境。在设计区单击选择拉伸实体的上表面作为放置参考，如图7-7（b）所示。

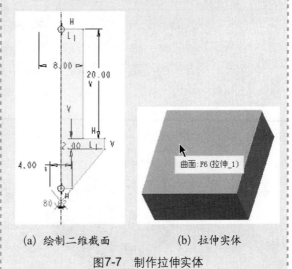

（a）绘制二维截面　　　（b）拉伸实体

图7-7　制作拉伸实体

3 单击选择放置面的一条边用来定位轴特征，如图7-8（a）所示，弹出"与参考的距离"文本框，输入10，并单击"确定"按钮 ✓，如图7-8（b）所示。

（a）选择一条边

（b）设置"与参考的距离"参数

图7-8 定位轴特征

（a）选择第二条参考边

（b）设置"与参考的距离"参数

图7-9 定位第二条边

4 单击选择与上一条方向参考相邻的边作为第二方向参考，如图7-9（a）所示。在弹出的"与参考的距离"文本框中输入10，并单击"确定"按钮 ✓，如图7-9（b）所示。

5 单击"轴：草绘"对话框中的"确定"按钮，完成线性轴创建，效果如图7-10所示。

图7-10 完成后的效果

☼ 操作实战112——创建径向轴特征

1 以"TOP"基准面为草绘平面，新建一圆形截面拉伸实体，如图7-11（a）所示。单击"构造特征"操控板上的"轴"按钮，弹出"轴：草绘"对话框和"菜单管理器"窗口。在其中选择"径向"和"完成"选项。进入草绘设计环境，绘制如图7-11（b）所示的包含中心线的截面，单击"确定"按钮退出草绘设计环境。

（a）圆形拉伸实体

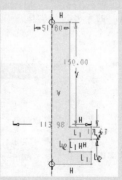

（b）进入草绘设计环境

图7-11 拉伸实体及打开窗口

2 在设计区单击选择圆柱体的上表面作为放置平面，如图7-12（a）所示。然后单击选择圆柱体的中心轴。单击选择"FRONT"基准平面，弹出"角度"消息窗口，输入0，弹出"半径"消息窗口，输入1，如图7-12（b）所示。

(a) 单击表面放置平面

(b) 设置参数

图7-12 放置平面及设置参数

3 在"轴：草绘"对话框中单击"确定"按钮，如图7-13（a）所示。创建的径向轴的效果如图7-13（b）所示。

(a) "轴：草绘"对话框

(b) 完成创建后的效果

图7-13 确定后的效果

操作实战113——创建同轴轴特征

1 新建圆柱拉伸实体，如图7-14（a）所示。单击"构造特征"操控板上的"轴"按钮，弹出"轴：草绘"对话框和"菜单管理器"窗口。从中选择"同轴"和"完成"选项，如图7-14（b）所示。

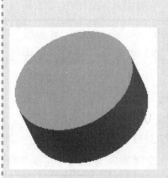

(a) 新建圆柱体　　(b) 选择选项

图7-14 创建拉伸实体

2 进入草绘设计环境，绘制如图7-15（a）所示的包含中心线的截面。单击"确定"按钮退出草绘设计环境。在圆柱体上单击选择圆柱体的中心轴，然后选择圆柱体的上顶面，单击"轴：草绘"对话框中的"确定"按钮，完成同轴的创建，效果如图7-15（b）所示。

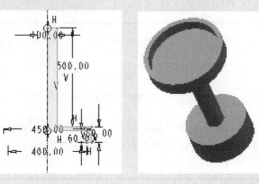

(a) 绘制界面　　(b) 完成创建后效果

图7-15 确定后的效果

7.1.2 退刀槽

在车削加工时，为车削到位，同时保证刀具正常退出又不划伤与轴或孔相连的底部，要在轴的底部或孔的底部加工槽，这种槽即称为退刀槽。根据上面所述，退刀槽是车外圆、镗孔时较为常见的工艺特征。

⚙ 操作实战114——创建环形槽特征

1 以"TOP"基准平面为草绘平面，绘制直径为300的圆形截面，如图7-16（a）所示。单击"确定"按钮退出草绘环境。单击"拉伸"按钮，再单击"向两侧对称拉伸" ⌷，深度设为150，如图7-16（b）所示。

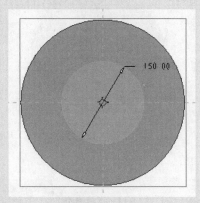

（a）创建圆柱拉伸实体

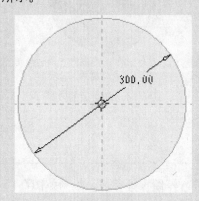

（a）绘制截面

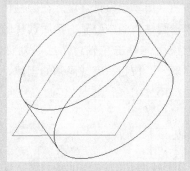

（b）拉伸效果

图7-16 制作拉伸效果

2 以圆柱体的上顶面为草绘平面，创建圆柱拉伸实体，要求两圆同心，直径为150，效果如图7-17（a）所示。

3 进行拉伸的深度为200，效果如图7-17（b）所示。

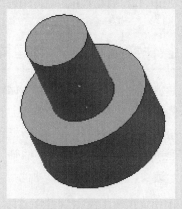

（b）进行拉伸效果

图7-17 创建实体并拉伸

4 单击"构造特征"操控板中的"环形槽"按钮，弹出"菜单管理器"窗口。从中选择"360"、"单侧"和"完成"选项。在"菜单管理器"窗口中选择"新设置"和"平面"选项，如图7-18（a）所示。单击选择"RIGHT"基准平面为草绘平面，在"菜单管理器"窗口中选择"确定"选项。在"菜单管理器"窗口中选择"默认"选项，如图7-18（b）所示。

(a) 选择两个选项　　(b) 选择一个选项

图7-18　选择相应选项

5 进入草绘设计环境，绘制如图7-19（a）所示的边长为10的正方形截面。通过修改截面到圆柱体中心线的距离尺寸和截面到"TOP"基准平面的距离尺寸来确定截面的位置。到圆柱体中心线的尺寸为65，到"TOP"基准平面的尺寸为75，如图7-19（b）所示。执行"删除段"命令删除截面上方的边线，绘制一条与圆柱

体中心轴重合的中心线，单击"确定"按钮退出草绘环境。

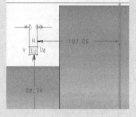 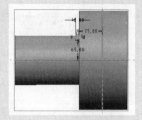

(a) 绘制截面　　　　　(b) 设置参数

图7-19　绘制截面及设置参数

6 环形槽的最终效果如图7-20所示。

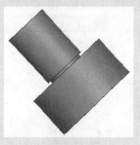

图7-20　最终效果

7.1.3　法兰

 操作实战115——创建法兰特征

1 以"TOP"基准平面为草绘平面绘制直径为100的圆形截面，执行"拉伸"命令，创建深度为300的圆柱体，如图7-21所示。单击"构造特征"操控板上的"法兰"按钮，弹出"菜单管理器"窗口，从中选择"360"、"单侧"和"完成"选项。

图7-21　选择相应选项

2 在"菜单管理器"窗口中选择"新设置"和"平面"选项，如图7-22（a）所示。选择"RIGHT"基准平面作为草绘平面，在"菜单管理器"窗口中选择"确定"选项，如图7-22（b）所示。在"菜单管理器"窗口中选择"默认"选项，如图7-22（c）所示。

3 进入草绘设计环境，绘制如图7-23（a）所示的曲线，修改曲线与圆柱体的距离尺寸，保证曲线的两端开放点与圆柱体相交，如图7-23（b）所示。在设计区添加一条与圆柱休中心线重合的中心线，单击"确定"按钮退出草绘设计环境。

(a) 选择两个选项

(b) 选择一个选项

(c) 选择一个选项

图7-22 选择相应选项

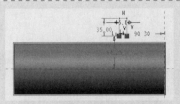

(a) 绘制曲线

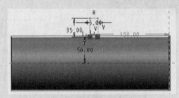

(b) 修改曲线尺寸

图7-23 绘制曲线并修改尺寸

4 法兰的最终效果如图7-24所示。

`图7-24 最终效果

7.2 槽

操作实战116——创建拉伸实体槽特征

1 新建零件文件，创建拉伸特征，如图7-25所示。

图7-25 拉伸特征

2 单击"构造特征"操控板上的"槽"按钮 槽 ，弹出"菜单管理器"窗口，从中选择"拉伸"、"实体"和"完成"选项，如图7-26所示。

图7-26 选择选项

3 弹出"开槽：拉伸"对话框，如图7-27所示。在"菜单管理器"窗口中选择"单侧"和"完成"选项，如图7-28所示。

图7-27 "开槽：拉伸"对话框　图7-28 选择选项

4 在"菜单管理器"窗口中选择"新设置"和"平面"选项，如图7-29所示。

5 在设计区单击选择拉伸特征的上顶面，如图7-30所示。

 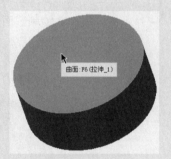

图7-29 选择选项　　　图7-30 选择平面

6 "菜单管理器"窗口展开"方向"选项，选择"确定"选项，如图7-31所示。

7 在"菜单管理器"窗口展开的"草绘视图"选项下选择"默认"选项，如图7-32所示。

图7-31 选择"确定"　图7-32 选择"默认"
　　　 选项　　　　　　　　 选项

8 打开草绘器，绘制如图7-33所示的截面，单击"确定"按钮完成草绘。

9 在"菜单管理器"窗口展开的"指定到"选项下选择"穿过所有"和"完成"选项，如图7-34所示。

图7-33 绘制截面　　　 图7-34 选择选项

10 单击"开槽：拉伸"对话框中的"确定"按钮，如图7-35所示。槽特征的最终效果如图7-36所示。

图7-35 单击"确定"按钮

图7-36 完成创建后的效果

 提示

上面的槽效果通过拉伸特征同样可以实现。但在此运用槽特征更能体现工程思想。模型树中的标签也能直观地反应出这是槽。

操作实战117——创建旋转实体槽特征

1 新建零件文件，创建拉伸特征，如图7-37所示。

2 单击"构造特征"操控板上的"槽"按钮 槽，弹出"菜单管理器"窗口。从中选择"旋转"、"实体"和"完成"选项，如图7-38所示。

图7-37 拉伸特征　　　图7-38 选择选项

3 在"菜单管理器"窗口展开的"属性"选项下选择"单侧"和"完成"选项，如图7-39所示。

4 在"菜单管理器"窗口展开的"设置草绘平面"选项和"设置平面"选项下选择"新设置"和"平面"选项，如图7-40所示。

图7-39 选择相应选项　　图7-40 选择两个选项

5 在设计区单击选择拉伸特征的上顶面，如图7-41所示。

6 在"菜单管理器"展开的"方向"选项下选择"确定"选项，如图7-42所示。

图7-41 选择平面　　　　图7-42 选择选项

7 在"菜单管理器"窗口展开的"草绘视图"选项下选择"默认"选项，如图7-43所示。

8 打开草绘器，进入草绘设计环境。放置一条中心线，并绘制截面，如图7-44所示。单击"确定"按钮完成绘制。

图7-43 选择选项　　　　图7-44 绘制截面

9 在"菜单管理器"窗口展开的"REV TO"选项下选择"360"和"完成"选项，如图7-45所示。

图7-45 选择选项

10 单击"开槽：旋转"对话框中的"确定"按钮，如图7-46所示。

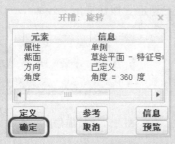

图7-46 单击"确定"按钮

11 槽特征的最终效果如图7-47所示。

图7-47 槽特征

操作实战118——创建扫描实体槽特征

1 新建零件文件，创建拉伸特征，如图7-48所示。

图7-48 拉伸特征

2 单击"构造特征"操控板上的"槽"按钮 ⓢ槽，弹出"菜单管理器"窗口，从中选择"扫描"、"实体"和"完成"选项，如图7-49所示。

3 弹出"开槽：扫描"对话框，在"菜单管理器"窗口中展开"扫描轨迹"选项，从中选择"草绘轨迹"选项，如图7-50所示。

图7-49 选择选项　　图7-50 选择一个选项

4 "菜单管理器"窗口展开"设置草绘平面"选项，从中选择"新设置"和"平面"选项，如图7-51所示。

5 在设计区单击选择拉伸特征的上顶面，如图7-52所示。

图7-51 选择选项　　图7-52 选择平面

6 "菜单管理器"窗口展开"方向"选项，从中选择"确定"选项，如图7-53所示。

图7-53 选择"确定"选项

7 "菜单管理器"窗口展开"草绘视图"选项，从中选择"默认"选项，如图7-54所示。

8 打开草绘器，进入草绘设计环境，绘制如图7-55所示的扫描轨迹。

图7-54 选择
"默认"选项　　　图7-55 扫描轨迹

9 单击"确定"按钮完成草绘。"菜单管理器"窗口展开"属性"选项，从中选择"无内表面"和"完成"选项，如图7-56所示。

图7-56 选择相应选项

10 打开草绘器，进入草绘设计环境，绘制如图7-57所示的扫描截面。单击"确定"按钮完成草绘。

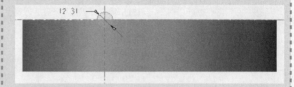

图7-57 扫描截面

11 单击"开槽：扫描"对话框中的"确定"按钮，完成槽特征的创建，如图7-58所示。

图7-58 槽特征

操作实战119——创建混合实体槽特征

1 新建零件文件，创建长为300，宽为100，高为80的拉伸特征，如图7-59所示。

图7-59 拉伸特征

2 单击"构造特征"操控板上的"槽"按钮，弹出"菜单管理器"窗口，选择"混合"、"实体"和"完成"选项，如图7-60所示。

3 "菜单管理器"窗口展开"混合选项"选项，选择"平行"、"规则截面"、"草绘截面"和"完成"选项，如图7-61所示。

图7-60 选择三个选项　　图7-61 选择相应选项

4 弹出"开槽：混合，平行，规则截面"对话框，"菜单管理器"窗口展开"属性"选项。选择"平滑"和"完成"选项，如图7-62所示。

5 "菜单管理器"窗口展开"设置草绘平面"选项，从中选择"新设置"和"平面"选项，如图7-63所示。

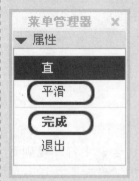

图7-62 选择两个选项　　图7-63 选择相应选项

6 在设计区单击选择如图7-64所示的平面。

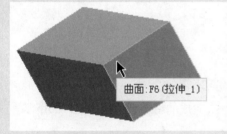

图7-64 选择平面

7 "菜单管理器"窗口展开"方向"选项，从中选择"确定"选项，如图7-65所示。

8 "菜单管理器"窗口展开"草绘视图"选项，从中选择"默认"选项，如图7-66所示。

图7-65 选择"确定"　　图7-66 选择"默认"
　　　　选项　　　　　　　　　选项

9 打开草绘器，进入草绘设计环境，绘制如图7-67所示的截面。

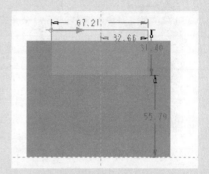

图7-67 绘制截面

10 在绘图区单击鼠标右键，从弹出的快捷菜单中执行"切换截面"命令，如图7-68所示。

图7-68 执行相应命令

11 绘制第二个截面，如图7-69所示。绘制完毕，再次单击鼠标右键，在弹出的快捷菜单中执行"切换截面"命令，绘制第三个截面，如图7-70所示。

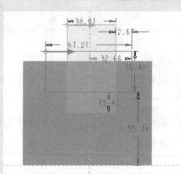

图7-69 绘制第二个截面

189

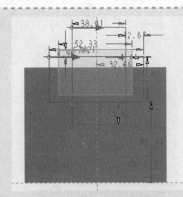

图7-70　绘制第三个截面

12 单击"确定"按钮完成草绘。"菜单管理器"展开"深度"选项,从中选择"盲孔"和"完成"选项,如图7-71所示。

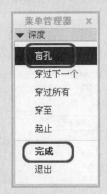

图7-71　选择两个选项

13 在弹出的文本框中输入截面2的深度为100,单击对号按钮即可,如图7-72所示。

图7-72　数值输入

14 在"输入截面3的深度"文本输中输入深度值50,单击对号按钮,如图7-73所示。

图7-73　数值输入

15 单击"开槽:混合,平行,规则截面"对话框中的"确定"按钮,如图7-74所示。

图7-74　单击"确定"按钮

16 完成的槽特征效果如图7-75所示。

图7-75　槽特征效果

7.3　管道

操作实战120——创建管道特征

1 新建零件文件,以"TOP"基准平面为草绘平面,绘制如图7-76(a)所示的截面。单击"构造特征"功能区的"管道"按钮,弹出"菜单管理器"窗口,从中选择"几何"、"空心"、"常数半径"和"完成"选项,如图7-76(b)所示。在弹出的文本框中分别对管道外部直径、壁厚进行赋值,如图7-76(c)所示。

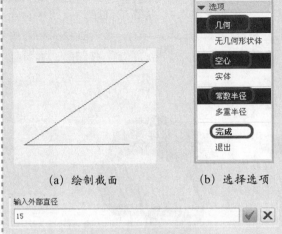

(a) 绘制截面   (b) 选择选项

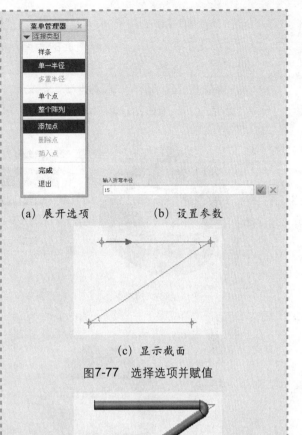

(a) 展开选项   (b) 设置参数

(c) 设置参数

图7-76　绘制截面并赋值

(c) 显示截面

图7-77　选择选项并赋值

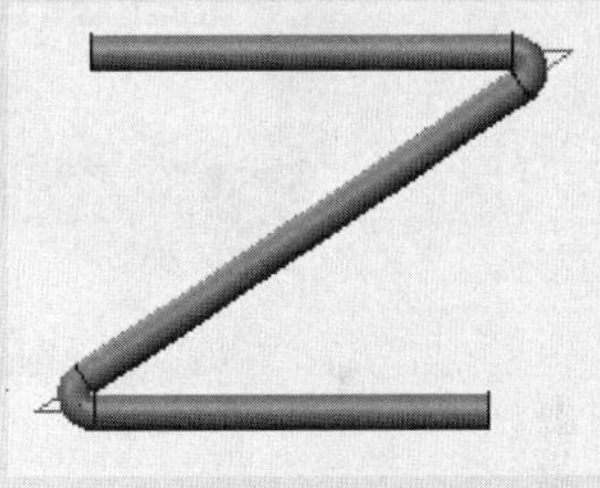

2　完成赋值后，"菜单管理器"窗口展开"连接类型"选项，如图7-77（a）所示。在设计区选择截面上的点，选择第三个点时会弹出"输入折弯半径"文本框，可以对折弯半径进行赋值，如图7-77（b）所示。选择完所需的点后，设计区截面的显示状态如图7-77（c）所示。

3　选择"菜单管理器"窗口中"连接类型"下的"完成"选项，管道特征创建完成，效果如图7-78所示。

图7-78　最终效果

7.4　唇

 操作实战121——创建唇特征

1　新建零件文件，创建直径为120，厚度为10，深度50的拉伸特征，如图7-79（a）所示。单击"构造特征"功能区的"唇"按钮，弹出"选择"对话框和"菜单管理器"窗口中的"边选取"选项。在"菜单管理器"窗口中选择"链"选项，如图7-79（b）所示。在设计区选择拉伸特征的一条边，如图7-79（c）所示。

2　选择"菜单管理器"窗口中"边选取"选项下的"完成"选项，"命令信息提示区"显示"选择要偏移的曲面（与突出显示的边相邻）"，在设计区单击选择与突出显示的边相邻的曲面,如图7-80(a)所示。弹出"输入偏移值"文本框,在其中输入5,单击"确定"按钮 ✓。弹出"输入从边到拔模曲面的距离"文本框,在其中输入5,单击"确定"按钮 ✓。弹 出"菜单管理器"窗口中的"设置平面"选项,在设计区单击选择与上一步所选曲面相对的 另一侧的曲面,弹出"输入拔模角"文本框,在其中输入45,单击"确定"按钮 ✓。唇特征 创建完成,效果如图7-80(b)所示。

(a) 拉伸特征　　　　　(b) 选择"链"选项　　　　　(c) 选择边

图7-79　创建拉伸并选择一条边

(a) 选择曲面　　　　　　　　(b) 设置后的效果

图7-80　选择曲面并设置数值

7.5　耳

操作实战122——创建可变耳特征

1 新建零件文件,创建边长为200的正方体
拉伸特征,如图7-81所示。

2 对正方体抽壳,壳厚度为10,如图7-82
所示。

3 单击"构造特征"操控板上的"耳"按钮
● 耳,弹出"菜单管理器"窗口,从中选择
"可变"和"完成"选项,如图7-83所示。

图7-81　拉伸特征

图7-82　壳特征

图7-83　选择相应选项

4 "菜单管理器"窗口中展开"设置草绘平面"选项，从中选择"新设置"和"平面"选项，如图7-84所示。

图7-84　选择相应选项

5 在设计区单击选择如图7-85所示的面。

图7-85　选择面

6 "菜单管理器"窗口中展开"方向"选项，从中选择"确定"选项，如图7-86所示。

7 "菜单管理器"窗口中展开"草绘视图"选项，从中选择"默认"选项，如图7-87所示。

图7-86　选择"确定"选项　图7-87　选择选项

8 打开草绘器，进入草绘设计环境。将模型中的一条边添加为参考，绘制如图7-88所示的截面。

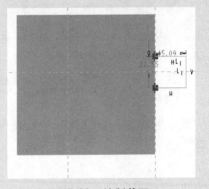

图7-88　绘制截面

9 单击"确定"按钮完成草绘。在弹出的文本输中输入耳的深度为10，单击"确定"按钮 ✓，如图7-89所示。

图7-89　数值输入

10 在弹出的"输入耳的折弯半径"文本框中输入20，单击"确定"按钮 ✓，如图7-90所示。

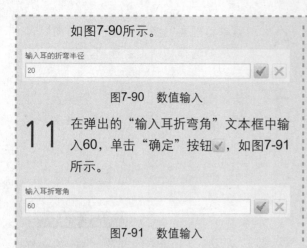

输入耳的折弯半径

20

图7-90　数值输入

11 在弹出的"输入耳折弯角"文本框中输入60，单击"确定"按钮 √，如图7-91所示。

输入耳折弯角

60

图7-91　数值输入

12 完成耳特征的创建，效果如图7-92所示。

图7-92　耳特征效果

 操作实战123——创建90度角耳特征

1 新建零件文件，创建壳特征，如图7-93所示。

图7-93　壳特征

2 单击"构造特征"操控板上的"耳"按钮 ●耳，弹出"菜单管理器"窗口，从中选择"90度角"和"完成"选项，如图7-94所示。

3 "菜单管理器"窗口展开"设置草绘平面"选项，从中选择"新设置"和"平面"选项，如图7-95所示。

4 在设计区单击如图7-96所示的面。

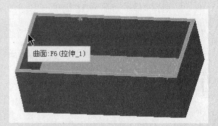

曲面:F6(拉伸_1)

图7-96　选择面

5 "菜单管理器"窗口展开"方向"选项，从中选择"确定"选项，如图7-97所示。

6 "菜单管理器"窗口展开"草绘视图"选项，从中选择"默认"选项，如图7-98所示。

图7-94　选择两个选项

图7-95　选择相应选项

图7-97　选择"确定"选项

图7-98　选择"默认"选项

7 打开草绘器，进入草绘设计环境。将特征的一条边添加为参考，绘制如图7-99所示的截面。

图7-99　绘制截面

8 单击"确定"按钮完成草绘。在弹出的"输入耳的深度"文本框中输入4，单击"确定"按钮，如图7-100所示。

输入耳的深度

4

图7-100　输入耳的深度

9 在弹出的"输入耳的折弯半径"文本框中输入20，单击"确定"按钮，如图7-101所示。

输入耳的折弯半径

20

图7-101　输入耳的折弯半径

10 完成耳特征的创建，效果如图7-102所示。

图7-102　耳特征效果

 提示

在绘制耳特征截面时，截面必须是开放的，而且开放端点应与模型连接处对齐。

7.6　局部推拉

 操作实战124——创建局部推拉特征

1 新建零件文件，创建拉伸特征，如图7-103所示。

图7-103　拉伸特征

2 单击"构造特征"操控板上的"局部推拉"按钮 局部推拉，弹出"菜单管理器"窗口，从中选择"新设置"和"平面"选项，如图7-104所示。

图7-104　选择相应选项

3 在设计区单击选择如图7-105所示的平面。

图7-105　选择平面

4 "菜单管理器"窗口中展开"草绘视图"选项，选择"默认"选项，如图7-106所示。

图7-106　选择"默认"选项

5 打开草绘器，进入草绘设计环境，绘制如图7-107所示的截面，单击"确定"按钮完成草绘。

图7-107　草绘截面

6 再次单击草绘时选择的平面，如图7-108所示。

图7-108　选择平面

7 完成局部推拉特征的创建，效果如图7-109所示。

图7-109　局部推拉特征效果

7.7　半径圆顶

操作实战125——创建凸起半径圆顶特征

1 新建零件文件，创建拉伸特征，如图7-110所示。

2 单击"构造特征"操控板上的"半径圆顶"按钮 半径圆顶 ，在设计区单击如图7-111所示的平面。

3 在设计区中或模型树中，单击选择"RIGHT"基准平面，如图7-112所示。

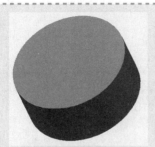

图7-110　拉伸特征

图7-111　选择平面

图7-112　选择基准平面

4 在弹出的"圆盖的半径"文本框中输入150，单击"确定"按钮 ✓ ，如图7-113所示。

图7-113　数值输入

5 完成凸起半径圆顶特征的创建，效果如图7-114所示。

图7-114　凸起半径圆顶特征效果

💡 **提示**

要凸起半径圆顶的曲面必须是平面、圆环面、圆锥面或圆柱面。指定的参考必须与该曲面垂直，参考可以是基准平面、平面曲面或边。

操作实战126——创建凹下去半径圆顶特征

1 新建零件文件，创建拉伸特征，如图7-115所示。

图7-115　拉伸特征

2 单击"构造特征"操控板上的"半径圆顶"按钮 ●半径圆顶，然后在设计区单击如

图7-116所示的平面。

图7-116　选择平面

3 在设计区单击选择"FRONT"基准平面，如图7-117所示。

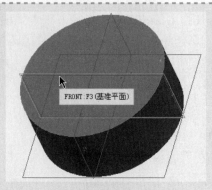

图7-117 基准平面

图7-118 数值输入

4 在弹出的"圆盖的半径"文本框中输入-200,单击"确定"按钮✔,如图7-118所示。

5 创建凹下去半径圆顶特征完成,效果如图7-119所示。

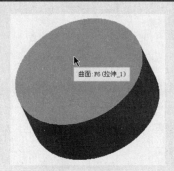

图7-119 最终效果

7.8 剖面圆顶

 操作实战127——创建扫描剖面圆顶特征

1 新建零件文件,创建拉伸特征,如图7-120所示。

2 单击"构造特征"操控板上的"剖面圆顶"按钮⊙剖面圆顶,弹出"菜单管理器"窗口,从中选择"扫描"、"一个轮廓"和"完成"选项,如图7-121所示。

图7-122 选择平面

4 弹出"菜单管理器"窗口,从中选择"平面"选项,如图7-123所示。

图7-120 拉伸特征  图7-121 选择相应选项

3 在设计区单击选择如图7-122所示的曲面作为圆顶的曲面。

图7-123 选择"平面"选项

5 在设计区单击选择"FRONT"基准平面，如图7-124所示。

图7-124　草绘平面

6 "菜单管理器"窗口展开"方向"选项，从中选择"确定"选项，如图7-125所示。

7 "菜单管理器"窗口展开"草绘视图"选项，从中选择"默认"选项，如图7-126所示。

图7-125　选择"确定"　　图7-126　选择"默认"
　　　　选项　　　　　　　　　　选项

8 打开草绘器，进入草绘设计环境。将特征上的边添加为参考，绘制如图7-127所示的截面。

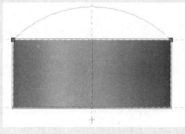

图7-127　草绘截面

9 单击"确定"按钮完成草绘。在弹出的"菜单管理器"窗口中选择"平面"选项，如图7-128所示。

图7-128　选择"平面"选项

10 在设计区单击选择"RIGHT"基准平面，如图7-129所示。

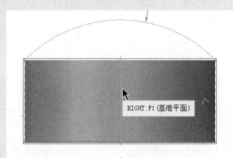

图7-129　草绘平面

11 "菜单管理器"窗口展开"方向"选项，选择"确定"选项，如图7-130所示。

12 "菜单管理器"窗口展开"草绘视图"选项，选择"默认"选项，如图7-131所示。

图7-130　选择"确定"　　图7-131　选择"默认"
　　　　选项　　　　　　　　　　选项

13　打开草绘器,进入草绘设计环境。将特征上的边添加为参考,绘制如图7-132所示的截面。

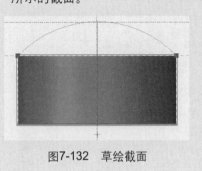

图7-132　草绘截面

14　单击"确定"按钮完成草绘,创建剖面圆顶特征完成,如图7-133所示。

图7-133　剖面圆顶特征

7.9　草绘修饰特征

当需要在零件上标注公司的标徽,产品型号,出厂日期,以及螺钉上的螺纹示意线时,可以通过修饰特征来实现,它可以在零件曲面上清楚地显示出来。下面介绍几种修饰特征的创建方法。

7.9.1　规则截面草绘修饰特征

　操作实战128——创建规则截面草绘修饰特征

规则截面草绘修饰特征在标注产品规格及出厂日期时经常用到,它被直接绘制在零件曲面上。另外,在进行"有限元"分析计算时,也可利用草绘修饰特征定义"有限元"局部负荷区域的边界。

规则截面修饰特征无论是在空间的基准平面上,还是在零件的曲面上,总位于草绘平面上,它表现出的特征永远是一个平面特征。

创建规则截面草绘修饰特征的步骤如下所述。

1　新建零件文件,创建一拉伸实体,如图7-134(a)所示。单击"模型"功能区"工程"工具栏中的"工程" 工程▼ 下拉按钮,在展开的下拉菜单中单击"修饰草绘"按钮 修饰草绘 ,弹出"修饰草绘"对话框,在设计区单击选择拉伸特征的侧面作为草绘平面,草绘方向选项保持默认,如图7-134(b)所示。单击"草绘"按钮 草绘 ,进入草绘设计环境。

2　在草绘设计环境绘制如图7-135(a)所示的截面,单击"确定"按钮✔,退出草绘设计环境。完成草绘修饰特征的创建,效果如图7-135(b)所示。

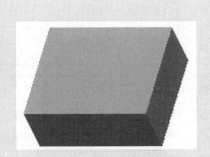

(a) 创建拉伸实体

(b) 设置选项

图7-134　设置草绘环境

(a) 绘制截面

(b) 完成创建

图7-135　创建草绘特征

7.9.2　投影截面草绘修饰特征

操作实战129——创建投影截面草绘修饰特征

1 新建零件文件，以"TOP"基准平面为草绘平面绘制草图截面，执行"旋转"命令创建如图7-136（a）所示的旋转特征。单击"模型"功能区"工程"工具栏中的"修饰草绘"按钮修饰草绘，弹出"修饰草绘"对话框，选择"TOP"基准平面为草绘平面，进入草绘设计环境，绘制如图7-136（b）所示的截面。

2 单击"确定"按钮✔，返回到模型设计操作界面，草绘修饰特征创建完成，但没有在旋转特征曲面上显示出来。在模型树中选择修饰草绘，单击"模型"功能区"编辑"工具栏中的"投影"按钮≈投影，弹出"投影曲线"操控板，在设计区单击旋转特征的曲面，以定位修饰草绘投影到此曲面上。单击"确定"按钮✔，完成修饰草绘的投影，效果如图7-137所示。

(a) 创建旋转特征

(b) 绘制截面

图7-136　创建特征及绘制截面

图7-137　完成投影

7.9.3 修饰槽特征

操作实战130——创建修饰槽特征

修饰槽是一种投影修饰特征，通过制作草绘并将其投影到曲面上即可创建。

1 新建零件文件，创建拉伸特征，如图7-138（a）所示。单击"模型"功能区"工程"工具栏中"工程" 工程▾ 右侧的下拉按钮，展开下拉菜单，单击"修饰槽"按钮 修饰槽，弹出"菜单管理器"窗口中的"特征参考"选项和"选择"对话框。在设计区单击选择拉伸特征的一个侧面，如图7-138（b）所示。在"菜单管理器"窗口中的"特征参考"选项下选择"完成参考"选项，如图7-138（c）所示。

（a）展开选项　　　（b）选择"确定"选项

（c）选择"默认"选项

图7-139　选择相应选项

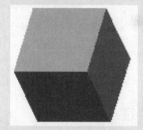

（a）创建拉伸特征

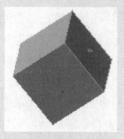

（b）选择侧面　　　（c）选择选项

图7-138　创建并设置拉伸特征

2 "菜单管理器"展开"设置草绘平面"选项，如图7-139（a）所示。在设计区单击选择与上一步修饰曲面相对的侧面。"菜单管理器"展开"方向"选项，从中选择"确定"选项，如图7-139（b）所示。"菜单管理器"展开"草绘视图"选项，从中选择"默认"选项，如图7-139（c）所示。

3 进入草绘设计环境，绘制如图7-140（a）所示的截面，单击"确定"按钮 ✔ 退出草绘设计环境。在草绘平面的投影创建修饰槽制作完成，效果如图7-140（b）所示。

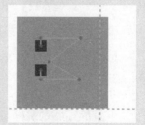

（a）绘制截面　　　（b）创建投影

图7-140　绘制及创建效果

提示

- 修饰槽特征不能跨越曲面边界。
- 修饰槽无需定义深度。
- 对修饰槽特征可以执行"阵列"命令。

7.9.4　修饰螺纹

修饰螺纹表示螺纹直径的修饰特征。修饰螺纹包括内螺纹和外螺纹。与其他修饰特征不同，不可以改变修饰螺纹的线型。

修饰螺纹的创建方法如下所述。

外螺纹可以通过指定螺纹小径、螺纹起始曲面和螺纹长度来创建；内螺纹则需指定螺纹大径来创建，方法与创建外螺纹相同。

操作实战131——创建修饰螺纹

1 新建直径为20，深度为60的圆柱拉伸实体，如图7-141（a）所示。单击"模型"功能区"工程"工具栏的下拉按钮，选择"修饰螺纹"选项，如图7-141（b）所示。

(a) 创建拉伸实体

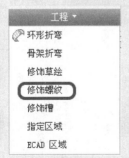

(b) 选择相应选项

图7-141　创建实体并设置选项

2 弹出"螺纹"操控板，单击设计区圆柱体的外圆曲面作为放置参考，此时单击"放置"选项卡，可以看到已经设置所选曲面为螺纹曲面，如图7-142（a）所示。在设计区单击选择圆柱体的一个端面作为螺纹起始面，此时单击"深度"选项卡展开下拉面板，可以看到已经设置所选端面为螺纹起始面，在此面板的"深度选项"后面更改螺纹长度为30，如图7-142（b）所示。

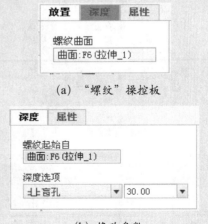

(a) "螺纹"操控板

(b) 修改参数

图7-142　在操控板设置参数

3 在"螺纹"操控板中，修改螺纹直径为19，螺纹节距为1，单击"确定"按钮完成修饰螺纹的创建，如图7-143（a）所示。调整模型显示模式为"隐藏线"，效果如图7-143（b）所示。

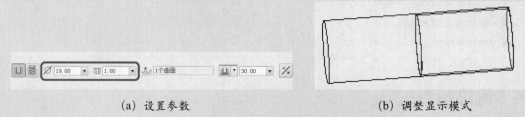

（a）设置参数　　　　　　　　　　　（b）调整显示模式

图7-143　创建螺纹

 提示

在"螺纹"操控板的"属性"下拉面板中，可以把设置好的螺纹注释参数保存起来，以便下次直接调用。

7.10　上机练习

下面介绍创建齿轮模型的方法。

1 本例在复习前面所学知识的同时，重点介绍了槽特征的运用方法，齿轮效果如图7-144所示。

图7-144　齿轮

2 新建零件文件，单击选择模型树中的"TOP"基准平面，然后单击"模型"功能区的"草绘"按钮。打开草绘器，进入草绘设计环境。

3 在绘图区放置一条竖直中心线，绘制如图7-145所示的截面，单击"确定"按钮完成草绘。

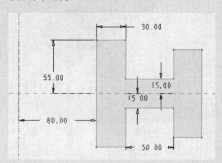

图7-145　草绘截面

4 单击"模型"功能区的"旋转"按钮，以所绘截面创建旋转特征，效果如图7-146所示。

5 单击"模型"功能区的"孔"按钮，弹出"孔"操控板，选择如图7-147所示的面为放置参考。

图7-146 旋转特征

图7-147 放置平面

6 设置孔的放置类型为径向，偏移参考选择旋转特征的A_2轴和"TOP"基准平面，半径值为128，角度为45，如图7-148所示。

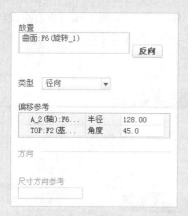

图7-148 "放置"下拉面板

7 设置孔的直径为30，深度为30，单击"确定"按钮完成孔的放置，如图7-149所示。

图7-149 孔特征

8 对创建的孔进行阵列，阵列类型为轴，阵列参考选择旋转特征的A_2轴，成员数量为6，成员间角度为60，单击"确定"按钮完成孔阵列，如图7-150所示。

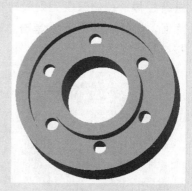

图7-150 孔阵列

9 在设计区单击选择如图7-151所示的面，然后单击"模型"功能区的"草绘"按钮。

图7-151 草绘平面

10 打开草绘器，进入草绘设计环境。在特征上选择边添加为参考，放置一条水平中心线，绘制如图7-152所示的截面。

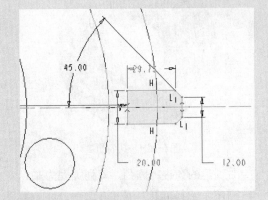

图7-152　绘制截面

11 单击"确定"按钮完成草绘，对截面进行拉伸。拉伸深度为到旋转特征的底面，如图7-153所示。单击"确定"按钮完成拉伸。

图7-153　拉伸特征

12 对图7-154所示选择的边进行倒圆角，半径值为5，单击"确定"按钮完成倒圆角。

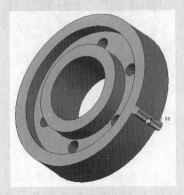

图7-154　倒圆角

13 按住Ctrl键，在模型树中选择创建的拉伸特征和倒圆角特征。然后单击鼠标右键，在弹出的快捷菜单中执行"组"命令，将两特征合并为组。

14 对合并的组执行"阵列"命令，阵列类型为轴，阵列参考选择旋转特征的A_2轴，成员数量为35，成员间角度为360/35，单击"确定"按钮完成阵列，效果如图7-155所示。

图7-155　阵列特征

15 单击"构造特征"选项卡上的"槽"按钮，弹出"菜单管理器"，从中选择"拉伸"、"实体"和"完成"选项，如图7-156所示。

16 弹出"开槽：拉伸"对话框，"菜单管理器"窗口展开"属性"选项，从中选择"单侧"和"完成"选项，如图7-157所示。

图7-156　选择三个选项　　图7-157　选择两个选项

17 "菜单管理器"窗口展开"设置草绘平面"选项,从中选择"新设置"和"平面"选项,如图7-158所示。

图7-158　选择相应选项

18 在设计区单击选择如图7-159所示的面。

图7-159　选择平面

19 在"菜单管理器"窗口中选择"确定"选项,如图7-160所示。

20 在"菜单管理器"窗口中选择"默认"选项,如图7-161所示。

图7-160　选择"确定"选项　　图7-161　选择"默认"选项

21 弹出"参考"对话框,在设计区选择正确的参考,然后在"参考"对话框中单击"求解"按钮 求解(S) ,如图7-162所示。最后单击"关闭"按钮 关闭(C) 关闭对话框。

图7-162　添加参考

22 在绘图区放置一条水平中心线,绘制如图7-163所示的截面,单击"确定"按钮完成草绘。

23 "菜单管理器"窗口展开"指定到"选项,从中选择"穿过所有"和"完成"选项,如图7-164所示。

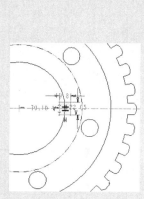

图7-163　绘制截面　　图7-164　选项两个选项

24 单击"开槽:拉伸"对话框中的"确定"按钮,完成槽特征的创建,效果如图7-165所示。

25 选择如图7-166所示的两条边进行边倒角,边倒角类型为D×D,D值为3。单击"确定"按钮完成倒角。

26 为另一侧相对应的两条边进行边倒角，完成最终设计，效果如图7-167所示。

图7-165 拉伸槽　　　　　　图7-166 选择边　　　　　　图7-167 齿轮

7.11 本章小结

　　对于复杂的零件，使用构造特征可以很快地创建出来，以便节省设计时间。本章内容的难度相对较大，应在练习实例的基础上去理解掌握。对于一些在操作面板上没有的命令，需要设置配置文件来调取。

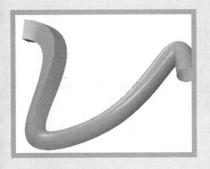

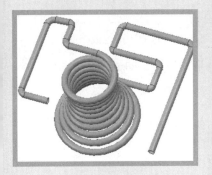

第8章

曲面设计

在设计中往往会遇到表面不规则以及形状复杂的零件，针对这些情况，Creo提供了曲面设计模块。使用曲面设计工具可以达到工程设计要求，并简化操作流程。

本章将对曲面设计进行介绍，主要分为曲面特征创建和曲面编辑。

8.1　曲面设计概述

　　曲面与实体薄壁特征不同，曲面是没有厚度的几何特征。薄壁特征属于实体，拥有厚度值，只不过厚度值很小。要注意曲面与薄壁特征的区分方法。

曲面创建工具介绍如下。

　　曲面创建命令主要分布在"模型"功能区的"形状"工具栏（如图8-1所示）和"曲面"工具栏（如图8-2所示）。

　　单击"形状"工具栏中的某个命令按钮，在弹出的操控板上单击"曲面类型"按钮，即可使用该命令创建曲面，创建方法与创建实体的方法基本相同。图8-3示例为通过拉伸命令创建曲面。

图8-1　"形状"工具栏　　　　图8-2　"曲面"工具栏　　　　图8-3　"拉伸"操控板

　　"曲面"工具栏主要包括各种高级曲面的创建方法及专业曲面造型模块，如边界混合曲面、填充曲面、交互式曲面（ISDX）和细分曲面算法的自由曲面等。

　　用曲面创建形状复杂的零件的主要步骤如下所述。

- 创建数个单独的曲面。
- 对曲面进行编辑操作。
- 将各个单独的曲面合并为一个整体的面组。
- 将曲面（面组）转化为实体零件。

　　在Creo 2.0中，通常将一个曲面或几个曲面的组合称为面组。

8.2　一般曲面设计

　　在Creo 2.0中，一般曲面设计与对应的实体特征设计相似，创建特征的方法也几乎相同，即使用相似的方法不仅可以创建实体特征，也可以创建曲面特征。这一类的曲面特征包括拉伸曲面、旋转曲面、扫描曲面、混合曲面等。本节将对这几种曲面的创建方法进行介绍。

8.2.1 拉伸曲面

 操作实战132——创建拉伸曲面

1 以"TOP"基准平面为草绘平面,绘制如图8-4所示的截面。

图8-4 草绘截面

2 对截面进行拉伸,在"拉伸"操控板上单击"拉伸为曲面"按钮，设计区生成拉伸曲面特征,如图8-5所示。

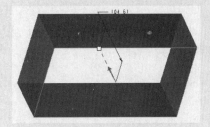

图8-5 拉伸曲面

 操作实战133——创建封闭拉伸曲面

当草绘截面封闭时,可以创建封闭拉伸曲面,步骤如下所述。

1 新建封闭的草绘截面,如图8-6所示。

图8-6 草绘截面

图8-7 "封闭端"复选框

2 对截面进行拉伸,单击"拉伸"操控板上的"拉伸为曲面"按钮，然后单击操控板上的"选项"按钮,在展开的下拉面板中选中"封闭端"前的复选框,如图8-7所示。

3 单击"确定"按钮完成封闭拉伸曲面的创建,如图8-8所示。

图8-8 封闭拉伸曲面

 提示

封闭拉伸曲面与拉伸实体特征外观相似,可以根据曲面特征与实体特征的颜色来辨别。

8.2.2　旋转曲面

执行"旋转"命令创建旋转曲面的方法与创建旋转实体的相类似，步骤如下所述。

操作实战134——创建旋转曲面

1 绘制包含一条中心线的截面，如图8-9所示。

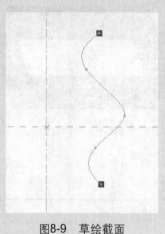

图8-9　草绘截面

2 对所绘截面执行"旋转"命令，并单击"旋转"操控板上的"作为曲面旋转"按钮，单击"确定"按钮完成旋转曲面特征的创建，如图8-10所示。

图8-10　旋转曲面

8.2.3　扫描曲面

扫描曲面的创建方法与扫描实体类似，创建方法如下所述。

操作实战135——创建扫描曲面

1 绘制线条作为扫描轨迹，如图8-11所示。

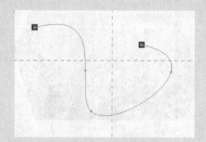

图8-11　扫描轨迹

2 单击"模型"功能区的"扫描"按钮，绘制扫描截面，如图8-12所示。

3 单击"草绘"功能区的"确定"按钮，弹出"实体曲面切换选项"对话框，单击

"确定"按钮，如图8-13所示。

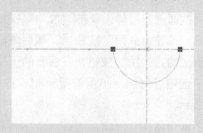

图8-12　扫描截面

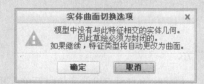

图8-13　"实体曲面切换选项"对话框

4 返回扫描操作界面，单击操控板上的
"确定"按钮完成扫描曲面的创建，如
图8-14所示。

图8-14　扫描曲面

操作实战136——创建可变剖面扫描曲面

1 新建零件文件，以"TOP"基准平面为草
绘平面，绘制如图8-15所示的曲线。

2 放置一条竖直中心线，以在镜像时使用。
对所绘制的曲线进行镜像，得到另一侧的
曲线，如图8-16所示。

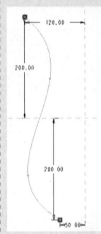

图8-15　绘制曲线

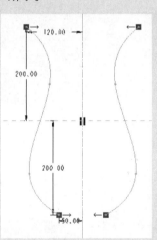

图8-16　镜像曲线

3 单击"确定"按钮完成草绘。以
"RIGHT"基准平面为草绘平面进行草
绘，绘制如图8-17所示的曲线。单击"确
定"按钮完成草绘。

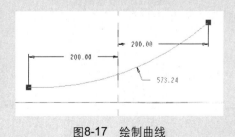

图8-17　绘制曲线

4 单击"模型"功能区"形状"工具栏中的
"扫描"按钮，进入扫描操作界面。

5 按住Ctrl键在设计区选择三条曲线，如
图8-18所示。

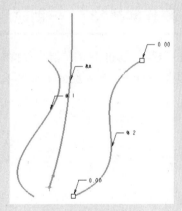

图8-18　选择曲线

6 单击操控板上的"创建或编辑扫描截
面"按钮，进入草绘设计环境，绘制
如图8-19所示的截面。

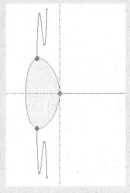

图8-19　扫描截面

7　单击"确定"按钮完成草绘。单击操控板上的"扫描为曲面"按钮🖰，以确定生成曲面。

8　单击操控板上的"确定"按钮✔完成可变剖面扫描曲面的创建，如图8-20所示。

图8-20　扫描曲面

8.2.4　混合曲面

创建混合曲面的方法与创建混合实体的相似，具体操作步骤如下所述。

操作实战137——创建混合曲面

1　单击"模型"功能区的"混合"按钮，弹出"混合"操控板，绘制截面1，如图8-21所示。

图8-21　截面1

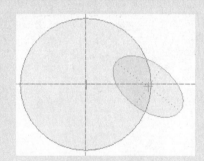

图8-22　截面2

2　设置截面2的草绘平面，偏移自截面1，偏移尺寸为150。在新草绘平面绘制截面2，如图8-22所示。

3　在"混合"操控板上单击"混合为曲面"按钮🖰，单击"确定"按钮完成混合曲面的创建，如图8-23所示。

图8-23　混合曲面

8.2.5　扫描混合曲面

操作实战138——创建扫描混合曲面

1　新建零件文件，绘制如图8-24所示的曲线作为扫描轨迹。

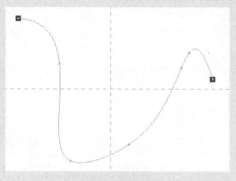

图8-24　草绘曲线

2 单击"确定"按钮完成草绘。单击"模型"功能区"形状"工具栏中的"扫描混合"按钮，进入扫描混合操作界面，选择绘制的曲线作为扫描轨迹，如图8-25所示。

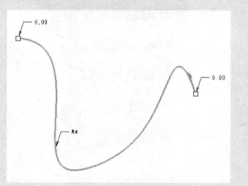

图8-25　扫描轨迹

3 单击操控板上的"截面"按钮，展开"截面"下拉面板，单击下拉面板上的"草绘"按钮，绘制截面1，如图8-26所示。

图8-26　绘制截面1

4 通过"截面"下拉面板，绘制截面2，如图8-27所示。单击"确定"按钮完成草绘。

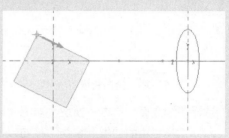

图8-27　绘制截面2

5 单击操控板上的"创建曲面"按钮，以确定生成曲面。

6 单击操控板上的"确定"按钮完成扫描混合曲面的创建，如图8-28所示。

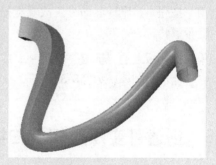

图8-28　扫描混合曲面

8.2.6　螺旋扫描曲面

螺旋扫描曲面按照螺距值是否可变分为恒定螺距螺旋扫描曲面与可变螺距螺旋扫描曲面。下面针对这两种类型分别进行介绍。

8.2.7　创建恒定螺距螺旋扫描曲面

 操作实战139——创建恒定螺距螺旋扫描曲面

1 新建零件文件，以"TOP"基准平面为草绘平面进行草绘，放置一条竖直中心线，并绘制一段弧，如图8-29所示。单击"确定"按钮完成草绘。

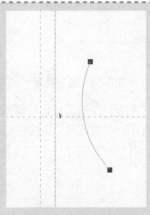

图8-29　绘制扫描轨迹

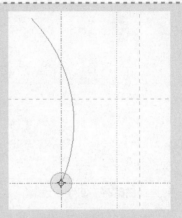

图8-30　绘制扫描截面

2 选择草绘截面，单击"模型"功能区"形状"工具栏中的"螺旋扫描"按钮，进入螺旋扫描界面，单击操控板上的"创建或编辑扫描截面"按钮☑，打开草绘器，绘制扫描截面，如图8-30所示。

3 单击"确定"按钮完成草绘，返回螺旋扫描操作界面。单击操控板上的"扫描为曲面"按钮◻，设计区即可生成螺旋扫描曲面预览特征。

4 单击操控板上的"确定"按钮✓完成螺旋扫描曲面的创建，如图8-31所示。

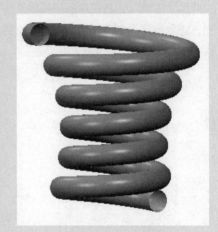

图8-31　螺旋扫描特征

8.2.8　创建可变螺距螺旋扫描曲面

操作实战140——可变螺距螺旋扫描曲面

1 新建零件文件，以"TOP"基准平面为草绘平面，绘制一段弧，并放置竖直中心线，如图8-32所示。单击"确定"按钮完成草绘。

2 选择草绘截面，单击"模型"功能区"形状"工具栏中的"螺旋扫描"按钮，进入螺旋扫描界面，单击操控板上的"创建或编辑扫描截面"按钮☑，打开草绘器，绘制扫描截面，如图8-33所示。

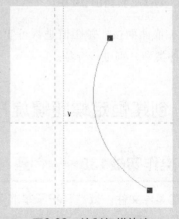

图8-32　绘制扫描轨迹

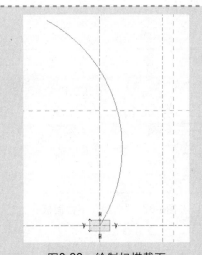

图8-33　绘制扫描截面

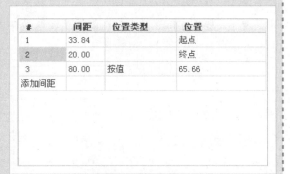

书	间距	位置类型	位置
1	33.84		起点
2	20.00		终点
3	80.00	按值	65.66
添加间距			

图8-34　添加间距

3　单击"确定"按钮完成草绘，返回螺旋扫描操作界面。单击操控板上的"扫描为曲面"按钮 🗋，将生成特征改变曲面。单击操控板上的"间距"按钮，展开"间距"下拉面板，添加间距，如图8-34所示。

4　单击操控板上的"确定"按钮 ✔ 完成可变螺距螺旋扫描曲面的创建，如图8-35所示。

图8-35　螺旋扫描曲面

8.2.9　创建边界混合曲面

边界混合曲面是由若干参考图元（它们在一个或两个方向上定义曲面）所确定的混合曲面。在每个方向上选定的第一个和最后一个图元定义曲面的边界。如果添加更多的参考图元（如控制点和边界），则能更精确、更完整地定义曲面形状。

选取参考图元的规则如下所述。

- 曲线、模型边、基准点、曲线或边的端点可作为参考图元使用。
- 在每个方向上，都必须按连续的顺序选择参考图元。
- 对于在两个方向上定义的混合曲面来说，其外部边界必须形成一个封闭的环，这意味着外部边界必须相交。

8.2.10　边界混合曲面操作面板

单击"模型"功能区"曲面"工具栏中的"边界混合"按钮 🗊，弹出"边界混合"操控板，如图8-36所示。

在操控板上单击"曲线"按钮 曲线，展开"曲线"下拉面板，如图8-37所示。

"曲线"下拉面板中部分选项的说明如下所述。

- "第一方向"文本框：激活可选取第一方向参考曲线。
- "第二方向"文本框：激活可选取第二方向参考曲线。

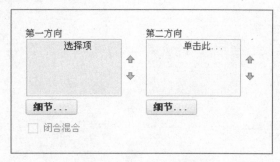

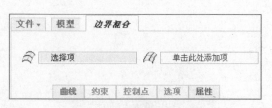

图8-36 "边界混合"操控板　　　　　　　　　　图8-37 "曲线"下拉面板

曲线选取的顺序将决定曲面生成的顺序。

"闭合混合"复选框：选中后可生成封闭曲面。即将选择的第一条边链和最后一条边链连接，在两边链之间生成曲面，所生成的曲面是首尾连接闭合的。

在操控板上单击"约束"按钮 约束 ，展开"约束"下拉面板，如图8-38所示。

通过"约束"下拉面板可以设置边界控制条件，如果选择某一边界为"垂直"、"切线"或"曲率"，则还要在下面设置边界参考特征。

在"约束"下拉面板上还可以控制是否显示拖动控制滑块，以控制边界拉伸系数，如不采用拖动的方式也可以直接在下面输入拉伸系数值，启用侧曲线影响。

在单向混合曲面中，对于指定为"相切"或"曲率"的边界条件，Creo使混合曲面的侧边相切于参考的侧边；选中"添加内部边相切"复选框可以为混合曲面的一个或两个方向设置

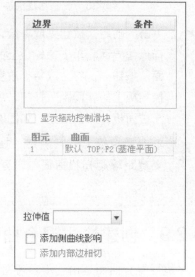

图8-38 "约束"下拉面板

相切内部边条件，此条件只适用于具有多段边界的曲面。可创建带有曲面片（通过内部边并与之相切）的混合曲面。某些情况下，如果几何复杂，内部边的二面角可能会有偏差。

在操控板上单击"控制点"按钮 控制点 ，展开"控制点"下拉面板，如图8-39所示。

在"控制点"下拉面板上可以通过在输入曲线上映射位置来添加控制点并形成曲面。使用"集"文本框中的"新建集"添加控制点的新集。

控制点列表包含以下几个预定义的控制选项。

- 自然：使用一般混合类型混合，并使用相同类型来重置输入曲线的参数，可获得最逼近的曲面。
- 弧长：对原始曲线进行的最小调整。使用一般混合类型来混合曲线，被分成相等的曲线段并逐段混合的曲线除外。
- 点至点：逐点混合。第一条曲线中的点1连接到第二条曲线中的点1，依此类推。
- 段至段：段对段的混合。曲线链或复合曲线被连接。

● 可延展：如果选取了一个方向上的两条相切曲线，则可进行切换，以确定是否需要可延展选项。

在操控板上单击"选项"按钮 选项 ，展开"选项"下拉面板，如图8-40所示。

图8-39 "控制点"下拉面板

图8-40 "选项"下拉面板

可以通过"选项"下拉面板选取曲线链来影响设计区混合曲面的形状或逼近方向。

● 平滑度：控制曲面的粗糙度、不规则性或投影。

● 在方向上的曲面片（第一方向和第二方向）：控制用于形成结果曲面的沿u和v方向的曲面片数。

8.2.11 边界混合曲面的创建

可以通过多种方法来创建边界混合曲面。下面对基本的创建方法进行介绍。

操作实战141——单方向创建边界混合曲面

1 新建零件文件，以"TOP"基准平面为草绘平面，绘制如图8-41所示的截面。

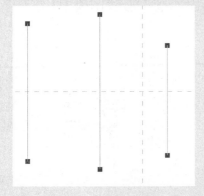

图8-41 绘制三条线

2 单击"模型"功能区"曲面"工具栏中的"边界混合"按钮，弹出"边界混

合"操控板，按住Ctrl键的同时在设计区依次单击选择草绘截面中的三条线，如图8-42所示。

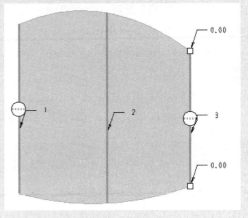

图8-42 选择线

3 单击操控板上的"确定"按钮 ✓ 完成边界混合曲面，如图8-43所示。

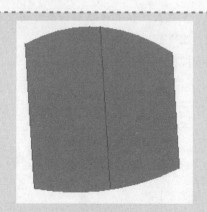

图8-43　边界混合曲面

操作实战142——双方向创建边界混合曲面

1 新建零件文件，以"TOP"基准平面为草绘平面，绘制如图8-44所示的截面。

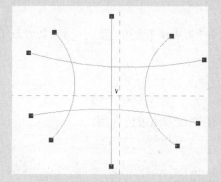

图8-44　绘制草图

2 单击"模型"功能区"曲面"工具栏中的"边界混合"按钮 ，弹出"边界混合"操控板。单击操控板上的"曲线"按钮 曲线 ，展开"曲线"下拉面板，在"第一方向"文本框内单击，然后按住Ctrl键在设计区单击选择如图8-45所示的线。

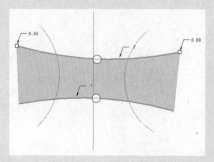

图8-45　选取第一方向链

3 单击"曲线"下拉面板"第二方向"文本框中的 单击此... 字样，如图8-46所示。

图8-46　激活收集器

4 按住Ctrl键在设计区单击选择如图8-47所示的第二方向的链。

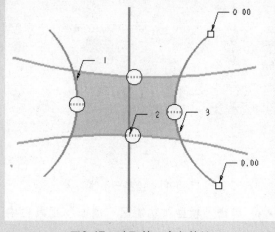

图8-47　选取第二方向的链

5　单击操控板上的"确定"按钮 ✓ 完成边界混合曲面的创建，如图8-48所示。

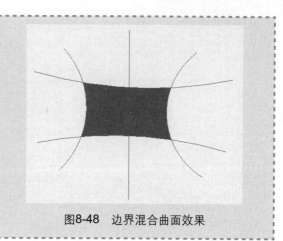

图8-48　边界混合曲面效果

8.3　曲面编辑

在平时的零件设计中，采用曲面设计比直接设计实体灵活，不仅是因为Creo提供了多种曲面造型方法，还在于其丰富的曲面编辑功能。除了可以利用一般的特征操作工具对曲面特征进行编辑、编辑定义、编辑参照、阵列等操作外，它还提供了功能强大的曲面复制、移动、修剪、合并、延伸、偏移等工具，使用户可以快速地设计出复杂的造型。

本节将介绍常用的曲面编辑方法和将设计好的曲面转化为实体的方法。

8.3.1　曲面复制和移动

曲面的复制、移动和实体特征的复制、移动操作非常相似。方法是先选中曲面，然后单击"模型"功能区的"复制"按钮 🖺，将其复制到剪贴板，然后单击"模型"功能区的"粘贴"按钮 🖺，打开相应的操控板，进行放置等操作即可。

8.3.2　填充曲面

填充曲面是对截面进行填充形成的平面，平面是曲面的一种特殊形式。

⚙️ 操作实战143——创建填充曲面

填充曲面的步骤如下所述。

1　新建零件文件，绘制如图8-49所示的截面。

2　选择绘制的草图，单击"模型"功能区"曲面"工具栏中的"填充"按钮 ▫，完成草绘截面的填充，生成填充曲面，如图8-50所示。

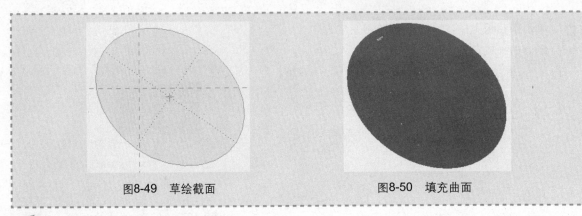

图8-49 草绘截面   图8-50 填充曲面

提示

要填充的截面草图必须是封闭的。

8.3.3 曲面合并

曲面合并是将两个相连或相交的面组进行合并，生成新的面组。所生成的面组是一个单独的特征，将其删除后不会影响原始面组的存在。

操作实战144——创建合并曲面

1 新建零件文件，先创建一个曲面，如图8-51所示。

2 再创建一个与其相交的曲面，如图8-52所示。

图8-53 "合并"操控板

4 在设计区单击箭头更改要保留的部分或保持默认，也可以通过单击操控板上的"更改保留"按钮 ⅔ 来选择。

5 单击"合并"操控板上的"确定"按钮 ✓ 完成合并曲面，如图8-54所示。

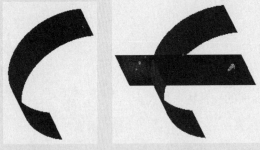

图8-51 曲面   图8-52 相交的曲面

3 按住Ctrl键的同时在设计区选择这两个曲面，单击"模型"功能区"编辑"工具栏的"合并"按钮 合并，弹出"合并"操控板，如图8-53所示。

图8-54 合并曲面

8.3.4 曲面修剪

修剪的方法有多种，例如可以使用拉伸曲面修剪曲面，使用曲线、平面或曲面修剪曲面。下面分别进行介绍。

操作实战145——用拉伸曲面修剪曲面

1 新建零件文件，以"TOP"基准平面为草绘平面绘制截面，以绘制截面创建填充曲面，如图8-55所示。

图8-55 填充曲面

2 以"TOP"基准平面为草绘平面绘制截面，如图8-56所示。单击"确定"按钮完成草绘。

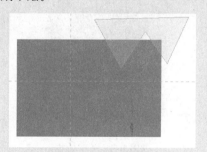

图8-56 草绘截面

3 对所绘截面进行拉伸，单击"拉伸"操控板上的"拉伸为曲面"按钮，将截面拉伸为曲面。拉伸方式为对称拉伸，并单击"移除材料"按钮，在设计区单击要移除材料的曲面，该曲面便显示在操控板上的"面组"收集器中，如图8-57所示。

图8-57 选择的曲面

4 单击操控板上的"确定"按钮完成修剪，如图8-58所示。

图8-58 修剪曲面

操作实战146——用曲线修剪曲面

1 新建零件文件，创建拉伸曲面，如图8-59所示。

2 单击"模型"功能区"基准"工具栏中的"点"按钮，在拉伸曲面的边上放置基准点，如图8-60所示。

3 在拉伸曲面的另外一条边上放置第二个基准点，如图8-61所示。

图8-59 拉伸曲面

图8-60　放置点

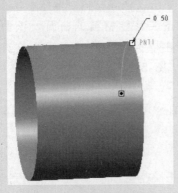

图8-61　放置第二个基准点

4 单击"模型"功能区"基准"工具栏中的"通过点的曲线"按钮 ～ 通过点的曲线，放置一条过两点的线，如图8-62所示。

5 选择拉伸曲面，单击"模型"功能区"编辑"工具栏中的"修剪"按钮 ⬚修剪，进入曲面修剪操作界面。

6 在设计区单击选择曲线，如图8-63所示。

图8-62　通过点的曲线

图8-63　选择修剪对象

7 单击操控板上的"确定"按钮 ✔ 完成曲面的修剪，如图8-64所示。

图8-64　修剪效果

操作实战147——用平面修剪曲面

1 新建零件文件，创建拉伸曲面，如图8-65所示。

2 选择创建的拉伸曲面，单击"模型"功能区"编辑"工具栏中的"修剪"按钮 ⬚修剪，弹出"曲面修剪"操控板，如图8-66所示。

3 在设计区单击选择"RIGHT"基准平面，如图8-67所示。

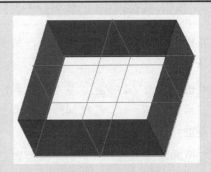

图8-65　拉伸曲面

图8-66 "曲面修剪"操控板

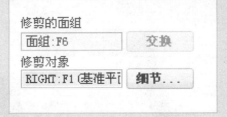

图8-68 已选择的修剪对象

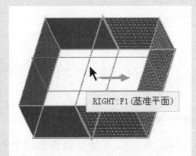

图8-67 选择基准平面

4 被选择的"RIGHT"基准平面作为修剪对象显示在"参考"下拉面板中,如图8-68所示。

5 单击操控板上的"确定"按钮 ✓ 完成修剪,如图8-69所示。

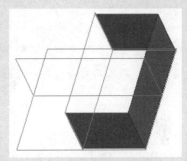

图8-69 平面修剪曲面

 操作实战148——用曲面修剪曲面

1 新建零件文件,创建第一个拉伸曲面,如图8-70所示。

3 选择创建的第一个曲面,单击"模型"功能区"编辑"工具栏中的"修剪"按钮 修剪 ,打开"曲面修剪"操控板。

4 在设计区选择弧形曲面作为修剪对象,如图8-72所示。

图8-70 拉伸曲面

2 创建与其相交的曲面,如图8-71所示。

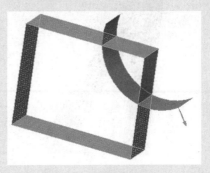

图8-72 选择修剪对象

5 单击操控板上的"确定"按钮 ✓ 完成修剪,如图8-73所示。

6 用曲面修剪曲面时,"曲面修剪"操控板上的"选项"下拉面板如图8-74所示。

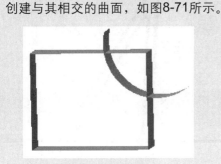

图8-71 相交曲面

图8-73 修剪曲面

图8-74 "选项"下拉面板

其中部分选项的作用如下所述。

- 保留修剪曲面:用于确定在修剪后是否保留用作修剪工具的曲面。
- 薄修剪:将工具曲面偏移一段距离,修剪曲面时只剪掉工具曲面与偏移曲面之间的部分。

8.3.5 偏移曲面

曲面偏移是将一个现有曲面(可以是曲面特征中或实体上的曲面)偏移一定距离,而产生一个新曲面。

操作实战149——创建偏移曲面

1 新建零件文件,创建拉伸面组,如图8-75所示。

图8-76 "偏移"操控板

3 单击操控板上的"确定" ✓ 按钮完成偏移,如图8-77所示。

图8-75 面组

2 选择创建的拉伸面组,单击"模型"功能区"编辑"工具栏中的"偏移"按钮 偏移,弹出"偏移"操控板,在操控板上输入偏移值20,如图8-76所示。

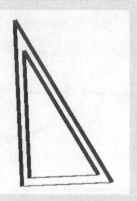

图8-77 偏移曲面

"偏移"操控板上部分选项的作用如下所述。

● "标准偏移特征"选项 ⬛：偏移一个面组、曲面或实体面。

● "具有拔模特征"选项 ⬛：用于创建局部拔模特征。

● "展开特征"选项 ⬛：用于在封闭的曲面之间创建一个连续的体积块。

● "替换曲面特征"选项 ⬛：用于将实体表面用一个曲面来替换。

通过操控板上的"选项"下拉面板可以改变偏移控制方式，各种方式的说明如下所述。

● "垂直于曲面"按钮 ⬛垂直于曲面 ⬛：此为默认选项，偏距方向将垂直于原始曲面。

● "自动拟合"按钮 ⬛自动拟合 ⬛：系统自动将原始曲面进行缩放，并在需要时平移它们，不需要其他的用户输入。

● "控制拟合"按钮 ⬛控制拟合 ⬛：在指定坐标系下将原始曲面进行缩放并沿指定轴移动，以创建"最佳拟合"偏距。要定义该元素，先选择一个坐标系，并通过选中"X轴"、"Y轴"和"Z轴"选项前的复选框，选择缩放的允许方向。

8.3.6 曲面延伸

曲面的延伸就是将曲面延长某一距离或延伸到某一平面，延伸出来的曲面与原始曲面类型可以相同，也可以不同。

☼ 操作实战150——延伸曲面

1 新建零件文件，创建拉伸曲面，如图8-78所示。

图8-78　拉伸曲面

2 在设计区单击选择曲面上的边线，如图8-79所示。

图8-79　选择边

3 单击"模型"功能区"编辑"工具栏中的"延伸"按钮 ⬛延伸，弹出"延伸"操控板，在操控板上输入延伸值200，如图8-80所示。

图8-80　数值输入

4 在设计区会显示相对应的延伸演示，如图8-81所示。

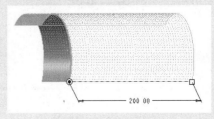

图8-81　将要延伸距离

5 单击操控板上的"确定"按钮 ✓ 完成曲面延伸，如图8-82所示。

图8-82 延伸曲面

在"延伸"操控板上可以更改延伸类型，各种类型的说明如下所述。

● "沿原始曲面延伸曲面"按钮 🖳：沿原始曲面延伸曲面。该类型包括三种方法，可通过"选项"下拉面板来选择，如图8-83所示，各种方法如下所述。

◆ 相同：创建与原始曲面相同类型的延伸曲面，按指定距离并经过选定的原始边界延伸原始曲面。

◆ 相切：创建与原始曲面相切的延伸曲面。

◆ 逼近：延伸曲面与原始曲面形状逼近。

● "将曲面延伸到参考平面"按钮 🖳：将曲面边延伸到一个指定的终止平面。

图8-83 延伸方法

8.3.7 加厚曲面

加厚是指将选择的曲面（或面组）转化为薄壁实体特征。

操作实战151——加厚曲面

1 新建零件文件，创建拉伸曲面，如图8-84所示。

图8-84 拉伸曲面

2 选择创建的拉伸曲面，单击"模型"功能区"编辑"工具栏中的"加厚"按钮 🖳 加厚，弹出"加厚"操控板，在操控板上输入偏移值20，如图8-85所示。

图8-85 "加厚"操控板

3 单击操控板上的"确定"按钮 ✓ 完成曲面加厚，如图8-86所示。

图8-86 实体特征

1 新建零件文件，创建实体特征，如图8-87所示。

图8-87 实体特征

图8-88 曲面穿过

2 创建穿过实体的曲面，如图8-88所示。

3 选择创建的曲面，单击"模型"功能区"编辑"工具栏中的"加厚"按钮 □加厚，单击操控板上的"移除材料"按钮 △，并修改偏移值为30。

4 单击操控板上的"确定"按钮 ✓ 完成加厚移除材料，如图8-89所示。

图8-89 加厚移除材料

8.3.8 曲面实体化

执行"实体化"命令可以将封闭的整体面组转换为实体。

1 新建零件文件，创建如图8-90所示的封闭面组。

图8-90 创建面组

2 选择创建的面组，单击"模型"功能区"编辑"工具栏中的"实体化"按钮 □实体化，弹出"实体化"操控板，如图8-91所示。

图8-91 "实体化"操控板

3 单击操控板上的"确定"按钮 ✓，完成面组的实体化，如图8-92所示。

图8-92 实体化效果

8.4 上机练习

8.4.1 创建螺旋管

创建螺旋管模型使用到的命令主要为扫描和螺旋扫描，模型效果如图8-93所示。

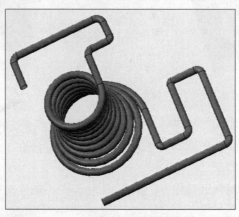

图8-93 螺旋管

1 新建零件文件，以"TOP"基准平面为草绘平面，放置一条竖直中心线，绘制如图8-94所示的截面。

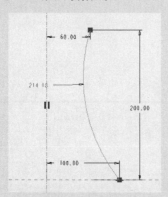

图8-94 草绘截面

2 选择绘制的截面，单击"模型"功能区"形状"工具栏中的"螺旋扫描"按钮，进入螺旋扫描界面。所绘曲线会自动被确认为扫描轨迹，如图8-95所示。

3 在操控板上单击"扫描为曲面"按钮，以确定生成曲面。在操控板上将间距值改为20。

4 单击"创建或编辑扫描截面"按钮，进入草绘设计环境，绘制如图8-96所示的截面。

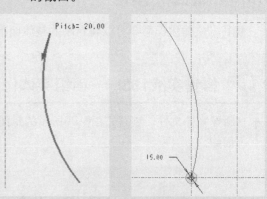

图8-95 扫描轨迹　　图8-96 草绘截面

5 单击"确定"按钮完成草绘。返回螺旋扫描操作界面，单击操控板上的"确定"按钮，完成螺旋扫描曲面的创建，如图8-97所示。

6 在模型树中选择"RIGHT"基准平面，然后单击"模型"功能区"基准"工具栏中的 ⊿ "平面"按钮，创建新平面DTM1。参考约束为偏移，平移值为200，如图8-98所示。

图8-97　螺旋扫描曲面

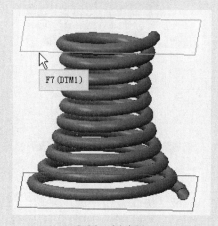

图8-98　新建平面

7 以DTM1平面为草绘平面，绘制如图8-99所示的截面。单击"确定"按钮完成草绘。

图8-99　草绘截面

8 选择所绘截面，单击"模型"功能区"形状"工具栏中的"扫描"按钮，进入扫描操作界面，如图8-100所示。

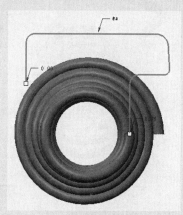

图8-100　扫描轨迹

提示

在绘制图8-99所示的曲线时，应使曲线的一个端点与草绘平面原点之间的距离尺寸为60，以便在下面的步骤中扫描曲面切口与螺旋扫描曲面切口吻合。

9 单击"扫描"操控板上的"扫描为曲面"按钮，以确定生成曲面。单击"创建或编辑扫描截面"按钮，进入草绘设计环境，绘制如图8-101所示直径为15的圆截面。

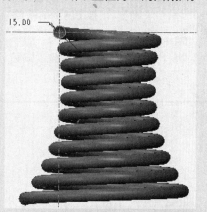

图8-101　草绘截面

10 单击"确定"按钮完成草绘。返回扫描操作界面，单击操控板上的"可变截面"按钮，然后单击"确定"按钮完成扫描曲面的创建，如图8-102所示。

图8-102 扫描曲面

11 以"RIGHT"基准平面为草绘平面，绘制如图8-103所示的截面。

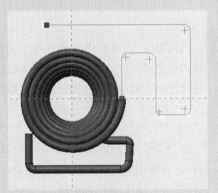

图8-103 草绘截面

12 单击"确定"按钮完成草绘。选择所绘截面，单击"模型"功能区"形状"工具栏中的"扫描"按钮，进入扫描操作界面，如图8-104所示。

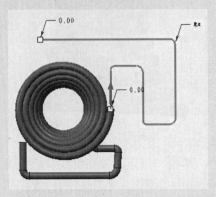

图8-104 扫描轨迹

提示

在绘制图8-103所示的曲线时，应使曲线的一个端点与草绘平面原点之间的距离尺寸为100，以便在下面的步骤中扫描曲面切口与螺旋扫描曲面切口吻合。

13 单击"扫描"操控板上的"扫描为曲面"按钮，以确定生成曲面。单击"创建或编辑扫描截面"按钮，进入草绘设计环境，绘制如图8-105所示直径为15的圆截面。

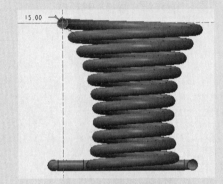

图8-105 草绘截面

14 单击"确定"按钮完成草绘。返回扫描操作界面，单击操控板上的"可变截面"按钮，然后单击"确定"按钮完成扫描曲面的创建，如图8-106所示。

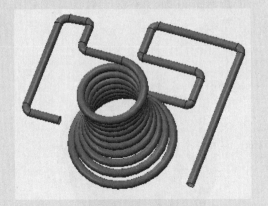

图8-106 扫描曲面

15 完成螺旋管模型的创建后，按Ctrl+S组合键保存对象即可。

8.4.2 话筒模型

话筒模型的创建主要使用与曲面设计相关的命令，其效果如图8-107所示。

图8-107　话筒

1 新建零件文件，以"TOP"基准平面为草绘平面进行草绘。在绘图区放置一条与竖直参考线成15度角的中心线，然后放置一条水平中心线。

2 在绘图区绘制如图8-108所示的截面，然后删除放置的水平中心线，单击"确定"按钮完成草绘。

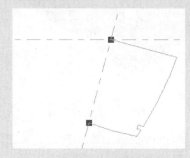

图8-108　草绘截面

3 选择草绘截面，单击"模型"功能区"形状"工具栏中的"旋转"按钮，单击"确定"按钮完成旋转曲面的创建，如图8-109所示。

图8-109　旋转曲面

4 选择旋转曲面，单击"模型"功能区"编辑"工具栏中的"镜像"按钮，选择"RIGHT"基准平面为镜像中心平面，如图8-110所示。

图8-110　选择镜像中心平面

5 单击镜像操控板上的"确定"按钮，完成曲面的镜像，如图8-111所示。

图8-111　镜像曲面

6 以"TOP"基准平面为草绘平面进行草绘，绘制如图8-112所示的曲线。单击"确定"按钮完成草绘。

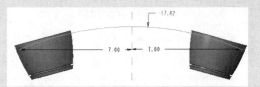

图8-112　草绘曲线

7 选择草绘截面，单击"模型"功能区"形状"工具栏中的"扫描"按钮，所绘曲线自动确认为扫描轨迹，如图8-113所示。

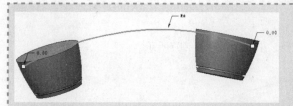

图8-113　扫描轨迹

8 单击"扫描"操控板上的"扫描为曲面"按钮 ，然后进行扫描截面的绘制，如图8-114所示。

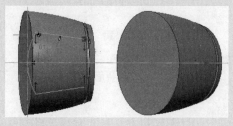

图8-114　扫描截面

9 单击操控板上的"确定"按钮，完成扫描曲面的创建，如图8-115所示。

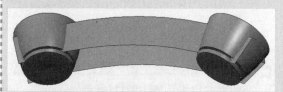

图8-115　扫描曲面

10 以"TOP"基准平面为草绘平面进行草绘，绘制如图8-116所示的截面。单击"确定"按钮完成草绘。

图8-116　草绘截面

11 选择所绘截面，单击"模型"功能区"形状"工具栏中的"拉伸"按钮，将截面拉伸为曲面，拉伸方式为对称，单击"确定"按钮完成拉伸曲面的创建，如图8-117所示。

12 按住Ctrl键在模型树中选择扫描曲面和拉伸曲面，然后单击"模型"功能区

"编辑"工具栏中的"合并"按钮，进入合并操作界面，调整方向，以使曲面合并正确，合并方向如图8-118中的箭头所示。

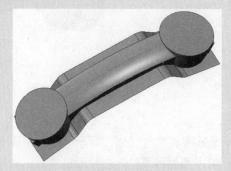

图8-117　拉伸曲面

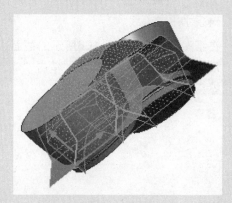

图8-118　合并方向

13 单击操控板上的"确定"按钮，完成面组的合并，如图8-119所示。

图8-119　面组合并

14 在模型树中选择旋转面组"旋转1"，然后单击"模型"功能区"编辑"工具栏中的"实体化"按钮，进入实体化操作界面，单击"确定"按钮，完成面组实体化，如图8-120所示。

15 在模型树中选择镜像面组"镜像1"，对其进行实体化，如图8-121所示。

图8-120　面组实体化

图8-121　面组实体化

16 在模型树中选择合并面组"合并1"，对其进行实体化，如图8-122所示。

图8-122　面组实体化

17 选择如图8-123所示的曲面，对其进行复制。选择该曲面后，单击"模型"功能区"操作"工具栏中的"复制"按钮，然后单击"粘贴"按钮。由于所要粘贴的位置与原位置相同，所以直接单击操控板上的"确定"按钮即可。

图8-123　选择面

18 由复制、粘贴所产生的曲面如图8-124所示。

19 在设计区单击选择如图8-125所示的面，然后单击"模型"功能区"编辑"工具栏的"偏移"按钮，弹出"偏移"操作板。

图8-124　粘贴后的曲面

图8-125　选择面

20 在操控板上将偏移方式改为"替换曲面特征" ，然后在设计区单击选择由复制、粘贴所生成的曲面，单击操控板上的"确定"按钮完成偏移，结果如图8-126所示。

图8-126　曲面偏移

21 在设计区单击选择如图8-127所示的面，单击"复制"按钮，然后单击"粘贴"按钮，弹出"曲面：复制"操控板，在其中直接单击"确定"按钮即可，如图8-128所示。

图8-127　选择面

图8-128　粘贴的曲面

22 以同样的方法对图8-129所示的面进行偏移，偏移后效果如图8-130所示。

图8-129　选择面

图8-130　曲面偏移

23 按住Ctrl键在设计区单击选择如图8-131所示的面组。单击"模型"功能区"编辑"工具栏中的"偏移"按钮，弹出"偏移"操控板，单击"展开特征"按钮◎，将偏移值改为0.2，如图8-132所示。

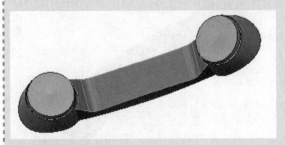

图8-131　选择面组

图8-132　数值输入

24 在操控板上单击"确定"按钮，完成面组偏移，如图8-133所示。

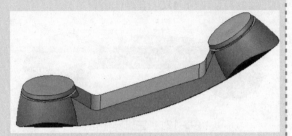

图8-133　面组偏移

25 在设计区单击选择如图8-134所示的边，单击"模型"功能区"基准"工具栏中的"平面"按钮，创建穿过该边的平面，如图8-135所示。

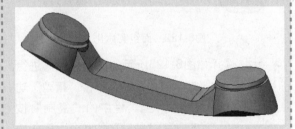

图8-134　选择边

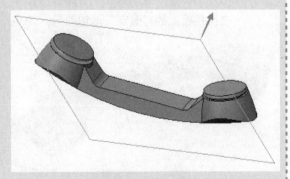

图8-135　创建平面

26 以新建的平面为草绘平面，绘制如图8-136所示的圆截面，单击"确定"按钮完成草绘。

27 对所绘制的截面进行拉伸，单击"通孔"按钮，并移除材料，单击"确

定"按钮完成截面拉伸，如图8-137
所示。

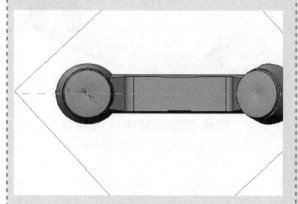

图8-136　草绘截面

图8-137　拉伸特征

28 在模型树中选择创建的拉伸特征，单击"模型"功能区"编辑"工具栏中的"阵列"按钮，弹出"阵列"操控板。

29 在操控板上将阵列类型改为填充，单击操控板上的"参考"按钮，以新建的平面为草绘平面，绘制如图8-138所示的圆截面。

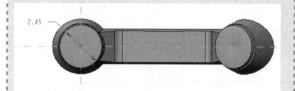

图8-138　绘制截面

30 单击"确定"按钮完成草绘。返回阵列操作界面，在操控板上进行如图8-139所示的设置。

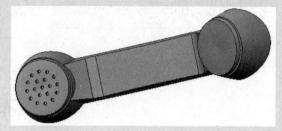

图8-139　阵列成员设置

31 单击操控板上的"确定"按钮，完成阵列特征，如图8-140所示。

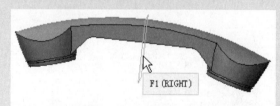

图8-140　阵列特征

32 选择创建的阵列特征，对其进行镜像，镜像中心平面选择"RIGHT"基准平面，如图8-141所示。

图8-141　镜像中心平面

33 完成阵列特征的镜像，如图8-142所示。

图8-142　镜像特征

34 按住Ctrl键在设计区选择如图8-143所示的边，对其进行倒圆角。

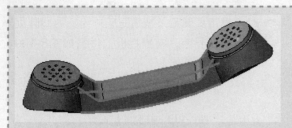

图8-143　倒圆角

倒圆角操作，如图8-144所示。

图8-144　倒圆角效果

35 在"倒圆角"操控板上将倒圆角半径值设为0.05，单击"确定"按钮完成

36 完成电话话筒模型的创建后，按Ctrl+S组合键保存对象即可。

8.5　本章小结

　　本章内容为曲面设计。学习本章后，可以掌握曲面设计的相关知识。曲面设计适合用来构建形状复杂的模型。曲面特征的创建方法与实体特征的创建方法有很大一部分是相似的，曲面编辑在本章中是要重点掌握的内容，灵活地运用曲面编辑可以更轻松地创建外形复杂的模型。

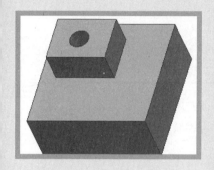

第9章

实体特征操作工具

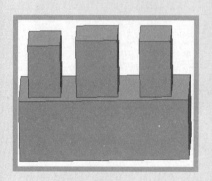

零件设计过程离不开对实体特征的操作，熟练掌握实体特征操作工具可以提高模型设计效率。即使成型的方案由于产品的不断优化，同样离不开对实体特征的修改。这一章的重点就是特征及特征组的修改。

9.1　特征的操作

零件模型大部分情况下由多个特征构成，每个特征之间又是紧密相连的。当设计需要变更或设计错误时，要对特征进行重新编辑。本节将对特征的编辑进行介绍。

9.1.1　修改尺寸

特征尺寸的修改可以通过两种方法来完成，分别如下所述。

 **操作实战154——通过右键菜单修改尺寸**

1 新建零件文件，创建如图9-1所示的零件模型，其中孔的直径为50。

图9-1　零件模型

2 在模型树中的"孔"选项上单击鼠标右键，如图9-2所示。

3 在弹出的快捷菜单中执行"编辑"命令，如图9-3所示。

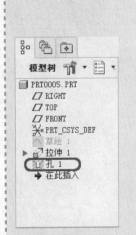

图9-2　右击孔特征　　图9-3　执行"编辑"命令

4 此时孔特征的所有尺寸都显示出来，且尺寸值处于可编辑状态，如图9-4所示。

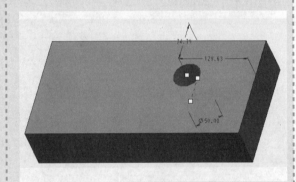

图9-4　显示尺寸值

5 在设计区双击孔的直径值50，将其改为100，然后按Enter键完成孔直径尺寸的修改，如图9-5所示。

图9-5　完成尺寸修改

操作实战155——双击特征修改尺寸

1 以上一个实例为例，在设计区双击"孔1"孔特征，如图9-6所示。

图9-6 双击孔特征

2 此时孔特征的所有尺寸都会显示出来，如图9-7所示。

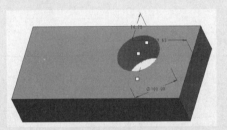

图9-7 显示尺寸

3 在设计区双击孔到侧面的尺寸值，使其变为可编辑状态，并将其修改为200，然后按Enter键，完成尺寸的修改，效果如图9-8所示。

图9-8 修改后的效果

 提示

简单的模型可用这种方法。如果修改特征的尺寸后，模型未发生改变，可以单击"模型"功能区"操作"工具栏中的"重新生成"按钮，重新生成模型。

9.1.2 缩放模型

缩放模型是指对特征的尺寸进行成比例缩放，即所有特征的尺寸值（角度性尺寸除外）都以同一比例缩小或放大。

 操作实战156——缩放模型

1 新建零件，创建长为200，宽为50，深度为40的拉伸特征，并在其上放置直径为10的通孔，如图9-9所示。

图9-9 零件模型

2 单击"模型"功能区"操作"工具栏中的"操作"右侧的下拉按钮 操作▼ ，

弹出下拉菜单，从中选择"缩放模型"选项，如图9-10所示。

3 在弹出的"输入比例"文本框中输入0.5，并单击"确定"按钮 ✓ ，如图9-11所示。

- 隐含 ▶
- 恢复 ▶
- 编辑定义
- 编辑参考
- 替换
- 只读
- 特征操作
- UDF 操作 ▶
- 组
- 显示差异
- **缩放模型**
- ATB ▶
- 转换为钣金件

图9-10 选择相应选项

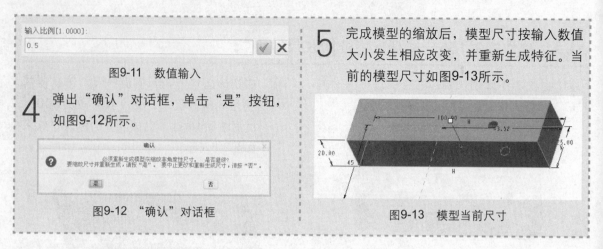

输入比例[1.0000]:
0.5

图9-11　数值输入

4 弹出"确认"对话框，单击"是"按钮，如图9-12所示。

图9-12　"确认"对话框

5 完成模型的缩放后，模型尺寸按输入数值大小发生相应改变，并重新生成特征。当前的模型尺寸如图9-13所示。

图9-13　模型当前尺寸

9.1.3　特征的重命名

特征的重命名可以通过两种方法来实现，分别如下所述。

操作实战157——通过右键菜单重命名

1 新建零件文件，创建如图9-14所示的零件模型。

2 在模型树中的"拉伸1"特征上单击鼠标右键，在弹出的快捷菜单中执行"重命名"命令，如图9-15所示。

3 此时模型树中的特征标签处于可输入状态，如图9-16所示。

4 在文本框中输入"示范命名"，完成特征的命名，如图9-17所示。

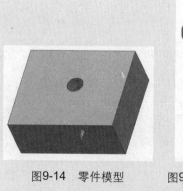

图9-14　零件模型

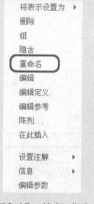

图9-15　执行"重命名"命令

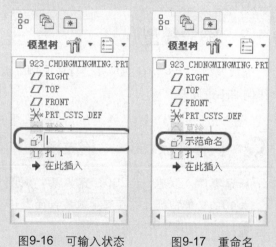

图9-16　可输入状态　　图9-17　重命名

操作实战158——两次单击重命名

1 以上一实例为例，单击模型树中的拉伸特征名称标签"示范命名"，使其变为蓝色处于选择状态，如图9-18所示。

2 再次单击该名称标签，此标签变为可输入
状态，将其命名为（XIN-1），完成特征
的重命名，如图9-19所示。

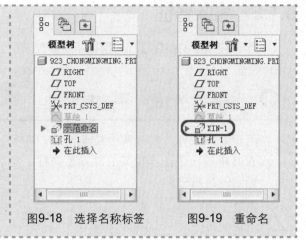

图9-18 选择名称标签 图9-19 重命名

9.1.4 特征的编辑定义

当特征创建完成后，可以通过特征的编辑定义重新返回到创建状态，并打开相应的操控板，再次进行编辑定义。

操作实战159——特征的编辑定义

1 新建零件文件，创建如图9-20所示的零件
模型。

图9-20 零件模型

2 在模型树中的
"拉伸1"特征上
单击鼠标右键，
在弹出的快捷菜
单中执行"编辑
定义"命令，如
图9-21所示。

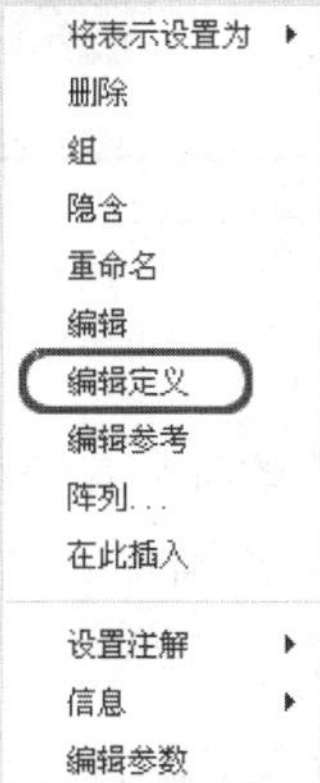

3 弹出"拉伸"操
控板，进入到拉
伸操作界面。此
时特征可以像创

图9-21 执行"编辑定
义"命令

建时一样进行编辑定义，如图9-22所示。

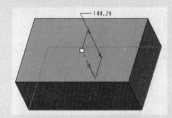

图9-22 编辑定义状态

4 完成特征的编辑定义后，单击操控板上的
"确定"按钮即可，如图9-23所示。

图9-23 完成编辑定义

提示

也可以通过在设计区的特征上单击鼠标右键，在弹出的快捷菜单中执行"编辑定义"命令。

9.1.5　删除特征

当零件模型中的特征设计错误或不符合要求时，可以将其删除，操作步骤如下所述。

> ### ○ 操作实战160——删除特征
>
> **1** 新建零件文件，创建两个拉伸特征，并在其中的一个拉伸特征上放置孔特征，如图9-24所示。
>
> **2** 在模型树中的"拉伸2"特征（即零件上方的体积较小的拉伸特征）上单击鼠标右键，在弹出的快捷菜单中执行"删除"命令，如图9-25所示。 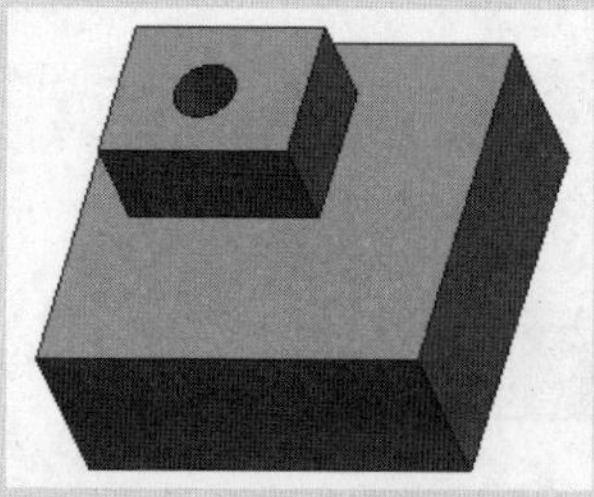
>
>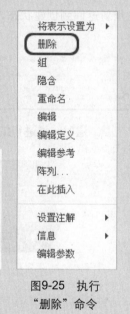
>
> 图9-24　零件模型　　　图9-25　执行 "删除"命令
>
> **3** 弹出"删除"对话框，单击"确定"按钮 确定 ，如图9-26所示。
>
>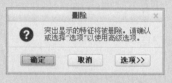
>
> 图9-26　"删除"对话框
>
> **4** 由于该特征存在子特征，同时要删除的子特征在模型树中和设计区中一并着色显示出来，如图9-27所示。
>
>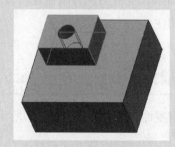
>
> 图9-27　突出显示
>
> **5** 完成特征删除后的效果如图9-28所示。
>
>
>
> 图9-28　删除后的效果

9.1.6　隐含特征

隐含特征就是将特征从模型中暂时删除。如果要隐含的特征有子特征，那么子特征也会一同被隐含。类似地，在装配模块中可以隐含装配体中的元件。隐含特征的作用如下所述。

- 隐含某些特征后，用户可更专注于当前工作区域。
- 隐含零件上的特征或装配体中的元件可以简化零件或装配模型，减少再生时间，加速修改过程和模型显示。
- 暂时删除特征（或元件）可尝试不同的设计迭代。

操作实战161——隐含特征

1 新建零件文件，创建如图9-29所示的零件模型。

2 在模型树中的"拉伸3"特征（即零件上方中间的拉伸特征）单击鼠标右键，在弹出的快捷菜单中执行"隐含"命令，如图9-30所示。

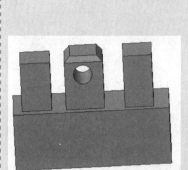

图9-29 零件模型　　图9-30 执行"隐含"命令

3 弹出"隐含"对话框，单击"确定"按钮，如图9-31所示。

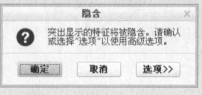

图9-31 "隐含"对话框

4 由于该特征有子特征，其子特征在模型树中和设计区中也被一并着色提示出来，如图9-32所示。

图9-32 突出显示

5 完成特征隐含后的效果如图9-33所示。

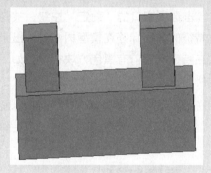

图9-33 特征隐含的效果

操作实战162——恢复隐含的特征

　　一般情况下，特征被隐含后，特征的名称标签将不在模型树中显示。如果希望在模型树中显示该特征标签，可以执行如下几个操作。

1 以上一实例为例，单击模型树上方的"设置"按钮 ᐧ，如图9-34所示。

2 弹出下拉菜单，选择"树过滤器"选项，如图9-35所示。

3 弹出"模型树项"选项窗口，选中"显示"选项栏中"隐含的对象"选项前的复选框，如图9-36所示。

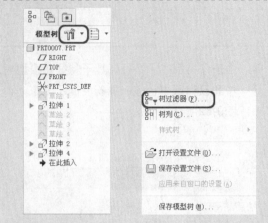

图9-34 "设置"按钮　　图9-35 "树过滤器"选项

快捷菜单中执行"恢复"命令，如图9-38所示。

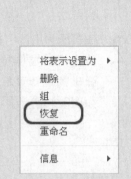

图9-37 隐含对象被标记　　图9-38 执行"恢复"命令

图9-36 选中"隐含的对象"复选框

4 单击选项窗口的"确定"按钮，被隐含的特征的名称标签在模型树中显示出来，并在特征标签前有黑色方块标记，如图9-37所示。

5 在模型树中要恢复的特征上单击鼠标右键，例如拉伸特征（拉伸3），在弹出的

6 完成隐含特征恢复的效果如图9-39所示。

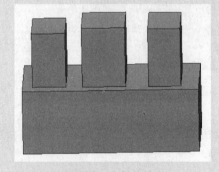

图9-39 恢复的效果

用同样的方法可以恢复该特征的子特征。

9.1.7 隐藏特征

执行"隐藏"命令可以将模型中的基准特征隐藏起来不再显示，操作步骤如下所述。

⚙ 操作实战163——隐藏特征

1 新建零件文件，创建拉伸特征，如图9-40所示。

2 在设计区先单击选择如图9-41所示的基准平面。

3 然后单击鼠标右键，在弹出的快捷菜单中执行"隐藏"命令，如图9-42所示。

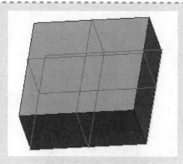

图9-40　拉伸特征

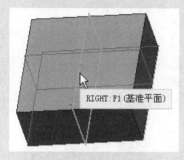

RIGHT:F1 (基准平面)

图9-41　选择基准平面

图9-42　执行"隐藏"命令

4　该基准平面将被隐藏起来，如图9-43所示。

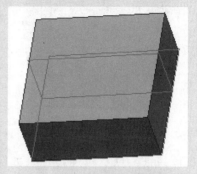

图9-43　基准平面被隐藏

5　若要显示被隐藏的基准特征，则在模型树中的该基准平面上单击鼠标右键，然后在弹出的快捷菜单中执行"取消隐藏"命令即可，如图9-44所示。

图9-44　执行"取消隐藏"命令

9.1.8　撤销与重做

在设计过程中如果执行了错误的或不合理的操作则可以通过撤销来取消。撤销的操作也可以通过重做命令来恢复。其操作方法如下所述。

 操作实战164——撤销与重做

1　新建零件文件，创建拉伸特征，如图9-45所示。

图9-45 拉伸特征

2 在该特征上创建拉伸特征，如图9-46所示。

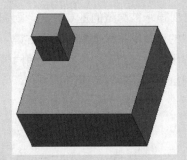

图9-46 添加特征

3 然后依次创建孔特征、拉伸特征，完成零件的创建，如图9-47所示。

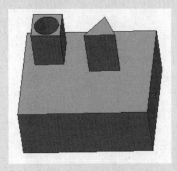

图9-47 添加两个特征

4 单击快速访问工具栏中的"撤销"按钮 ↶，如图9-48所示。

图9-48 "撤销"按钮

5 最近的操作将被撤销，即刚创建的拉伸特征将被取消，如图9-49所示。

6 单击快速访问工具栏中的"重做"按钮 ↷，如图9-50所示。

图9-49 撤销拉伸特征

图9-50 "重做"按钮

7 最近撤销的操作将被重做，撤销的拉伸特征重新生成，如图9-51所示。

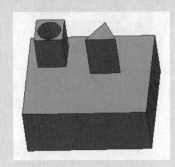

图9-51 重做拉伸特征

8 通过单击快速访问工具栏中 ↶ "撤销"右侧的 下拉按钮，可以一次撤销多个操作，如图9-52所示。

图9-52 撤销多个操作

9 执行"撤销"操作后，选择的操作将被撤销，如图9-53所示。

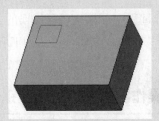

图9-53 撤销后的效果

10 通过单击快速访问工具栏中 🔄 "重做"右侧的 下拉按钮,可以一次重做多个操作,如图9-54所示。

重做: 拉伸
重做: 孔
重做: 拉伸
重做 3 个操作

图9-54　重做多个操作

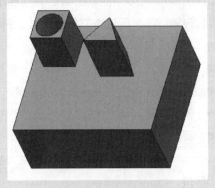

图9-55　重做后的效果

11 执行"重做"操作后,被撤消的操作将被重做,如图9-55所示。

9.1.9　特征信息查看

如果想要查看某一特征有哪些父特征以及被哪些特征引用作为其他特征的父特征,可通过"参考查看器"来查看,其操作方法如下所述。

操作实战165——查看特征的父子关系

1 新建零件文件,创建如图9-56所示的零件模型。

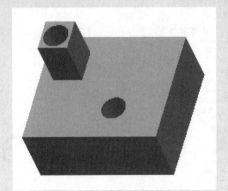

图9-56　零件模型

2 在模型树中"拉伸1"特征(即模型下方较大的拉伸特征)上单击鼠标右键,弹出快捷菜单,将光标悬停在"信息"命令的上方,会展开其侧面子菜单,执行"参考查看器"命令,如图9-57所示。

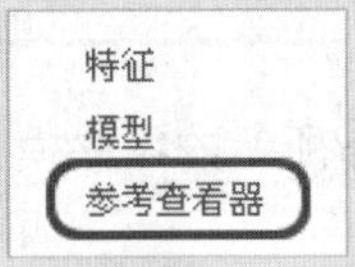

特征
模型
参考查看器

图9-57　"信息"命令子菜单

3 弹出"参考查看器"窗口,通过该窗口可以查看所选特征与其他特征的父子关系,如图9-58所示。

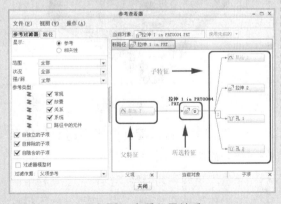

图9-58　查看父子关系

通过"信息"命令的子菜单还可以查看所选特征的信息和模型的信息。执行"信息"命令下的相关子命令后,特征信息或模型信息会在展开的浏览器中显示。

父子关系的定义：特征在创建的过程中会引用许多其他特征作为参考，这些被引用的参考特征都称为它的父特征，反过来它就是这些父特征的子特征。产生这种父子关系的原因包括以下几个。

- 草绘平面。
- 草绘平面定位参考。
- 草绘标注基准（标注和约束参考）。
- 深度参考。
- 放置参考。

提示

子特征是基于父特征的，父子关系一旦形成，父特征如果发生改变，子特征将作相应改变。

9.1.10 重新排序

执行"重新排序"命令，可以更改零件模型中已经创建完成的特征之间的创建顺序。其操作步骤如下所述。

操作实战166——特征的重新排序

1 打开图9-59所示的零件模型。

图9-59 零件模型

图9-60 创建顺序

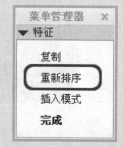

图9-61 选择"重新排序"选项

2 在模型树中可以看到此模型的的创建顺序，如图9-60所示。

3 单击"模型"功能区"操作"工具栏中的"操作"按钮 操作▾ ，在展开的下拉菜单中选择"特征操作"选项。

4 弹出"菜单管理器"窗口，从中选择"重新排序"选项，如图9-61所示。

5 然后在模型树中选择（孔4）孔特征，再在"菜单管理器"窗口中选择"完成"选项，如图9-62所示。

6 "菜单管理器"窗口展开"重新排序"选项，从中选择"之前"和"选择"选项，如图9-63所示。

图9-62 选择"完成"选择 　图9-63 选择相应选项

图9-65所示。

7 在模型树中单击选择（孔2）孔特征，然后在"菜单管理器"窗口中选择"完成"选项，如图9-64所示。

8 完成重新排序后，（孔4）孔特征的创建顺序已处于（孔2）孔特征之前，如

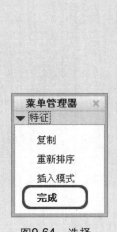

图9-64 选择　　　　图9-65 重新排序的效果
"完成"选项

 提示

不能将子特征移动到父特征的前面。在模型树中单击特征并拖动可以更简便地进行重新排序。

9.1.11 插入特征

特征在模型树中的位置反映了特征在构成零件模型时的先后次序，可以通过拖动模型树中的"在此插入"箭头，在已确定的模型创建过程中插入新的特征。其操作步骤如下所述。

操作实战167——插入特征

1 打开零件模型，如图9-66所示。

图9-66 零件模型

2 在模型树中可以看到此零件模型的创建过程，如图9-67所示。

图9-67 创建过程

3 在模型树中单击拖动"在此插入"箭头，使其位于"拉伸1"的下方，如图9-68所示。

图9-68　改变创建位置

4 这时设计区的模型如图9-69所示。以此特征为基础特征创建孔特征。

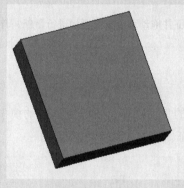

图9-69　零件模型

5 完成孔的创建，如图9-70所示。

图9-70　创建孔

6 将"在此插入"箭头拖回所有特征的最下方，此时设计区的模型如图9-71所示。

图9-71　零件模型

提示

在插入模式下操作需要特别注意不要破坏已经被后续特征引用的参考，否则会导致后续特征失败。

9.2　组的操作

在Creo 2.0中可以把要进行相同操作的特征组成一个组，然后再进行镜像或阵列比分别对各个特征进行相应的操作要方便。

特征成组后，可以进行删除、隐含、编辑和阵列等操作。

9.2.1　创建组

创建组就是将各个特征组合成一个组，其操作方法如下所述。

操作实战168——创建组

1 执行"文件"|"打开"命令,打开一个零件文件,如图9-72所示。

图9-72 打开零件文件

图9-73 选择标签　　图9-74 执行"组"命令

2 在打开的模型树中,可以看到此零件的设计过程及构成它的特征,如图9-73所示。按住Ctrl键的同时,在模型树中单击依次选择"拉伸1"、"旋转1"和"拉伸2"标签,单击鼠标右键,在弹出的快捷菜单中执行"组"命令,如图9-74所示。

3 弹出"确认"提示框,单击"是"按钮,即可创建一个组,如图9-75所示。

若要取消分组,可在模型树中创建的组上单击鼠标右键,在弹出的快捷菜单中执行"取消分组"命令即可。

图9-75 创建组

9.2.2 组的隐含与恢复

隐含组的操作方法与隐含特征相似,其操作步骤如下所述。

操作实战169——隐含组

1 打开一个零件模型,如图9-76所示。按住Ctrl键的同时在模型树中单击选择"拉伸3"、"拉伸4"和"拉伸5"标签,如图9-77所示。单击鼠标右键,在弹出的快捷菜单中执行"组"命令,如图9-78所示。

图9-76 打开零件模型

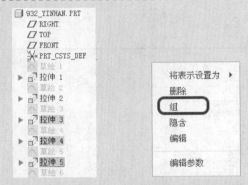

图9-77　选择标签　　图9-78　执行"组"命令

图9-80　执行"隐含"命令

2 弹出"确认"对话框，如图9-79所示，单击"是"按钮，完成创建组。在模型树中的组LOCAL_GROUP标签上单击鼠标右键，在弹出的快捷菜单中执行"隐含"命令，如图9-80所示。

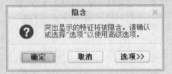

图9-81　"隐含"对话框

3 弹出"隐含"对话框，单击"确定"按钮，如图9-81所示。最终效果如图9-82所示。

图9-79　"确认"对话框

图9-82　最终效果

操作实战170——恢复隐含的组

　　隐含组就是将组中的特征从模型中暂时删除。执行"隐含"命令后，所隐含特征或组的标签一般在模型树中不显示，但可以通过以下操作步骤让其显示出来。

1 单击导航栏上的 "设置"按钮 ⬚ ，在展开的下拉面板中选择"树过滤器"选项，如图9-83所示。

2 弹出"模型树项"对话框，选中"隐含的对象"前的复选框，并单击"确定"按钮，如图9-84所示。

图9-83　选择选项

图9-84　"模型树项"对话框

3 此时，隐含的对象的标签已在模型树中显示出来，并且在标签前面有黑色方块作为标记，如图9-85所示。

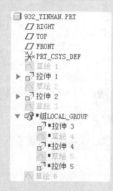

图9-85　显示标签

4 在组LOCAL_GROUP标签上单击鼠标右键，在弹出的快捷菜单中执行"恢复"命令，如图9-86所示。

5 被隐含的对象重新显示出来，效果如图9-87所示。

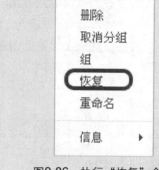

图9-86　执行"恢复"命令

图9-87　最终效果

9.2.3　阵列组

阵列组的操作方法与阵列特征相似，其操作步骤如下所述。

操作实战171——阵列组

1 如图9-88所示，创建一直径为100，深度为15的圆柱体实体特征。单击选择圆柱体的上表面作为草绘平面进行草绘，如图9-89所示。

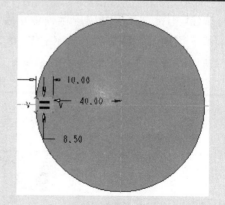

图9-89 草绘截面

图9-88拉伸特征

2 执行"拉伸"命令，选择创建的草绘截面，单击"拉伸"按钮进行拉伸，在弹出的"拉伸"操控板上，单击%按钮，将拉

伸的深度方向更改为草绘的另一侧。单击
⬛按钮，移除材料。深度值设为15，单击"确定"按钮，完成拉伸特征创建，如图9-90所示。

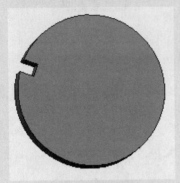

图9-90 拉伸移除材料

3 单击工具栏中的"边倒角"按钮 ＼倒角，选择如图9-91所示的两条边进行倒角。

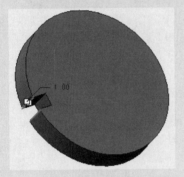

图9-91 边倒角效果

4 按住Ctrl键，在模型树中选择"拉伸2"和"倒角1"标签，单击鼠标右键，在弹出的快捷菜单中执行"组"命令，如图9-92所示。完成组的创建，效果如图9-93所示。

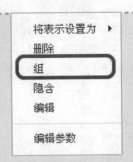

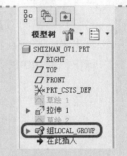

图9-92 执行"组"命令　　图9-93 创建组

5 在模型树中新建的组 LOCAL_GROUP上单击鼠标右键，在弹出的快捷菜单中执行"阵列…"命令，如图9-94所示。

图9-94 执行"阵列"命令

6 弹出"阵列"操控板，阵列类型选择轴阵列，单击选择圆柱体的中心轴，阵列成员数量改为13，角度设置为27.5，如图9-95所示。

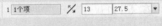

图9-95 数值输入

7 单击"确定"按钮完成阵列特征的创建，如图9-96所示。

图9-96 组阵列效果

9.3　层的操作

Creo提供了"层"的概念。通过层，可以对同一个层中的所有共同要素进行显示、隐藏和选择等操作。通过组织层中的模型要素并用层来简化显示，可以使很多任务流水线化，并可提高可视化程度，极大地提高工作效率。

9.3.1 层的基本概念

通过"层"可以有效组织模型和管理诸如基准线、基准面、特征和装配中的零件等要素,可以对同一个层中的所有共同要素进行显示、隐藏和选择等操作。在模型中,想要多少层就可以有多少层。层中还可以有层,也就是说,一个层还可以组织、管理其他许多的层。

层显示状态与其对象一起局部存储,这意味着在当前Creo工作区改变一个对象的显示状态,不影响另一个活动对象相同层的显示,然而装配中层的改变或许会影响到低层对象(子装配或零件)。

9.3.2 打开层树

有两种方法可进入层的操作界面。

操作实战172——显示层树

1 新建零件文件,创建如图9-97所示的零件模型。

图9-97 零件模型

2 单击"视图"功能区"可见性"工具栏中的"层"按钮,可在导航栏中显示层树,如图9-98所示。

图9-98 显示层树

第二种方法如下所述。

1 单击模型树上方的"显示"按钮,如图9-99所示。

图9-99 单击按钮

2 展开下拉菜单,选择"层树"选项可以更方便地显示层树,如图9-100所示。

图9-100 "层树"选项

提示

在配置编辑器中添加floating_layer_tree配置选项，并将其设置为yes，可以使层树不在导航栏中显示，而以独立的窗口显示。

通过层树可以操作层、层的项目及层的显示状态。

当正在进行其他命令操作时(例如正在进行伸出项拉伸特征的创建)，可以同时执行"层"命令，以便按需要操作层显示状态或层关系，而不必退出正在进行的操作，再进行"层"操作。

9.3.3 创建新层

创建新层的方法如下所述。

操作实战173——创建新层

1 以上一个实例为例，在层树中单击鼠标右键，在弹出的快捷菜单中执行"新建层"命令，如图9-101所示。

2 弹出"层属性"对话框，图9-102所示。

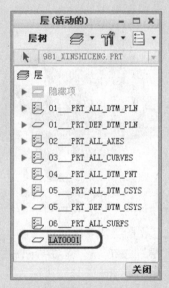

图9-103 创建新层

图9-101 执行命令　图9-102 "层属性"对话框

3 设置完成后，单击"确定"按钮，在层树中创建新层完成，如图9-103所示。

提示

层是以名称来识别的，层的名称可以用数字或字母数字的形式表示，最多不能超过31个字符。在层树中显示层时，首先是数字名称层排序，然后是字母数字名称层排序。字母数字名称的层按字母排序。而且要注意不能创建未命名的层。

在一个总装配(组件)中，总装配和其下的各级子装配及零件下都有各自的层树，所以在装配模式下，进行层操作前，要明确是在哪一级的模型中进行层操作，要在其上面进行层操作的模型称为"活动层对象"。为此，在进行有关层的新建、删除等操作之前，必须先选取活动层对象。在零件模式下，当前工作的零件模型就是活动层对象，所以不用选取活动层对象。

9.3.4 向层中添加项目

基准线、基准面等层中的内容称为"项目"，向层中添加项目的步骤如下所述。

操作实战174——添加项目

1 在层树中要添加项目的层上单击鼠标右键，在弹出的快捷菜单中执行"层属性"命令，如图9-104所示。

2 弹出"层属性"对话框，如图9-105所示。

3 在设计区要添加的到层的项目上单击，即可将该项目添加到层中，如图9-106所示。单击对话框中的"确定"按钮完成项目的添加。

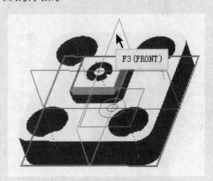

图9-106 选择基准平面

图9-104 执行命令　　图9-105 "层属性"对话框

提示

要将某项目从层中排除，先单击"层属性"对话框上的"排除"按钮 `排除…`，然后从项目列表中单击选择项目即可。将某项目从层中删除时，从项目列表中单击选择项目，然后单击"移除"按钮 `移除` 即可。

9.3.5 隐藏层

层的"隐藏"也叫层的"遮蔽"。隐藏的作用是将选择的层"隐藏"起来，这样层中的项目在设计区将不会显示。在零件模型或装配设计中，过多暂时用不到的基准面、基准轴会影响操作，在这种情况下可以把这些基准面、基准轴添加到层中，然后对层进行隐藏。这样就可以使设计区看上去简洁明了，更有利于操作。

隐藏层的操作方法如下所述。

操作实战175——隐藏层

1 打开零件文件，如图9-107所示。

2 在层树中要隐藏的层上单击鼠标右键，在弹出的快捷菜单上执行"隐藏"命令，如图9-108所示。

3 在层树中被隐藏的层的标签将以灰色显示，在设计区该层中的项目被隐藏起来，如图9-109所示。

图9-109　项目被隐藏

图9-107　打开模型　　　图9-108　执行命令

提示

　　模型的实际几何形状不受层的隐藏或显示影响。对含有特征的层进行隐藏操作，只有特征中的基准和曲面被隐藏，特征的实体几何不受影响。例如，在零件模式下，如果将孔特征放在层上，然后隐藏该层，则只有孔的基准轴被隐藏，但在装配模型中可以隐藏元件。

9.3.6　自动创建层

当创建某些类型的特征(如曲面特征、基准特征等)时，系统会自动创建新层。新层中包含所创建的特征或该特征的部分几何元素，以后如果创建相同类型的特征，系统会自动将该特征(或其部分几何元素)放入以前自动创建的新层中。

其原理将通过下面的实例进行说明。

操作实战176——自动创建层

1 新建零件文件，进入建模环境，在没有创建特征时，层树显示的内容如图9-110所示。

2 创建圆柱体拉伸特征。由于圆柱体特征存在中心轴，中心轴属于自动创建层可以添加的项目，所以系统会自动创建层，将该特征添加到自动创建的层中。图9-111所示为自动创建的层。

图9-110 层树　　　　　图9-111 自动创建的层

4 在设计区创建基准轴，基准轴符合自动创建层可以添加的项目，并且已经存在包含此类型的自动创建的层，该基准轴被自动添加到该层中，如图9-113所示。

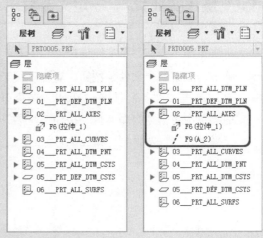

图9-112 无符合特征　　　图9-113 基准轴被
自动添加

3 在设计区再创建一个正方体拉伸特征，由于其不存在自动创建层可以添加的项目，因此层树不会发生变化，如图9-112所示。

9.3.7 保存层状况

当改变了层树中的显示状态时，可以执行"保存状况"命令将其显示状态保存。当保存模型文件时，层的显示状况会与模型文件一起保存。"保存状况"命令在改变了层的显示状态时才可用，否则不可用，因为层的显示状况还是原始状态，也无需保存。

保存层显示状况的方法如下所述。

在层的显示状况进行改变时，例如隐藏了某层，可在层树中单击鼠标右键，在弹出的快捷菜单中执行"保存状况"命令即可，如图9-114所示。

图9-114 "保存状况"命令

9.4 定义零件的属性

9.4.1 概述

在零件模块中，可以通过"模型属性"对话框定义基本的数据库输入值，如材料类型、零件精度和度量单位等。

9.4.2 定义新材料

在Creo 2.0中，可以为零件模型的材料进行自定义。其操作方法如下所述。

操作实战177——定义新材料

1 新建零件文件，创建零件模型。

2 单击功能区的"文件"按钮，展开下拉菜单，单击"准备"按钮，在展开的菜单中单击"模型属性"按钮，展开"模型属性"对话框，如图9-115所示。

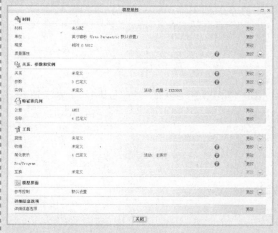

图9-115 "模型属性"对话框

3 单击"材料选项"后面的"更改"按钮，弹出"材料"对话框，单击"创建新材料"按钮，如图9-116所示。

4 弹出"材料定义"对话框，在该对话框中输入材料名称，定义材料属性参数，然后单击"保存到模型"按钮 保存到模型 即可，如图9-117所示。

图9-116 "材料"对话框

图9-117 "材料定义"对话框

9.4.3 保存定义的材料

将定义的材料保存到磁盘的方法有两种，分别如下所述。

一种方法是在"材料定义"对话框中直接保存。单击"材料定义"对话框中的"保存到库"按钮 保存到库... ，弹出"保存副本"对话框，单击"确定"按钮即可，如图9-118所示。

另一种方法是在"材料"对话框中单击"保存选定材料的副本"按钮，弹出"保存副本"对话框，为选定材料输入新名称或保持默认，然后单击"确定"按钮即可。

图9-118　保存副本

9.4.4　为当前模型指定材料

为当前模型指定材料的方法如下所述。

在"材料"对话框中的"库中的材料"列表中选择所需的材料名称，然后单击"指定材料给模型"按钮 ⋙，再单击"确定"按钮即可，如图9-119所示。

图9-119　为模型指定材料

9.4.5　零件模型单位设置

每个模型都有一个基本的米制和非米制单位系统，以确保该模型的所有材料属性保持测量和定义的一贯性。Creo提供了一些预定义单位系统，其中一个是默认单位系统。用户还可以定义自己的单位和单位系统(称为定制单位和定制单位系统)。在进行一个产品的设计前，应该使产品中各元件具有相同的单位系统。

单位制定义的方法如下所述。

单击"模型属性"对话框"单位"选项后面的"更改"按钮，弹出"单位管理器"对话框，如图9-120所示。

在该对话框单击"新建"按钮 新建... ，弹出"单位制定义"对话框，在该对话框进行定义设置，然后单击"确定"按钮即可，如图9-121所示。

图9-120 "单位管理器"对话框

图9-121 "单位制定义"对话框

9.5　上机练习

本例介绍塑料瓶盖的创建方法，完成效果如图9-122所示。

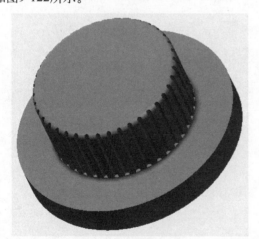

图9-122　零件效果

1 新建零件文件，单击"模型"功能区"形状"工具栏中的"旋转"按钮 旋转 ，弹出"旋转"操控板，如图9-123所示。

图9-123 "旋转"操控板

2 单击操控板上的"放置"按钮 放置 ，弹出"参考"下拉面板，单击下拉面板中的"定义"按钮 定义... ，弹出"草绘"对话框，选择"TOP"基准平面为草绘平面，草绘方向保持默认，如图9-124所示。

3 进入草绘设计环境后，在"草绘"功能区单击"中心线"按钮 ┊ ，绘制一条与竖向参考线重合的中心线，并绘制如图9-125所示的图形。

图9-124 "草绘"对话框

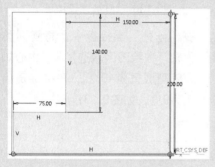

图9-125 草绘截面

4 单击"确定"按钮 ✓，退出草绘设计环境。单击"旋转"工具栏中的"确定"按钮 ✓，完成特征的创建，如图9-126所示。

图9-126 旋转特征效果

5 按住Ctrl键选择需要倒圆角的边，单击"模型"功能区"形状"工具栏中的"倒圆角"按钮 ↘倒圆角，进入"倒圆角"操控板，设置半径为10.0，如图9-127所示。

图9-127 输入数值

6 单击"确定"按钮 ✓，倒圆角特征创建完成，效果如图9-128所示。

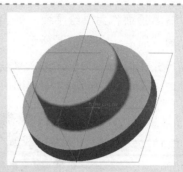

图9-128 倒圆角效果

7 单击"模型"功能区"工程"工具栏中的"壳"按钮 回壳，弹出"壳"操控板，选择瓶盖的底面，设置"厚度"为8，如图9-129所示。

图9-129 输入数值

8 单击"确定"按钮 ✓，添加壳特征，效果如图9-130所示。

图9-130 壳特征效果

9 单击"模型"功能区"形状"工具栏中的"拉伸"按钮 ⇗，弹出"拉伸"操控板，如图9-131所示。

图9-131 "拉伸"操作界面

10 单击"放置"按钮 放置，弹出"放置"下拉面板，单击"定义"按钮 定义...，弹出"草绘"对话框，选择

瓶盖顶面作为草绘平面，并设置方向
为"顶"，如图9-132所示。

11 单击"草绘"按钮，进入草绘设计环
境，绘制如图9-133所示的图形。

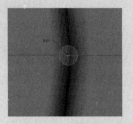

图9-132 "草绘"对话框　　图9-133 草绘截面

12 单击草绘工具栏中的"确定"按钮
✓，完成草绘截面的绘制，返回"拉
伸"操作界面，设置拉伸深度值为
130，单击"反向"按钮 ✗ 和"去除材
料"按钮 ⊿，如图9-134所示。

图9-134 输入数值

13 单击"确定"按钮✓，完成拉伸特征
的建立，效果如图9-135所示。

图9-135 添加拉伸特征

14 在模型树中选择"拉伸1"，单击"模
型"功能区"编辑"工具栏中的 "阵
列"按钮 ⊞，弹出"阵列"操控板，
如图9-136所示。

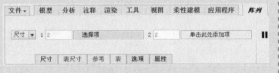

图9-136 "阵列"操控板

15 在"阵列"操控板中，将阵列类型设
为轴，在绘图区域选择A_1中心轴，设
置阵列成员为40个，阵列成员间的角
度为9度，如图9-137所示。

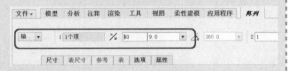

图9-137 输入数值

16 单击"确定"按钮✓，完成阵列特征
的创建，效果如图9-138所示。

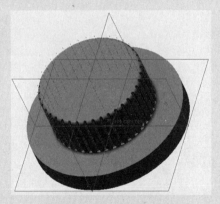

图9-138 阵列特征效果

17 至此塑料瓶盖模型制作完成，按
Ctrl+S组合键保存对象即可。

9.6 本章小结

学习本章后可以掌握针对特征、组、层和零件模型的操作方法，从宏观上去处理设计时所要
解决的问题。在设计时除了要掌握特征的创建方法外，从全局处理设计方案也是同等重要的。

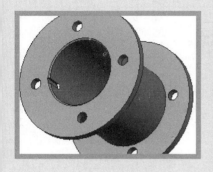

第10章

装配设计

　　装配设计就是将设计完成的零件模型装配在一起，形成最终的设计模型。在本章将介绍装配的一般过程和装配的方法。

10.1　组件模式概述

完成零件的设计后，最终需要将其装配成一个完整的产品，Creo 2.0提供了装配模块，可以方便地完成零件的装配设计。学习本章后，可以掌握装配设计的方法和一般过程。

装配设计的操作思路是将需要组合的零件相互之间进行约束定义，以确定它们之间的位置关系，最终完成全部零件的组装。

零件的装配是在装配模块下进行的，所以要进行产品的组装首先应进入到装配模块。

进入装配模块的方法如下所述。

单击菜单工具栏中的"新建"按钮 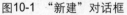，或单击功能选项卡中的"新建"按钮，弹出"新建"对话框。选中"类型"选项组中的"装配"单选按钮，选中"子类型"选择组中的"设计"单选按钮；在"名称"文本框中输入需要的名称或使用系统的默认名称，"公用名称"信息输入框一般留空即可；选中"使用默认模板"前的复选框可以选择是否使用默认模板，在实际设计中很少使用默认模板，往往要自行选择模板。"新建"对话框如图10-1所示。单击"确定"按钮，弹出"新文件选项"对话框，在此对话框选择需要的模板，一般情况下应选择米制的"mmns_asm_design"模板，如图10-2所示。单击"确定"按钮即可进入装配设计环境。

图10-1　"新建"对话框

图10-2　选择"mmns_asm_design"模板

装配设计模块的窗口布局与零件设计模块是一样的，此处不再赘述。

在进行装配设计时，应注意以下几点。

在进行零件装配时，必须合理选取第一个装配零件，而且第一个装配零件应满足如下两个条件。

- 它是整个装配模型中最关键的零件。
- 在以后的工作中不会删除该零件。

零件之间的装配关系也可形成零件之间的父子关系。在装配过程中，已存在的零件称为父零件，与父零件相装配的零件称为子零件。子零件可单独删除，而父零件不能删除，删除父零件时，与之相关联的所有子零件将一起被删除，因而删除第一个零件也便删除了整个装配模型。

10.2 将元件添加到组件

10.2.1 关于元件放置操控板

进入装配设计环境，单击"模型"功能区"元件"工具栏中的"组装"按钮🔾，弹出"打开"对话框，如图10-3所示。从中选择要打开的零件文件并打开，进入元件放置操作界面，如图10-4所示。

图10-3 "打开"对话框

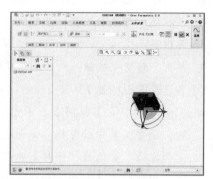

图10-4 打开零件文件

其中"元件放置"操控板上的部分按钮如图10-5所示。

图10-5 "元件放置"操控板

- ▷：将约束转换为机构连接，或相反转换。
- 用户定义▾：使用约束定义约束集选择框。
- 自动▾：约束类型选择框。
- ⊕：开启/关闭三维转轴。
- ▣：将要装配的元件在单独窗口中显示。

在操控板上单击"放置"按钮 放置 ，弹出"放置"下拉面板，如图10-6所示。

其中各选项的说明如下所述。

- 集1（用户定义）：约束定义的集合，在集中可以包括若干约束定义，在其上单击鼠标右键会弹出快捷菜单，执行相应命令可以对集进行删除、禁用、另存为界面等命令。当另存为界面后，以后装配中具有相同约束定义的装配可直接调取使用。
- "约束定义"选项：设定约束类型后，可以通

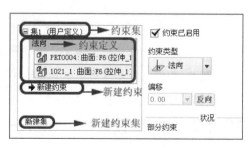

图10-6 "放置"下拉面板

过此选项添加、删除元件的约束参考或装配件的约束参考。在约束类型上单击鼠标右键可以弹出快捷菜单，从中执行相关的删除、禁用等命令。当添加元件约束参考或装配约束参考后，在添加的约束参考上单击鼠标右键，在弹出的快捷菜单中可以查看参考信息或移除参考。

- "新建约束"选项：单击此项可以建立新的约束。
- "新建集"选项：单击此项可以添加新的集。
- "约束已启用"复选框：设置约束的启用或关闭。
- "约束类型"列表框：可以从中选取约束类型，包括平行、距离、重合等。
- "偏移"选项：定义距离、角度偏移等约束的偏移值及方向。
- "状况"信息栏：显示当前的约束连接状况，有无约束、部分约束、完全约束等状态会在其中显示。
- 单击"移动"按钮 移动 ，展开"移动"下拉面板，如图10-7所示。

其中各选项的说明如下所述。

- "运动类型"下拉列表：用于选择运动类型，可选择的运动类型有定向模式、平移、旋转、调整。其中若选择"定向模式"选项，单击装配元件，然后按住鼠标即可对元件进行定向操作；若选择"平移"选项，则沿选择的运动参考平移装配元件；若选择"旋转"选项，则可以沿选择的运动参考来旋转装配元件；若选择"调整"选项，则将要装配元件的某个参考图元（例如平面）与装配体的某个参考图元（例如平面）重合。它不是一个固定的装配约束，而只是非参数性地移动元件。
- "在视图平面中相对"单选按钮：选中此单选按钮，移动装配元件是相对设计区视图的，即以用户视线观测的角度去移动元件。
- "运动参考"单选按钮：选中此单选按钮，可以通过选择的运动参考来移动装配元件。
- "选择参考"对象显示框：选中"运动参考"单选按钮后，被选择的运动参考的标签会显示在这里，并在其后面显示法向/平行具体的运动方式，如图10-8所示。

图10-7 "移动"下拉面板

图10-8 "运动参考"对象显示框

- "平移"文本框：指定平移增量值。
- "相对"信息显示区：显示装配元件相对于原位置的移动量。

10.2.2 约束放置

零件的装配主要是确定零件模型之间的装配约束关系，而Creo 2.0中提供了多种装配约束关系，不同的约束关系还可以达到同样的装配效果,例如将元件的参考面与装配体(组件)的参考面设定重合关系达到的装配效果与将这两个参考面的距离约束设置为0所达到的装配效果是一样的,此时应根据实际工业设计要求来设定约束关系。当元件被装配到组件上以后,其位置会随着与其有约束关系的元件的改变而发生相应改变。装配约束关系的设置值作为参数时可以随时修改,因此也可以把装配体看作进行了参数化的元件组合体。

要完全确定一个元件的装配往往要设定多个装配约束关系,即达到完全约束。建立装配约束时,应选取元件参考和组件参考,它们是元件和装配体中用于约束定位和定向的点、线、面。

Creo 2.0中提供的约束类型有:自动、角度偏移、平行、重合、法向等。

1. "距离"约束

新建文件,选择装配模块,进入装配设计环境。单击"模型"功能区"元件"工具栏中的"组装"按钮,选择第一个元件作为装配体,在操控板上的约束类型选择框中将约束关系改为"默认",单击"确定"按钮完成第一个元件的放置。再次单击"模型"功能区"元件"工具栏中的"组装"按钮,选择要放置的元件并打开,返回元件放置操作界面,此时两元件按自动方式建立约束关系,如图10-9所示。单击操控板上的"放置"按钮 放置 ,在展开的下拉面板中将约束类型改为"距离",在设计区单击选择元件的一个曲面作为参考面,如图10-10所示。然后再单击选择装配体上的一个曲面作为参考面,如图10-11所示。

图10-9 原位置

图10-10 选择元件参考面

图10-11 选择装配体的参考面

此时设计区的元件已按距离约束关系装配在一起,如图10-12所示。通过"放置"下拉面板修改偏移值为30,如图10-13所示。设计区的元件以按偏移30的距离约束关系装配,如图10-14所示。

图10-12 建立约束关系

图10-13 偏移值

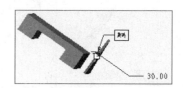

图10-14 使用距离约束

提示

此时的约束状态为部分约束,需要添加另外的约束才可以达到完全约束。使用距离约束,约束参考可以是元件中的平整表面、边线、顶点、基准点、基准平面和基准轴,所选参考不必是同一种类型,即直线与面之间,面与面之间,直线与直线之间可以建立约束关系。当约束参考是两平面时,两平面平行;当约束参考是两直线时,两直线平行;当约束参考是一直线与一平面时,直线与平面平行;当距离值为0时,所选参考将重合、共线或共面。

2. "角度偏移"约束

"角度偏移"约束通常要配合其他的约束才有效，因此应建立有效的约束后再建立角度偏移约束。图10-15所示为建立两元件的边重合约束效果。然后通过"放置"下拉面板建立角度偏移约束，如图10-16所示。建立角度偏移约束后的效果如图10-17所示。

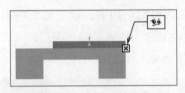
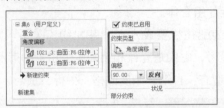
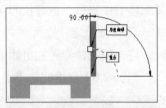

图10-15　建立边重合约束　　　　图10-16　建立角度偏移约束　　　　图10-17　角度偏移约束效果

3. "平行"约束

用"平行"约束可以定义两个装配元件中的平面平行，也可以约束线与线、线与面平行。图10-18、图10-19和图10-20所示为约束的具体过程。

　图10-18　原位置　　　　　　　图10-19　建立约束　　　　　　图10-20　约束效果

4. "重合"约束

重合约束在装配设计中是应用最广泛的约束类型，约束参考可以是实体的项点、边线和平面；心是基准特征；也可以是具有中心轴线的旋转面（柱面、锥面和球面等）。图10-21、图10-22和图10-23所示为设置两元件相邻参考面的重合约束。

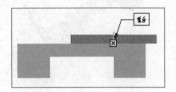

　图10-21　原位置　　　　　　　图10-22　建立约束　　　　　　图10-23　约束效果

5. "面与面"重合

选择具有中心轴线的两柱面重合约束，两柱面的中心轴线将重合。如图10-24、图10-25和图10-26所示，选择孔与圆柱的曲面后，两特征的中心轴线便形成重合关系。

6. "线与轴"重合

线与线、线与轴同样可以建立重合约束。如图10-27、图10-28和图10-29所示，建立边线与轴线的重合约束。

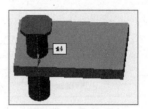

图10-24　原位置　　　　　　　　　　图10-25　建立约束　　　　　　　　　图10-26　约束效果

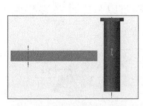

图10-27　原位置　　　　　　　　　　图10-28　建立约束　　　　　　　　　图10-29　约束效果

7. "线与点"重合

选取一元件上的顶点与另一元件上的边建立重合约束，如图10-30、图10-31和图10-32所示。

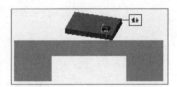

图10-30　原位置　　　　　　　　　　图10-31　建立约束　　　　　　　　　图10-32　约束效果

提示

为方便在元件上选取参考，可以通过设计区右下角的过滤器来筛选需要的参考，如图10-33所示。

图10-33　过滤器

8. "线与面"重合

零件或装配体中的基准平面、表面或曲面面组可以与零件或装配件上的边线建立重合约束，形成"线与面"重合装配约束，如图10-34、图10-35和图10-36所示。

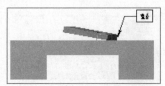

图10-34　原位置　　　　　　　　图10-35　建立约束　　　　　　　　图10-36　约束效果

9. "面与点"重合

　　"面与点"的重合约束如图10-37、图10-38和图10-39所示。在装配中面可以是零件或装配件上的基准平面、曲面特征或零件的表面；点可以是零件或装配件上的顶点或基准点。

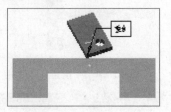

图10-37　原位置　　　　　　　　图10-38　建立约束　　　　　　　　图10-39　约束效果

10. "点与点"重合

　　"点与点"重合可将两元件中的顶点或基准点重合，如图10-40、图10-41和图10-42所示。

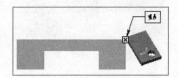

图10-40　原位置　　　　　　　　图10-41　建立约束　　　　　　　　图10-42　约束效果

11. "坐标系"重合

　　"坐标系"重合约束的建立如图10-43到图10-46所示。"坐标系"重合可将两元件的坐标系重合，或将元件的坐标系与装配件的坐标系重合，即将选择的参考坐标系的X轴、Y轴、Z轴分别对应重合。

图10-43　选取坐标系

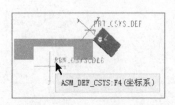

图10-44　选取坐标系　　　　　　图10-45　建立约束　　　　　　　　图10-46　坐标系重合

12. "法向"结束

　　"法向"约束可以定义两元件中的直线或平面垂直，如图10-47、图10-48和图10-49所示。

图10-47　选择参考　　　　　　　图10-48　建立约束　　　　　　图10-49　约束效果

13."共面"约束

图10-50、图10-51和图10-52所示为定义两参考边的共面约束。

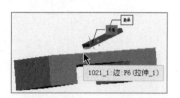

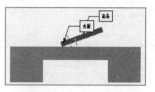

图10-50　选择参考　　　　　　　图10-51　建立约束　　　　　　图10-52　约束效果

14."居中"约束

当选择两柱面作为约束参考时，它们的中心轴将重合，如图10-53、图10-54和图10-55所示。

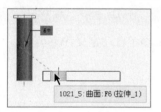

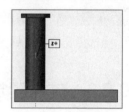

图10-53　选择参考　　　　　　　图10-54　建立约束　　　　　　图10-55　约束效果

提示

　　当选择两元件的坐标系为约束参考时，坐标系的原点将重合，但坐标轴不一定重合，因此两元件可以绕重合的原点进行旋转。

15."相切"约束

选取两曲面为参考，建立相切约束，如图10-56、图10-57和图10-58所示。

图10-56　选择参考　　　　　　　图10-57　建立约束　　　　　　图10-58　约束效果

16."固定"约束

当使用"固定"约束时，即可以把放置的元件固定在视图的当前位置，形成完全约束状态，如图10-59、图10-60和图10-61所示。当向装配环境中引入第一个元件时，可以使用"固定"约束。

图10-59　原位置　　　　　　　　图10-60　建立约束　　　　　　　图10-61　约束效果

17."默认"约束

　　"默认"约束是将元件的默认坐标系与装配环境的默认坐标系重合，并且形成的装配状况是完全约束，如图10-62、图10-63和图10-64所示。当向装配环境中放置第一个元件时，常常使用"默认"约束。

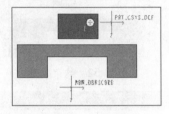

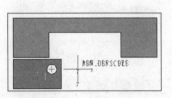

图10-62　原位置　　　　　　　　图10-63　建立约束　　　　　　　图10-64　约束效果

18."自动"约束

　　当选择"自动"约束时，系统会根据当前元件的位置和选择的约束参考自动定义约束类型。

10.2.3　使用预定义约束集（机构连接）

　　预定义约束集是根据现实中机构连接规范预先设定在系统里面的，又被称为机构连接约束，可方便直接执行机构的运动分析与仿真。机构连接由前面介绍的基本约束集合而成，并由这些基本约束条件来限定零件在组件中的运动方式及其自由度。

　　使用机构连接约束放置的元件有意地未进行充分约束，以保留一个或多个自由度。配置了连接约束后，可以将元件拖动到正确位置以允许进行所需的运动。

　　使用预定义约束集的方法如下。

　　进入装配设计环境，使用"默认"约束放置第一个元件，单击"模型"功能区"元件"工具栏中的"组装"按钮，选择要放置的第二个元件并打开，进入元件放置操作界面，并弹出"元件放置"操控板。单击"放置"按钮 放置，展开"放置"下拉面板，单击如图10-65所示线框标注的位置，切换到集选择窗口，如图10-66所示。在"集类型"下拉列表中选择"销"约束集，如图10-67所示。

图10-65　"放置"下拉面板　　　　　　　　　　　图10-66　集选择窗口

约束定义约束集也可以通过"元件放置"操控板来选择，如图10-68所示。

图10-67　选择"销"约束集　　　　图10-68　"元件放置"操控板

在设计区选择两元件的圆柱面作为约束参考，如图10-69所示。此时"放置"下拉面板的显示如图10-70所示，约束状况为"未完成连接定义"。设计区装配状态如图10-71所示。

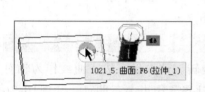

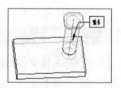

图10-69　选择两元件的柱面　　　图10-70　"放置"面板中显示的约束状况　　图10-71　装配状态

添加另外的约束以完成连接定义，如图10-72所示。最终效果如图10-73所示。

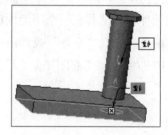

图10-72　添加约束　　　　　　　　图10-73　最终效果

对选定的连接类型进行约束设定时的操作与上一节介绍的相应约束类型的操作相同，因此本节重点应理解各连接类型的含义，以便在进行机构模型的装配时正确选择连接类型。

Creo 2.0中提供了12种连接约束，分别为"刚性、销、滑块、圆柱、平面、球、焊缝、轴承、常规、6DOF、万向、槽"。使用这些连接约束，可以定义零件间的相互运动关系，还可以依据这些运动关系进行运动仿真。

1. 刚性 "刚性"连接

连接两个元件，使其无法相对移动。可使用任意有效的约束集约束它们。如此连接的元件将变为单个主体。刚性连接约束类似于用户定义的约束集合。

2. 销 "销"连接

将元件连接至参考轴，以使元件以一个自由度沿此轴旋转或移动。选取轴、边、曲线或曲面作为轴参考。选取基准点、顶点或曲面作为平移参考。"销"连接应满足的约束关系如图10-74所示。

- 轴对齐：使用"重合"约束方式。
- 平移：以"距离"或"重合"约束方式装配零件的平移，使平移自由度为零。

3. 滑块 "滑块"连接

将元件连接至参考轴，以使元件以一个自由度沿此轴移动。选取边或对齐轴作为对齐参考。选择曲面作为旋转参考。"滑块"连接应满足的约束关系如图10-75所示。

图10-74 "销"连接　　　　　　　　　　　　　图10-75 "滑块"连接

- 轴对齐：使用"重合"约束方式，有两个自由度，即绕轴旋转和沿轴平移。
- 旋转：以"重合"约束方式装配零件的平移，使旋转自由度为零。

4. 圆柱 "圆柱"连接

连接元件，以使其以两个自由度沿着指定轴移动并绕其旋转。选取轴、边或曲线作为轴对齐参考。圆柱连接有一个约束。"圆柱"连接只需满足"轴对齐"约束关系即可，如图10-76所示。

5. 平面 "平面"连接

连接元件，以使其在一个平面内彼此相对移动，在该平面内有两个自由度，围绕与其正交的轴有一个自由度。选取"重合"或"距离"曲面参考。平面连接具有单个平面"重合"或"距离"约束，如图10-77所示。"重合"或"距离"约束可被反向或偏移。

图10-76 "圆柱"连接　　　　　　　　　　　　　图10-77 "平面"连接

6. 球 "球"连接

连接元件，使其可以三个自由度在任意方向上旋转（360°旋转）。选取点、顶点或曲线端点作为对齐参考。球连接具有一个点对齐约束，如图10-78所示。

7. 焊缝 "焊缝"连接

将一个元件连接到另一个元件，使它们无法相对移动。通过将元件的坐标系与组件中的坐标系重合而将元件放置在组件中。可在组件中用开放的自由度调整元件。焊缝连接有一个坐标系"重合"约束，如图10-79所示。

图10-78 "球"连接

图10-79 "焊缝"连接

8. 轴承 "轴承"连接

"轴承"连接的自由度为4，零件可自由旋转，并可沿某轴自由移动。该连接需满足"点对齐"约束关系，如图10-80所示。具体操作是在一元件中选择一点，在另一元件中选择一条边或轴线，也就是选择"重合"约束参考。

9. 常规 "常规"连接

约束关系为自动，可使用的放置约束有"距离"、"重合"、"平行"，如图10-81所示。

图10-80 "轴承"连接

图10-81 "常规"连接

10. 6DOF "6DOF"连接

该连接需满足"坐标系对齐"的约束关系，可以使用的约束类型为"重合"或"居中"，选择元件坐标系和装配件坐标系作为约束参考即可，如图10-82所示。

11. 万向 "万向"连接

该连接需满足"坐标系"约束关系，通过坐标系的"居中"约束来实现，元件可以重合的坐标系原点为运动参考，全方位旋转。具体操作是分别选择元件坐标系和装配件坐标系作为约束参考即可，如图10-83所示。

图10-82 "6DOF"连接

图10-83 "万向"连接

12. 槽 "槽"连接

建立槽连接，包含一个"点对齐"约束，允许沿一条非直的轨迹旋转。该连接需满足的约束关系如图10-84所示。

预定义约束集包含用于定义连接类型（有或无运动轴）的约束。连接定义特定类型的运动。在确定了哪种连接允许所需的运动类型后，在列表中将其选取，随之将出现相应的约束。不能删除、更改或移除这些约束。不能添加新的约束。"刚性"、"焊缝"和"球"预定义集没有运动轴，"球"约束集有运动，但没有轴。

图10-84　"槽"连接

10.2.4　封装元件

在设计时如果有的元件只作设计参考，但不需要放置时，可以使用封装元件的方式来将元件加入到设计区，当需要固定时可以再装配，封装元件的操作方式如下所述。

新建装配文件，进入装配设计环境。放置第一个元件，并使用"默认"约束固定，如图10-85所示。单击"模型"功能区"组装" 组装 下拉按钮，在展开的下拉菜单中单击"封装"按钮封装。弹出"菜单管理器"窗口，从中选择"封装"下的"添加"选项，如图10-86所示。

"菜单管理器"窗口展开"获得模型"选项，从中选择"打开"选项，如图10-87所示。弹出"打开"窗口，选择所需封装的元件并打开，元件就会被添加到设计区，如图10-88所示。

同时弹出"移动"设置窗口，如图10-89所示，可以通过此窗口选择运动类型等。在设计区进一步调整所添加元件至合适位置后，单击"移动"对话框中的"确定"按钮，在"菜单管理器"窗口"封装"下选择"完成/返回"选项，完成封装元件，效果如图10-90所示。

图10-85　放置元件

图10-86　选择"添加"选项

图10-87　选择"打开"选项

图10-88　添加元件到设计区

图10-89　"移动"对话框

图10-90　封闭元件

封装元件可以不考虑元件的定位约束条件，从而达到快速预览和元件布置的目的。与一般的装配在约束方面不同，属于不完全约束状态。

10.3 操作元件

在装配设计环境加载新的零件后，零件的位置按系统默认的方式放入设计区，但它的位置对于放置操作并不一定最合适，这就需要调整元件位置。放置后的元件是否合理，是否满足设计初衷的需要，需要对元件进行检测。所以操作元件是装配过程中很重要的一环。

10.3.1 以放置为目的移动元件

在装配元件时，为了更便于选取约束参考和使元件装配合理高效，可以使用"移动"下拉面板来移动元件。当"移动"面板处于活动状态时，将暂停所有其他元件的放置操作。要移动参与组装的元件，必须封装或用预定义约束集配置该元件。

1. 定向模式

新建装配文件，以"默认"约束放置第一个元件，如图10-91所示。单击"模型"功能区"元件"工具栏中的"组装"按钮 ，选择零件文件并打开，新加载的零件文件按系统的默认方式放入设计区，如图10-92所示。单击"元件放置"操控板上的"移动"按钮 移动 ，展开移动下拉面板，在"运动类型"下拉列表中选择"定向模式"选项，如图10-93所示。

图10-91 放置第一个元件　　　　图10-92 放置新加载零件　　　　图10-93 "元件放置"操控板

在设计区单击鼠标左键，然后在合适的位置单击鼠标中键，并保持鼠标中键按住的状态拖动，既可以鼠标中键单击的位置为旋转中心对元件进行旋转重定向，如图10-94所示。按住Shift键的同时，并按住鼠标中键拖动可以移动元件。当位置调整合适后，单击"元件放置"操控板上的"移动"按钮，使"移动"下拉面板收回，即可完成元件的定向。

2. 平移

平移是移动元件的最简单方式，在"元件放置"操控板上单击"移动"按钮，在展开的下拉面板中将"运动类型"改为"平移"，在设计区单击元件，移动鼠标，在合适的位置再次单击即可，如图10-95和图10-96所示。平移可以使用的运动参考类型有"在视图平面中相对"和"运动参考"。

图10-94　旋转元件

图10-95　平移元件

图10-96　平移效果

提示

在元件放置操作界面，按Ctrl+Alt+鼠标右键组合键可以便捷地平移处于激活状态的元件。

3. 旋转

在装配设计环境放入新的元件后，可以使用"移动"下拉面板中的旋转运动类型对元件进行位置调整。图10-97所示为原始位置，在"移动"下拉面板中选择"旋转"运动类型，在设计区合适位置单击作为旋转中心，然后移动鼠标元件会随之旋转，旋转到合适的位置后再次单击即可完成移动，效果如图10-98所示。

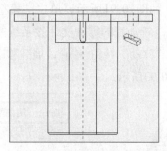

图10-97　元件原始位置

图10-98　旋转后的结果

提示

在元件放置操作界面，按Ctrl+Alt+鼠标中键组合键同样可以旋转元件。旋转的运动参考同样包括"在视图平面中相对"和"运动参考"两种类型。选择旋转参考时，可以在元件或者组件上选择两点作为旋转轴，也可以选择曲面作为旋转面，而应当依据不同情况进行灵活选择。

4. 调整

在装配设计环境放入新零件，位置如图10-99所示。在弹出的"元件放置"操控板上单击"移动"按钮 移动 ，展开"移动"下拉面板，将运动类型改为"调整"，如图10-100所示。在设计区单击元件的曲面会使该曲面平行于视图，如图10-101所示。

选中"运动参考"单选按钮时，有"配对"和"对齐"两种方式来调整元件，如图10-102和图10-103所示。

图10-99　放入新零件　　　图10-100　更改运动类型　　　图10-101　使曲面平行于视图

图10-102　选中"运动参考"单选按钮　　　　　图10-103　调整后的位置

10.3.2　拖动已放置的元件

在装配的时候，已放置的元件在未完全约束或使用机构连接留有自由度，元件满足可运动的条件，可以执行"拖动"元件命令，拖动选择的元件使其改变位置，查看其仿真运动效果。拖动元件的操作方法如下所述。

打开如图10-104所示的装配文件，因为装配中有部分约束的元件，可以满足运动条件，单击"模型"功能区"元件"工具栏中的 "拖动元件"按钮，弹出如图10-105所示的"拖动"对话框和图10-106所示的"选择"对话框。

图10-104　打开装配文件

在设计区单击选择部分约束的元件，移动鼠标，元件就会跟随鼠标移动，如图10-107所示。

图10-105　"拖动"对话框　　　图10-106　"选择"对话框　　　图10-107　移动元件

单击"拖动"对话框中的"快照"按钮，"拖动"对话框展开"快照"相关选项，此处可以截取当前位置的快照,如图10-108和图10-109所示。

在模型树中,部分约束元件的标签前面有小方框标注,如图10-110所示。

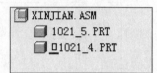

图10-108　单击按钮　　　图10-109　截取快照　　　图10-110　部分约束的元件

 提示

　　按住Ctrl+Alt组合键,单击选择需要运动的元件,并按住左键拖动鼠标,元件同样会跟随鼠标移动。

10.4　元件的编辑操作

　　完成装配后,同样可以对装配体中的元件进行编辑操作。下面对各种编辑操作的方法进行介绍。

10.4.1　元件的打开、删除

　　在装配体中打开、删除元件的方法如下所述。

操作实战178——元件的打开

1 打开装配模型,如图10-111所示。

2 在模型树中需要打开的元件YIDONG02. PRT上单击鼠标右键,如图10-112所示。

3 在弹出的快捷菜单中执行"打开"命令,如图10-113所示。

图10-111　装配模型

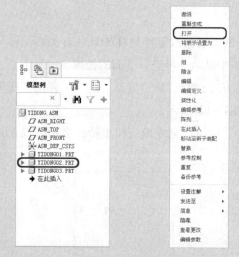

图10-112 要打开的零件　图10-113 "打开"命令

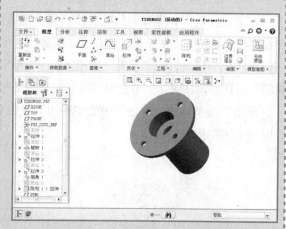

示，如图10-114所示。

图10-114 弹出零件设计窗口

4 系统弹出新的零件设计环境窗口，所选择的零件会在新打开的零件设计窗口中显

5 在此窗口可以对当前零件进行操作编辑，完成操作后关闭此窗口即可。

实战演练179——元件的删除

1 打开装配模型，如图10-115所示。

2 在该装配体的模型树中要删除的元件YIDONG03.PRT上单击鼠标右键，如图10-116所示。

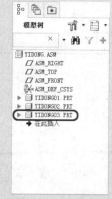

图10-117 执行命令　图10-118 "删除"对话框

图10-115 装配模型　图10-116 要删除的元件

3 在弹出的快捷菜单中执行"删除"命令，如图10-117所示。

4 弹出"删除"对话框，单击"确定"按钮，如图10-118所示。

5 删除完成后的效果如图10-119所示。

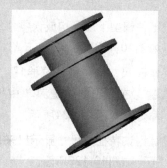

图10-119 完成删除

10.4.2 修改零件的特征尺寸

在装配模块下，零件的特征在模型树中默认是不显示的，要修改零件特征的尺寸首先要让特征在模型树中显示，以便于尺寸的修改。而要让特征在模型树中显示，可进行下面的操作。

单击模型树上方的"设置"按钮，弹出下拉菜单，从中选择"树过滤器"选项，弹出"模型树项"对话框，在对话框中选中"特征"前的复选框，如图10-120所示。

单击"模型树项"对话框中的"应用"按钮和"确定"按钮，完成模型树中特征显示的设置，如图10-121所示。

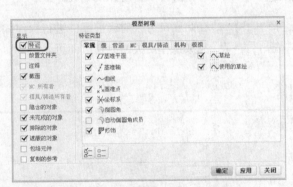

图10-120 "模型树项"对话框

图10-121 模型树显示内容

 实战演练180——修改零件的特征尺寸

在装配体中修改零件特征的尺寸，方法如下所述。

1 打开装配文件，在装配体的模型树中单击要修改特征尺寸的零件标签前的三角按钮，如图10-122所示（图中圈住的部分）。

2 在该零件模型下展开构成该零件的所有特征，如图10-123所示。

3 在要修改尺寸的特征"拉伸1"上单击鼠标右键，在弹出的快捷菜单中执行"编辑"命令，如图10-124所示。

4 在设计区该特征的尺寸显示出来，进行修改即可，如图10-125所示。

图10-122 单击按钮

图10-123 展开特征

图10-124 执行命令　　图10-125 修改尺寸

图10-126 重新生成

5 修改完毕后，在模型树中右击该特征所在零件模型的标签，弹出快捷菜单，执行"重新生成"命令，如图10-126所示。或者单击"模型"功能区"操作"工具栏的（重新生成）按钮。

10.4.3 修改装配体中的零件

实战演练181——修改装配体中的零件

1 打开现有的装配模型，如图10-127所示。

2 在模型树中要修改的零件YIDONG02.PRT的标签上单击鼠标右键，在弹出的快捷菜单中执行"打开"命令，如图10-128所示。

图10-129 边倒角效果

4 关闭零件设计窗口，返回装配设计窗口，完成装配体中零件的修改，效果如图10-130所示。

图10-127 装配模型　　图10-128 右击该标签

3 该零件出现在新弹出的零件设计窗口中，此时对零件的边倒角，如图10-129所示。

图10-130 最终效果

10.4.4 重定义零件的装配关系

实战演练182——重定义零件的装配关系

1 打开装配模型，如图10-131所示。

2 在模型树中要重定义的YIDONG02.PRT标签上单击鼠标右键，如图10-132所示。

图10-131 装配模型　　图10-132 右击标签

3 在弹出的快捷菜单中执行"编辑定义"命令，弹出"元件放置"操控板，进入元件放置操作界面，如图10-133所示。

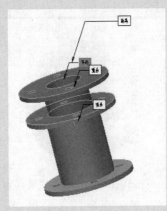

图10-133 元件放置

4 单击操控板上的"放置"按钮，弹出"放置"下拉面板，如图10-134所示。

图10-134 "放置"下拉面板

5 在下拉面板的"集1"列表框中，将距离约束改为平行，并新建约束，将约束类型设为重合，如图10-135所示。

图10-135 重合约束

6 在设计区选择元件、装配件的面作为约束参考，如图10-136所示。

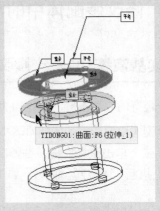

图10-136 选择约束参考

7 单击操控板上的"确定"按钮，完成装配的重定义，如图10-137所示。

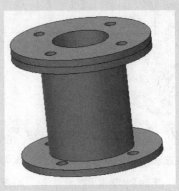

图10-137 重定义装配关系

10.4.5 在装配体中创建新零件

在装配环境中创建零件的方法如下所述。

实战演练183——创建新零件

1 打开已有的装配文件，如图10-138所示。

2 单击"模型"功能区"元件"工具栏中的"创建"按钮，弹出"元件创建"对话框，创建类型选择零件实体，输入名称为YIDONG04，然后单击"确定"按钮，如图10-139所示。

图10-138 装配模型　　图10-139 创建类型

3 弹出"创建选项"对话框，在"创建方法"选项组中选中"创建特征"单选按钮，并单击"确定"按钮，如图10-140所示。

4 进入零件设计环境，此时装配体在设计区的样式如图10-141所示。

图10-140 创建方法　　图10-141 装配体显示样式

5 在设计区选择如图10-142所示的平面。

6 单击"模型"功能区"基准"工具栏中的"草绘"按钮，进入草绘设计环境，并弹出"参考"对话框，如图10-143所示。

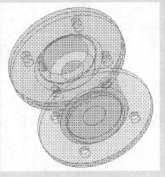

图10-142 选择草绘平面

图10-143 "参考"对话框

7 在绘图区选择参考，如图10-144所示。

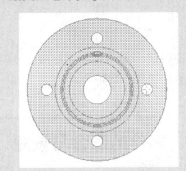

图10-144 选择参考

8 单击"参考"对话框中的"求解"按钮，使参考状况成为完全放置的，然后单击"关闭"按钮，如图10-145所示。

9 在绘图区绘制如图10-146所示的截面，并单击"确定"按钮完成草绘。

图10-145 "参考"对话框

图10-146 草绘截面

10 对所绘截面进行拉伸，如图10-147所示。

图10-147 拉伸特征

11 当前所创建零件模型在模型树中的标签如图10-148所示。

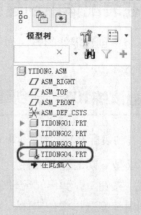

图10-148 标签样式

12 在该标签上单击鼠标右键，在弹出的快捷菜单中执行"打开"命令，如图10-149所示。

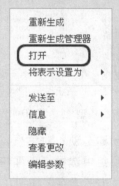

图10-149 执行"打开"命令

13 系统打开新的零件模块窗口，所创建的零件会在窗口的设计区出现，关闭此窗口即可。

14 完成在装配体中新零件的创建。

10.4.6 零件的隐含与恢复

 实战演练184——隐含装配体中的零件

1 打开装配模型，如图10-150所示。

2 在模型树中要隐含的零件的标签YIDONG02.PRT上单击鼠标右键，如图10-151所示。

图10-150　装配模型　　　图10-151　选择标签

3 在弹出的快捷菜单中执行"隐含"命令，弹出"隐含"对话框，如图10-152所示。

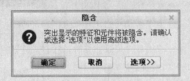

图10-152　"隐含"对话框

4 由于该元件有子装配件，因此该元件和它的子装配件被加亮着色显示，如图10-153所示。

图10-153　突出显示

5 单击"隐含"对话框中的"确定"按钮，该元件和它的子装配件被隐含，如图10-154所示。

图10-154　元件被隐含

实战演练185——恢复装配体中的零件

1 以上一个实例为例，如图10-155所示。

图10-155　打开模型

2 单击"模型"功能区"操作"工具栏中的"操作"按钮 操作▾，在展开的下拉菜单中依次执行"恢复"和"恢复上一个集"命令，被隐含的元件恢复出来，如图10-156所示。

图10-156　恢复隐含的元件

提示

在模型树中被隐含的元件标签上单击鼠标右键，在弹出的快捷菜单中执行"恢复"命令，也可以恢复被隐含的元件。

10.4.7 复制元件

在装配设计中有的零件需要多次用到，而重复引入零件文件很烦琐。这种情况情况下可以使用复制元件的方法来解决。下面介绍复制元件的几种方法。

实战演练186——复制元件

1 打开装配模型，如图10-157所示。

图10-157 装配模型

2 单击"模型"功能区"元件"工具栏中的"元件"按钮 元件▼ ，展开下拉菜单，执行"元件操作"命令。弹出"菜单管理器"窗口，从中选择"复制"选项。此时在"菜单管理器"窗口展开"得到坐标系"选项栏，在设计区选择坐标系，如图10-158所示。

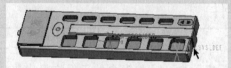

图10-158 选择坐标系

3 弹出"选择"对话框，在模型树中单击选择需要复制的元件"FENKUAI.PRT"，如图10-159所示。

4 在设计区单击鼠标中键，"菜单管理器"窗口展开"平移方向"选项，从中选择"Z轴"选项，如图10-160所示。

5 弹出"输入平移的距离z方向"文本框，输入数值-40，单击"确定"按钮，如图10-161所示。

6 选择"菜单管理器"窗口中的"完成移动"选项，如图10-162所示。

7 弹出"输入沿这个复合方向的实例数目"文本框，输入数目2，单击"确定"按钮，

如图10-163所示。

图10-159 选择元件　　　图10-160 选择Z轴

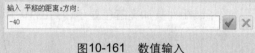

图10-161 数值输入

图10-162 选择选项　　　图10-163 数值输入

8 在"菜单管理器"窗口中选择"完成"选项，如图10-164所示。

图10-164 选择"完成"选项

9 "菜单管理器"窗口展开"元件"选项，从中选择"完成/返回"选项，如图10-165所示。

10 元件复制完成后的效果如图10-166所示。

图10-165 选择选项

图10-166 复制效果

实战演练187——复制/粘贴元件

1 打开装配模型，如图10-167所示。

图10-167 装配模型

2 在装配体模型树中单击选择需要复制的元件FENKUAI.PRT，如图10-168所示。

图10-168 选择元件

3 单击"模型"功能区"操作"工具栏中的"复制"按钮，然后单击"粘贴"按钮，弹出"元件放置"操控板，进入元件放置操作界面，如图10-169所示。

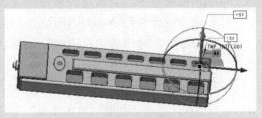

图10-169 进行放置

4 对粘贴的元件进行放置，然后单击"确定"按钮完成元件放置，如图10-170所示。

图10-170 复制元件

10.4.8 镜像元件

实战演练188——镜像元件

1 打开装配模型，如图10-171所示。

2 单击"模型"功能区"元件"工具栏中的"创建"按钮，弹出"元件创建"对话框，在对话框"类型"选项组中选中"零件"单选按钮，在"子类型"选项组中选中"镜像"单选按

钮，并输入新名称或保持默认，然后单击
"确定"按钮，如图10-172所示。

图10-171 装配模型

图10-172 "元件创建"对话框

图10-173 选择平面

图10-174 镜像设置

3 弹出"镜像零件"对话框，在设计区选
择要镜像的元件FENKUAI.PRT，单击
"镜像零件"对话框"平面参考"下的
单击此处添加项 字样，在设计区选择如
图10-173所示的平面。

4 被选择的平面会添加到"平面参考"下的
文本框中，如图10-174所示。

5 单击"镜像零件"对话框中的"确定"按
钮，完成元件的镜像，如图10-175所示。

图10-175 镜像元件

10.4.9 重复元件

实战演练189——重复元件

1 打开装配模型，如图10-176所示。

图10-176 装配模型

2 在装配体的模型树中需要重复的元件上单
击鼠标右键，在弹出的快捷菜单中执行
"重复"命令，如图10-177所示。

3 弹出"重复元件"对话框，在"可变装
配参考"列表框中选择全部可变参考，

如图10-178所示。

图10-177 执行"重复" 图10-178 可变装配
命令 参考

4 单击"重复元件"对话框中的"添加"按钮，在设计区装配体上选择恰当的放置参考，如图10-179所示。

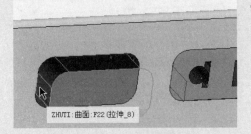

图10-179 选择放置参考

5 在装配体上每选择完一组放置参考，即会放置一个元件，如图10-180所示。

图10-180 放置元件

6 连续选择四组放置参考，即会在装配体上放置四个元件，同时放置的元件会在"放置元件"列表框中显示，如图10-181所示。

图10-181 添加的元件

7 单击"重复元件"对话框中的"确认"按钮，完成元件的重复，如图10-182所示。

图10-182 重复元件效果

10.4.10 阵列元件

装配模型中的元件阵列与零件模型中的特征阵列类似，下面通过实例进行介绍。

实战演练190——参考阵列

1 打开装配模型，如图10-183所示。

图10-183 装配模型

2 在装配体的模型树中需要阵列的的元件FENKUAI.PRT上单击鼠标右键，在弹出的快捷菜单中执行"阵列"命令。弹出"阵列"操控板，在操控板上将阵列类型设为参考，单击操控板上的"确定"按钮

完成元件的阵列，如图10-184所示。

图10-184 阵列效果

提示

利用参考来阵列，前提是确定装配体中存在特征阵列参考，以使要放置的元件依据此阵列参考来阵列。

实战演练191——尺寸阵列

1 打开装配模型，如图10-185所示。

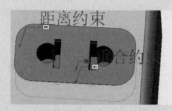

图10-185 装配模型

2 在装配模型中，元件的放置是由两个两面重合约束和一个两面距离约束来定义的，如图10-186所示。

图10-187 选择尺寸

图10-188 修改数值

图10-186 约束类型

3 在装配体的模型树中需要阵列的元件FENKUAI.PRT上单击鼠标右键，在弹出的快捷菜单中执行"阵列"命令，弹出"阵列"操控板，在操控板上将阵列类型改为尺寸。

4 在设计区单击选择尺寸，如图10-187所示。

5 在"尺寸"下拉面板中将增量尺寸改为-40，如图10-188所示。

6 在操控板上将阵列成员数量改为7，单击"确定"按钮完成元件阵列，如图10-189所示。

图10-189 元件阵列

 提示

元件的尺寸阵列是使用装配中的约束尺寸创建阵列，所以只有使用距离、角度偏移等这样的约束类型才能创建元件的尺寸阵列。

10.5 上机练习

本例介绍显示器组件的创建与组装，其效果如图10-190、图10-191和图10-192所示。

图10-190　显示器前视图

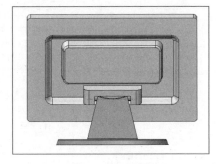

图10-191　显示器后视图

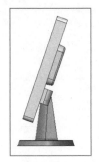

图10-192　显示器左视图

10.5.1　创建液晶显示器屏幕

1 启动Creo 2.0软件，执行系统菜单中的"文件"|"新建"命令，或单击"新建"按钮，弹出"新建"对话框，在"类型"选项组中选中"零件"单选按钮，在"子类型"选项组中选中"实体"单选按钮，然后输入文件名称pingmu，再取消选中"使用默认模板"复选框，如图10-193所示，单击"确定"按钮。

图10-193　"新建"对话框

2 弹出"新文件选项"对话框，选择"mmns_part_solid"模板，然后单击"确定"按钮，进入创建零件环境，如图10-194所示。

3 单击"模型"功能区"形状"工具栏中的"拉伸"按钮，如图10-195所示。

4 进入拉伸操作界面，单击操控板上的"放置"按钮，展开"放置"下拉面板，单击下拉面板上的"定义"按钮，然后单击模

型树中的"TOP"基准平面，如图10-196所示。

图10-194　"新文件选项"对话框

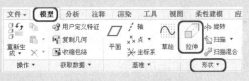

图10-195　单击按钮

图10-196　"放置"下拉面板

5 将"TOP"基准平面选择为草绘平面后，单击如图10-197所示的"草绘"按钮。

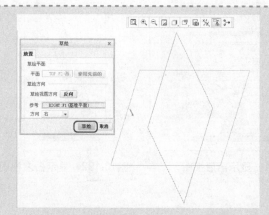

图10-197 选择"TOP"基准平面

6 系统打开草绘器，进入草绘设计环境，如图10-198所示。

图10-198 进入草绘环境

7 在草绘器中选择"矩形"工具，在绘图区中绘制如图10-199所示的矩形。

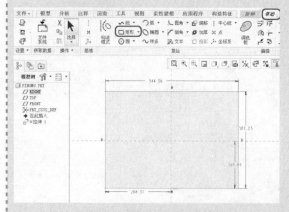

图10-199 绘制矩形

8 修改所绘制矩形的尺寸，修改后的尺寸为长为470，宽为300，如图10-200所示。

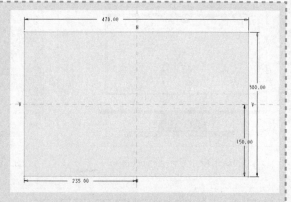

图10-200 修改尺寸

9 单击"确定"按钮完成草绘，返回拉伸操作界面，如图10-201所示。

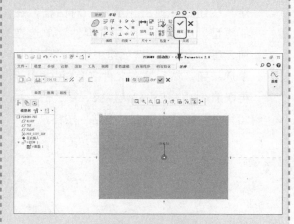

图10-201 完成草绘

10 在操控板上单击"盲孔"按钮，将拉伸深度设为30，如图10-202所示。

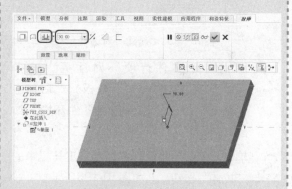

图10-202 拉伸设置

11 单击操控板上的"确定"按钮 ✓ 完成拉伸，效果如图10-203所示。

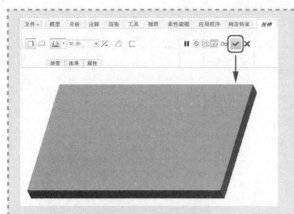

图10-203　拉伸效果

12 单击"模型"功能区"形状"工具栏中的"倒圆角"按钮,弹出"倒圆角"操控板,在操控板上设置圆角半径为10,然后按住Ctrl键在设计区选择如图10-204所示的四条边。

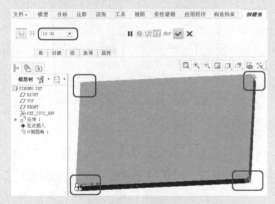

图10-204　倒圆角设置

13 单击操控板上的"确定"按钮完成倒圆角操作,效果如图10-205所示。

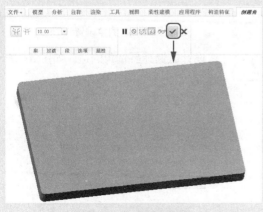

图10-205　完成倒圆角

14 在设计区单击选择拉伸特征的上面,然后单击"模型"功能区"基准"工具栏中的"草绘"按钮,如图10-206所示。

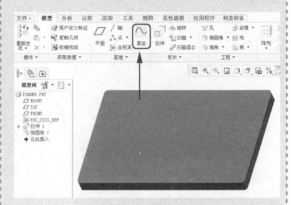

图10-206　选择草绘平面

15 打开草绘器,进入草绘设计环境。在绘图区放置一条与竖直参考线重合的中心线,单击"草绘"工具栏中的"矩形"按钮,在绘图区绘制如图10-207所示的矩形。

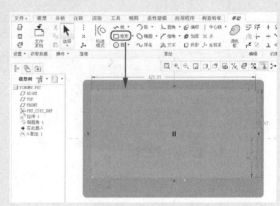

图10-207　绘制矩形

16 修改所绘矩形的尺寸,如图10-208所示。

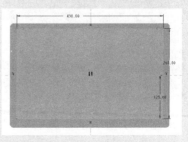

图10-208　修改尺寸

17 单击"确定"按钮完成草绘，选择所绘制的截面，单击"模型"功能区"形状"工具栏中的"拉伸"按钮，弹出"拉伸"操控板，进入拉伸操作界面，如图10-209所示。

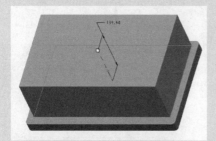

图10-209 拉伸操作

18 在"拉伸"操控板上单击"盲孔"按钮，将深度设为5，并移除材料，及设置正确的移除材料方向，如图10-210所示。

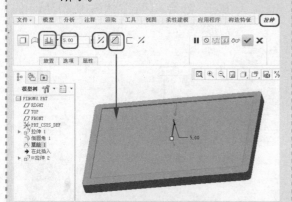

图10-210 拉伸设置

19 单击操控板上的"确定"按钮，完成拉伸移除材料，如图10-211所示。

图10-211 完成的效果

20 单击"模型"功能区"工程"工具栏中的"倒圆角"按钮，弹出"倒圆角"操控板，设置圆角半径为5，按住Ctrl键，在设计区选择如图10-212所示的四条边。

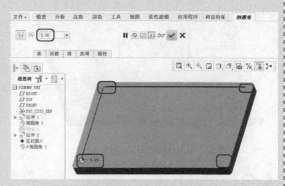

图10-212 倒圆角设置

21 单击操控板上的"确定"按钮，完成倒圆角，如图10-213所示。

图10-213 倒圆角效果

22 单击"模型"功能区"工程"工具栏中的"边倒角"按钮，弹出"边倒角"操控板，在操控板上将倒角类型改为D×D，D值为5，如图10-214所示。

图10-214 边倒角设置

23 在设计区选择要倒角的边，如图10-215所示。

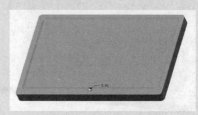

图10-215 选择倒角边

24 单击操控板上的"确定"按钮完成边倒角，效果如图10-216所示。

图10-216　边倒角效果

25 在设计区单击选择拉伸特征的底面，然后单击"模型"功能区"编辑"工具栏中的"偏移"按钮，如图10-217所示。

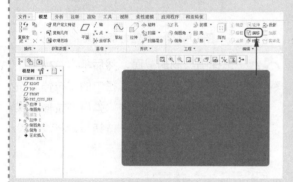

图10-217　进行偏移

26 弹出"偏移"操控板，单击"具有拔模特征"按钮，设置偏移值为15，偏移角度为30，如图10-218所示。

图10-218　"偏移"操控板

27 单击操控板上的"选项"按钮，展开"选项"下拉面板，在下拉面板上选中"草绘"和"相切"单选按钮，如图10-219所示。

28 单击操控板上的"参考"按钮，展开"参考"下拉面板，单击"定义"按钮，如图10-220所示。

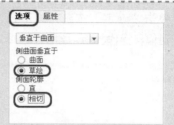

图10-219　"选项"下拉面板

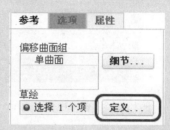

图10-220　单击"定义"按钮

29 弹出"草绘"对话框，在设计区单击选择拉伸特征的底面，将其设为草绘平面，然后单击"草绘"按钮，如图10-221所示。

图10-221　"草绘"对话框

30 系统打开草绘器，进入草绘设计环境，在绘图区绘制如图10-222所示的截面。

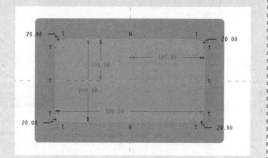

图10-222　草绘截面

31 单击"确定"按钮完成草绘，并返回到偏移操作界面，如图10-223所示。

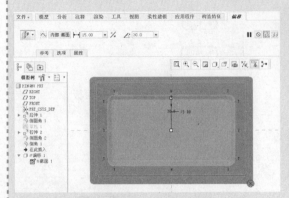

图10-223　偏移操作界面

32 单击"偏移"操控板上的"确定"按钮，完成偏移，效果如图10-224所示。

图10-224　偏移效果

33 在设计区单击选择如图10-225所示的平面。

图10-225　选择草绘平面

34 选取平面后，单击"模型"功能区"基准"工具栏中的"草绘"按钮，系统会以选择的平面为草绘平面进入草绘环境，如图10-226所示。

35 在绘图区绘制如图10-227所示的截面，然后单击"确定"按钮完成草绘。

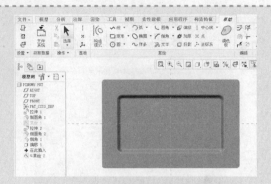

图10-226　草绘环境

图10-227　草绘截面效果

36 选择刚绘制的截面，然后单击"模型"功能区"形状"工具栏中的"拉伸"按钮，对草绘进行拉伸。弹出"拉伸"操控板，单击"盲孔"按钮，将深度设为35，如图10-228所示。

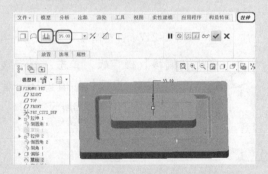

图10-228　拉伸设置

37 单击"拉伸"操控板上的"确定"按钮，完成拉伸，效果如图10-229所示。

图10-229　拉伸效果

38 按住Ctrl键在设计区选择如图10-230所示的多个曲面。

图10-230　选择曲面

39 然后单击"模型"功能区"工程"工具栏中的"拔模"按钮,系统弹出"拔模"操控板,进入拔模操作界面,如图10-231所示。

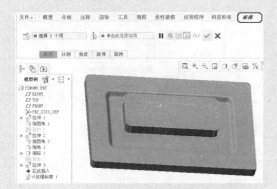

图10-231　拔模操作界面

40 在设计区单击选择如图10-232所示的曲面。

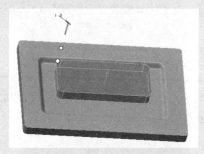

图10-232　选择曲面

41 在操控板上设置拔模角度为8,并单击"反向"按钮,以确定需要的拔模方向,如图10-233所示。

42 单击"拔模"操控板上的"确定"按钮完成拔模,效果如图10-234所示。

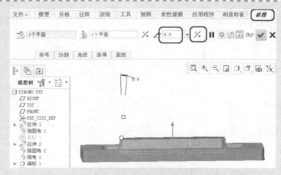

图10-233　确定拔模方向

图10-234　拔模效果

43 单击"模型"功能区"工程"工具栏中的"倒圆角"按钮,弹出"倒圆角"操控板,进入倒圆角操作界面,在设计区选择如图10-235所示的边。

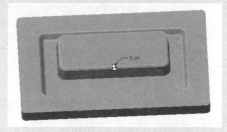

图10-235　选择边

44 在操控板上设置圆角半径为5,然后单击"确定"按钮完成倒圆角,效果如图10-236所示。

图10-236　倒圆角效果

45 在设计区单击选择如图10-237所示的平面。

图10-237 选择平面

10.5.2 显示器底座插孔的制作

1 然后单击"模型"功能区"基准"工具栏中的"草绘"按钮，系统以选择的平面为草绘平面进入草绘设计环境，如图10-238所示。

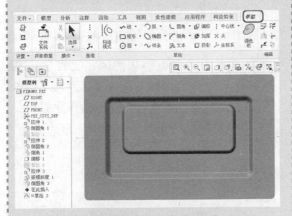

图10-238 草绘环境

2 在绘图区绘制如图10-239所示的截面，然后单击"确定"按钮完成草绘。

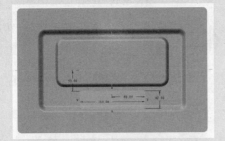

图10-239 草绘截面

3 对所绘制的截面进行拉伸，单击"盲孔"按钮⊥，将拉伸深度设为40，如图10-240所示。

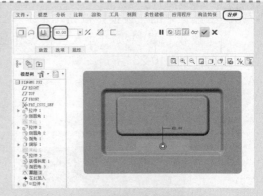

图10-240 拉伸设置

4 单击操控板上的"确定"按钮，完成拉伸，效果如图10-241所示。

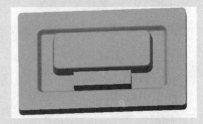

图10-241 拉伸效果

5 按住Ctrl键在设计区选择如图10-242所示的两条边。

图10-242 选择边

6 然后单击"模型"功能区"工程"工具栏中的"倒圆角"按钮，对选择的边进行倒圆角，在操控板上将倒圆角半径设为15，如图10-243所示。

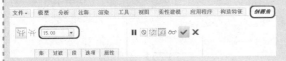

图10-243　倒圆角设置

7 单击操控板上的"确定"按钮完成倒圆角，完成后的效果如图10-244所示。

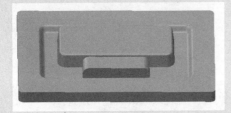

图10-244　倒圆角效果

8 在设计区单击选择如图10-245所示的平面。

图10-245　选择草绘平面

9 然后单击"模型"功能区"基准"工具栏中的"草绘"按钮，系统以所选择的平面为草绘平面进入草绘设计环境。在绘图区绘制如图10-246所示的截面。

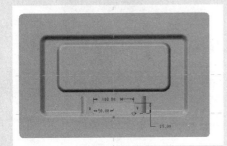

图10-246　草绘截面

10 单击"确定"按钮完成草绘，对所绘制的截面进行拉伸，单击"通孔"按钮，再单击"移除材料"按钮⊿，并设置正确的材料方向，如图10-247所示。

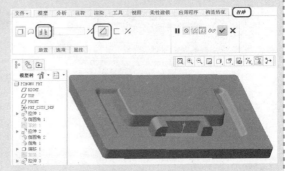

图10-247　拉伸设置

11 单击操控板上的"确定"按钮完成拉伸，效果如图10-248所示。

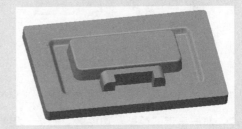

图10-248　拉伸效果

12 按住Ctrl键在设计区选择如图10-249所示的四条边。

图10-249　选择边

13 然后单击"模型"功能区"工程"工具栏中的"倒圆角"按钮，弹出"倒圆角"操控板，在操控板上将圆角半径设为3，如图10-250所示。

14 单击操控板上的"确定"按钮，完成倒圆角，效果如图10-251所示。

图10-250　倒圆角设置

图10-251　倒圆角效果

15 在模型树中或在设计区单击选择"RIGHT"基准平面，如图10-252所示。

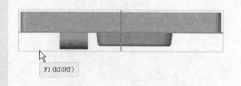

图10-252　选择草绘平面

16 然后单击"模型"功能区"基准"工具栏中的"草绘"按钮，以"RIGHT"基准平面为草绘平面进入草绘环境，如图10-253所示。

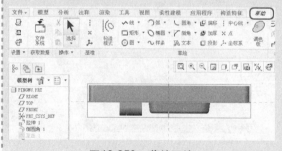

图10-253　草绘环境

17 在绘图区绘制如图10-254所示的直径为6的圆。

18 单击"确定"按钮完成草绘。对绘制的截面进行拉伸，单击"对称"按钮[□]，将拉伸深度设为120，再单击"移除材料"按钮[⬚]，如图10-255所示。

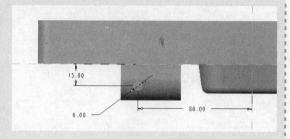

图10-254　绘制圆

图10-255　拉伸设置

19 单击操控板上的"确定"按钮完成拉伸移除材料，效果如图10-256所示。

图10-256　拉伸移除材料效果

20 至此，显示器屏幕设计完成，效果如图10-257所示。按Ctrl+S组合键保存对象即可。

图10-257　显示器屏幕

10.5.3 创建底座

1 单击"主页"功能区的"新建"按钮,如图10-258所示。

图10-258 新建文件

2 弹出"新建"对话框,在对话框中的"类型"选项组中选中"零件"单选按钮,在"子类型"选项组中选中"实体"单选按钮,在"名称"文本框中输入dizuo,并取消选中"使用默认模板"复选框,然后单击"确定"按钮,如图10-259所示。

图10-259 "新建"对话框

3 弹出"新文件选项"对话框,在对话框中选择mmns_part_solid模板,然后单击"确定"按钮,如图10-260所示,进入零件设计环境。在模型树中或在设计区选择"TOP"基准平面,然后单击"模型"功能区"基准"工具栏中的"草绘"按钮。

图10-260 选择模板

4 打开草绘器,进入草绘设计环境。在绘图区绘制长轴为300,短轴为150的椭圆,如图10-261所示。

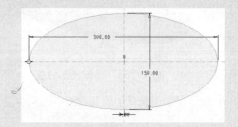

图10-261 草绘截面

5 单击"确定"按钮完成草绘,对所绘制的截面进行拉伸,单击"盲孔"按钮,将深度设为15,如图10-262所示。

图10-262 拉伸设置

6 单击操控板上的"确定"按钮完成拉伸,效果如图10-263所示。

图10-263 拉伸效果

7 按住Ctrl键在设计区选择如图10-264所示的曲面。

图10-264 选择曲面

8 然后单击"模型"功能区"工程"工具栏中的"拔模"按钮,弹出"拔模"操控板,进入拔模操作界面,如图10-265所示。

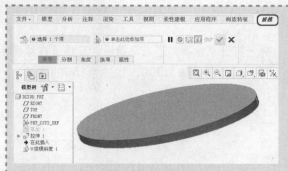

图10-265　拔模操作界面

9 在设计区单击选择如图10-266所示的曲面。

图10-266　选择曲面

10 在操控板上设置拔模角度为20，并单击"反向"按钮 ∕∕，以确定需要的拔模方向，如图10-267所示。

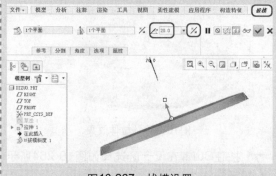

图10-267　拔模设置

11 单击操控板上的"确定"按钮完成拔模，效果如图10-268所示。

图10-268　拔模效果

12 单击"模型"功能区"工程"工具栏中的"倒圆角"按钮，弹出"倒圆角"操控板，在设计区选择如图10-269所示的边。

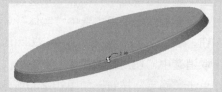

图10-269　选择倒圆角边

13 在操控板上将倒圆角半径设为2，并单击"确定"按钮完成倒圆角，如图10-270所示。

图10-270　倒圆角效果

14 在设计区单击选择如图10-271所示的平面。

图10-271　选择平面

10.5.4　绘制底座立柱

1 然后单击"模型"功能区"基准"工具栏中的"草绘"按钮，以所选择的平面为草绘平面进入草绘环境，如图10-272所示。

2 在绘图区绘制如图10-273所示的截面，然后单击"确定"按钮完成草绘。

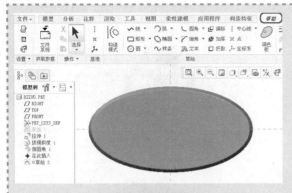

图10-272　草绘环境

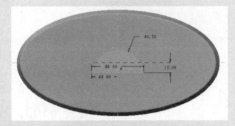

图10-273　草绘截面

3 对所绘制的截面进行拉伸，单击"盲孔"按钮，将拉伸深度设为120，如图10-274所示。

图10-274　拉伸设置

4 单击"拉伸"操控板上的"确定"按钮，完成拉伸，效果如图10-275所示。

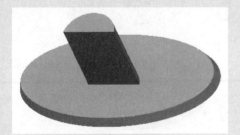

图10-275　拉伸效果

5 按住Ctrl键在设计区选择如图10-276所示的两个曲面。

6 单击"模型"功能区"工程"工具栏中的"拔模"按钮，弹出"拔模"操控板，进入拔模操作界面，如图10-277所示。

图10-276　选择曲面

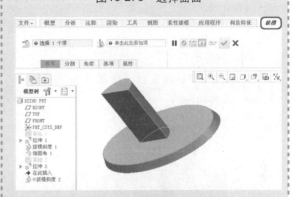

图10-277　拔模操作界面

7 在设计区单击选择如图10-278所示的曲面作为拔模枢轴。

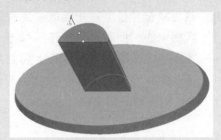

图10-278　选择曲面

8 在"拔模"操控板上将拔模角度设为5，单击"反向"按钮 %，以确定拔模方向，如图10-279所示。

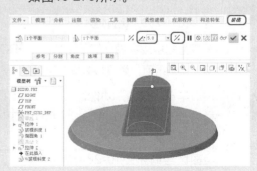

图10-279　拔模设置

9 单击"拔模"操控板上的"确定"按钮，完成拔模，效果如图10-280所示。

图10-280 拔模效果

10 按住Ctrl键在设计区选择如图10-281所示的两条边。

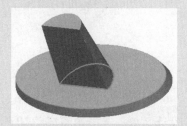

图10-281 选择边

11 然后单击"模型"功能区"工程"工具栏中的"倒圆角"按钮，弹出"倒圆角"操控板，在操控板上将圆角半径设为3，单击"确定"按钮完成倒圆角，效果如图10-282所示。

图10-282 倒圆角效果

12 在模型树中或在设计区单击选择"FRONT"基准平面，如图10-283所示。

13 然后单击"模型"功能区"基准"工具栏中的"草绘"按钮，以"FRONT"基准平面为草绘平面进入草绘环境。在绘图区绘制如图10-284所示的截面，单击"确定"按钮完成草绘。

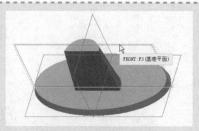

图10-283 选择草绘平面

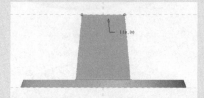

图10-284 草绘截面

14 对所绘制的截面进行拉伸，单击"对称" 按钮，将拉伸深度设为100，再单击"移除材料"按钮 进行移除材料，最后单击"确定"按钮完成拉伸，效果如图10-285所示。

图10-285 拉伸移除材料

15 按住Ctrl键在设计区选择如图10-286所示的两条边。

图10-286 选择边

16 单击"模型"功能区"工程"工具栏中的"倒圆角"按钮，对选择的边进行倒圆角。在"倒圆角"操控板上将倒圆角半径设为2，单击"确定"按钮完成倒圆角，效果如图10-287所示。

图10-287　倒圆角效果

17 在模型树中或在设计区单击选择"RIGHT"基准平面，如图10-288所示。

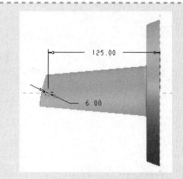

图10-289　绘制圆

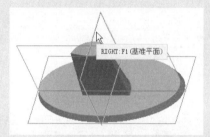

图10-288　选择草绘平面

18 单击"模型"功能区"基准"工具栏中的"草绘"按钮，进入草绘环境，绘制如图10-289所示的直径为6的圆，单击"确定"按钮完成草绘。

19 对所绘制的截面进行拉伸，单击"对称"按钮，将拉伸深度设为120，单击"确定"按钮完成拉伸，效果如图10-290所示。

图10-290　拉伸效果

20 显示器底座创建完成，效果如图10-291所示，按Ctrl+S组合键保存对象即可。

图10-291　显示器底座

10.5.5　组装液晶显示器

1 单击"主页"功能区的"新建"按钮，弹出"新建"对话框，在"类型"选项组中选中"装配"单选按钮，在"子类型"选项组中选中"设计"单选按钮，在"名称"文本框中输入xianshiqi，并取消选中"使用默认模板"复选框，单击"确定"按钮，如图10-292所示。

2 弹出"新文件选项"对话框，选择mmns_asm_design模板，单击"确定"按钮，如图10-293所示。

图10-292　"新建"对话框

图10-293 选择模板

3 进入装配设计环境。单击"模型"功能区"元件"工具栏中的"组装"按钮，弹出"打开"对话框，打开创建的pingmu. prt零件模型，如图10-294所示。

图10-294 打开零件模型

4 打开"元件放置"操控板，在操控板上将约束类型设为"默认"，如图10-295所示。

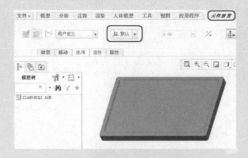

图10-295 设置约束

5 单击操控板上的"确定"按钮，完成元件的放置，效果如图10-296所示。

6 单击"模型"功能区"元件"工具栏中的"组装"按钮，弹出"打开"对话框，

打开创建的dizuo.prt零件模型，如图10-297所示。

图10-296 放置元件后的效果

图10-297 打开零件模型

7 打开"元件放置"操控板，此时设计区元件的摆放位置如图10-298所示。

图10-298 添加元件

8 使用三维转轴调整元件的摆放位置，使其达到有利于装配的位置，如图10-299所示。

图10-299 调整位置

9 单击操控板上的"放置"按钮，展开"放置"下拉面板，在下拉面板中建立重合约束，并在设计区分别选择底座的轴圆柱面和屏幕的孔圆柱面作为约束参

考，如图10-300所示。

图10-300　设置约束

10 单击"放置"下拉面板中的"新建约束"按钮，添加新的约束，约束类型为重合，然后在设计区分别选择底座的"RIGHT"基准平面和装配体的"RIGHT"平面作为约束参考，如图10-301所示。

图10-301　选择约束参考

11 建立约束后的效果如图10-302所示。

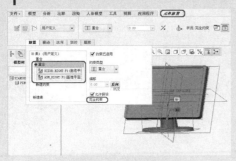

图10-302　两面重合约束

12 建立两面的重合约束后，装配状况已变成完全约束，但装配效果仍不符合要求，需要继续添加约束，单击"放置"下拉面板上的"新建约束"按钮，添加新的约束，约束类型为角度偏移，在设计区分别选择底座的一个面和屏幕的一个面作为约束参考，偏移角度设为25，如图10-303所示。

图10-303　两面角度偏移约束

13 建立角度偏移约束后，装配状态为完全约束，并且已符合设计要求。单击操控板上的"确定"按钮，完成元件放置，效果如图10-304所示。

图10-304　液晶显示器效果

14 完成液晶显示器的组装后，按Ctrl+S组合键保存对象即可。

10.6　本章小结

完成零件模型的设计后，接下来的操作即为组装，在元件组装过程中重点要掌握的是各种约束类型的用法，以及能够正确选取约束参考。装配设计在产品设计流程中属于收尾的一环，也是重要的一环，要切实根据现实工程要求来进行元件的装配。

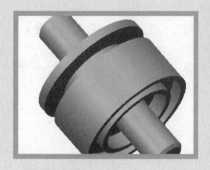

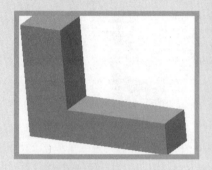

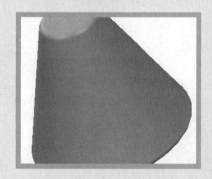

第11章

模型的测量与分析

　　模型中包含了大量的信息，如长度、面积、角度等，对产品设计起到了至关重要的作用，通过Creo提供的分析测量功能可快速获得模型的精确信息。

11.1 查看装配信息

装配完成后，可以对装配体的基本信息进行查看，其方法如下所述。

 实战演练192——查看元件大小

1 打开装配模型，如图11-1所示。

图11-1 装配模型

2 单击"模型"功能区"调查"工具栏中的"调查"按钮 调查▼，展开下拉菜单，选择"模型大小"选项 模型大小 。在模型树中或在设计区单击选择要查看大小的元件，如图11-2所示。

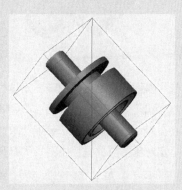

图11-2 选择元件

3 提示信息区就会显示该元件的边界框对角长度，如图11-3所示。

● 边界框对角长度TIEZHOU.PRT = 419.3129 INCH.

图11-3 显示内容

 实战演练193——查看模型的关系和参数

1 打开装配模型，如图11-4所示。

图11-4 装配模型

2 单击"模型"功能区"模型意图"工具栏中的"模型意图"按钮 模型意图▼，展

开下拉菜单，选择"关系和参数"选项 关系和参数 ，就会在弹出的浏览器中显示当前模型的关系和参数内容，如图11-5所示。

图11-5 查看关系和参数

实战演练194——查看装配零件的物料清单

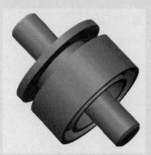

1 打开装配模型，如图11-6所示。

图11-6 装配模型

2 单击”模型”功能区“调查”工具栏中的”物料清单”按钮，弹出“BOM”对话框，在对话框中选中“子装配”单选按钮和“指定对象”复选框，如图11-7所示。

3 在模型树中单击装配体的标签111_CHAKAN.ASM，然后单击“BOM”对话框中的“确定”按钮，弹出标签为“BOM 报告”的浏览器，从中查看物料清单，如图11-8所示。

图11-7 选择选项

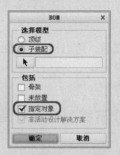

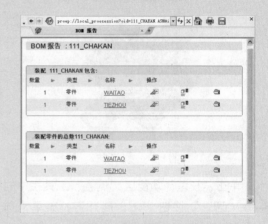

图11-8 查看物料清单

11.2 模型的测量

模型的测量对产品设计的正确性有重要的作用，可以利用Creo 2.0提供的分析测量功能快速获得模型的精确信息。

11.2.1 测量距离

实战演练195——测量面到面的距离

1 打开零件模型，如图11-9所示。

2 单击“分析”功能区“测量”工具栏中的“测量”下拉按钮，展开下拉菜单，选择“距离”选项，弹出“测量：

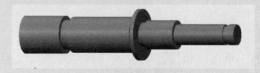

图11-9 零件模型

距离"对话框，如图11-10所示。

图11-10 "测量：距离"对话框

3 按住Ctrl键在设计区单击选择如图11-11所示的两个平面，两面之间的距离就会在设计区显示出来。

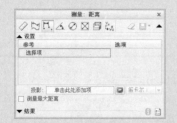

图11-11 两面间距离

4 同时所测量的两面会出现在"测量：距离"对话框中的"参考"列表栏，单击对话框的"结果"处，在展开的"结果"列表栏里也可以查看测量的结果，如图11-12所示。

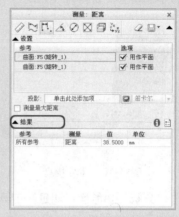

图11-12 展开"结果"列表栏

实战演练196——测量点到面的距离

1 打开零件模型，如图11-13所示。

图11-13 零件模型

2 单击"分析"功能区""测量"工具栏中的"测量"下拉按钮，展开下拉菜单，选择"距离"选项，弹出"测量：距离"对话框。按住Ctrl键在设计区单击选择如图11-14所示的点和平面。点到面的距离即会显示出来。

3 同样，在弹出的"测量：距离"对话框中也可以查看选取的参考和参考间的距离，如图11-15所示。

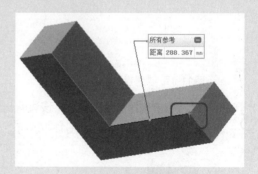

图11-14 点到面的距离

图11-15 测量结果

11.2.2 测量长度

1 打开零件模型，如图11-16所示。

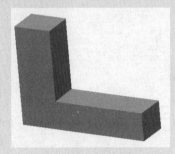

图11-16 零件模型

2 单击"分析"功能区"测量"工具栏中的"测量"下拉按钮 测量 ，展开下拉菜单，选择"长度"选项 长度，弹出"测量：长度"对话框，如图11-17所示。

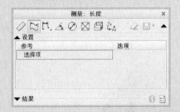

图11-17 "测量：长度"对话框

3 在设计区单击选择要测量的边，该边的长度就会在设计区显示出来，如图11-18所示。

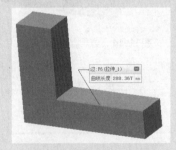

图11-18 测量边长度

4 同时其测量结果也可以在"测量：长度"对话框中查看，如图11-19所示。

5 按住Ctrl键在模型上单击选择多条边，可以测量多条边的长度及它们的总长度，如图11-20所示。

图11-19 测量结果

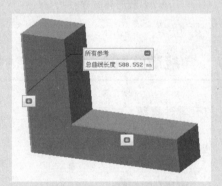

图11-20 测量多条边

6 同样在"测量：长度"对话框中也可以查看每条边的长度及它们的总长度，图11-21所示。

图11-21 测量结果

11.2.3 测量面积

实战演练198——测量面积

1 打开零件模型，如图11-22所示。

图11-22 零件模型

2 在设计区单击选择如图11-23所示的平面。

图11-23 选择平面

3 单击"分析"功能区"测量"工具栏中的"测量"下拉按钮 测量，展开下拉菜单，选择"面积"选项 面积，弹出"测量：面积"对话框，且测量结果已在此对话框中显示出来，如图11-24所示。

图11-24 测量结果

4 测量结果也会在设计区显示，如图11-25所示。

图11-25 曲面的面积

11.2.4 测量角度

实战演练199——测量角度

1 打开零件模型，如图11-26所示。

2 单击"分析"功能区"测量"工具栏中的"测量"下拉按钮 测量，展开下拉菜单，选择"角度"选项 角度，弹出"测量：角度"对话框，如图11-27所示。

3 按住Ctrl键在设计区单击选择如图11-28所示的两平面，测量结果就会在设计区显示出来。

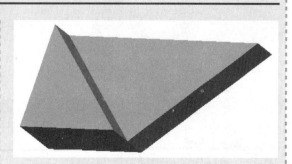

图11-26 零件模型

图11-27 "测量：角度"对话框

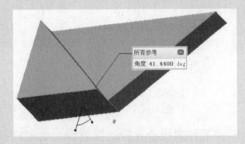

图11-28 选取两面

4 同时测量结果也会在"测量：角度"对话框中显示，如图11-29所示。

5 在"测量：角度"对话框的"角度"下拉列表中可以选择不同的角类型，

如图11-30所示若选择补角，就会对这两个平面间的补角进行测量。

图11-29 测量结果

图11-30 测量补角

11.2.5 测量体积

实战演练200——测量体积

1 打开零件模型，如图11-31所示。

图11-31 零件模型

2 单击"分析"功能区"测量"工具栏中的"测量"下拉按钮，展开下拉菜单，选择"体积"选项，弹出"测量：

体积"对话框，零件模型的体积会在该对话框中显示出来，如图11-32所示。

图11-32 零件模型的体积

3 同时测量结果也会在设计区显示，如图11-33所示。

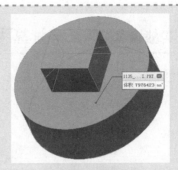

图11-33 测量结果

11.2.6 测量直径

实战演练201——测量直径

1 打开零件模型，如图11-34所示。

图11-34 零件模型

2 单击"分析"功能区"测量"工具栏中的"测量"下拉按钮 测量，展开下拉菜单，选择"直径"选项 ⊘ 直径，弹出"测量：直径"对话框，如图11-35所示。

图11-35 "测量：直径"对话框

3 在设计区单击选择圆柱体的圆柱面，即可以测量圆柱体的直径，测量值会在设计区显示，如图11-36所示。

图11-36 测量直径

4 按住Ctrl键单击选择孔的边线，可以再测量孔的直径，如图11-37所示。

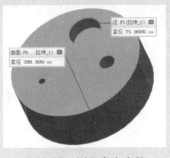

图11-37 测量多个直径

11.2.7 测量变换

模型测量功能还可以对任意两个坐标系间的转换值进行计算。

实战演练202——计算两坐标系间的转换值

1 打开装配模型，如图11-38所示。

图11-38 装配模型

2 通过选择视图工具栏中"基准显示过滤器"下拉菜单的相关选项，将坐标系显示出来，如图11-39所示。

图11-39 显示坐标系

3 单击"分析"功能区"测量"工具栏中的"测量"下拉按钮 测量，展开下拉菜单，选择"变换"选项 变换，弹出"测量：变换"对话框，如图11-40所示。

4 按住Ctrl键在设计区单击选择两装配元件的坐标系，即可计算两坐标系间的转化值，如图11-41所示。

图11-40 "测量：变换"对话框

图11-41 选择坐标系

5 在"测量：变换"对话框中可以查看两坐标系间的转换值，如图11-42所示。

图11-42 测量结果

11.3 分析模型

本节介绍模型的分析方法，包括分析质量属性、分析横截面质量属性、分析短边以及配合间隙等内容。

11.3.1 分析质量属性

通过模型质量属性分析，可以获得模型的体积、总的表面积、质量、重心位置、惯性力矩以及惯性张量等数据。下面简要说明其操作过程。

 实战演练203——模型的质量属性分析

1 打开装配模型，如图11-43所示。

图11-43 装配模型

2 通过选择视图工具栏"基准显示过滤器"下拉菜单的相关选项，可将坐标系显示出来，如图11-44所示。

图11-44 显示坐标系

3 单击"分析"功能区"模型报告"工具栏中的"质量属性"按钮 质量属性，弹出"质量属性"对话框，如图11-45所示。

图11-45 "质量属性"对话框

4 在设计区单击选择坐标系，如图11-46所示。

图11-46 选择坐标系

5 在"质量属性"对话框即可以查看分析数据，如图11-47所示。

图11-47 分析数据

 提示

本例采用默认密度计算模型质量。如果要改变模型的密度，可通过功能区的"文件"、"准备"、"模型属性"中的选项来设置。

11.3.2 分析横截面质量属性

本节介绍模型横截面质量属性的分析方法，通过横截面"剖截面"质量属性分析，可以获得模型上某个横截面的面积、重心位置、惯性张量以及截面模数等数据。

实战演练204——分析横截面质量属性

1 打开装配模型，如图11-48所示。

图11-48 装配模型

2 单击"分析"功能区"模型报告"工具栏中的"质量属性"按钮 🔲 质量属性 ▾ 旁边的 ▾ 下拉按钮，展开下拉菜单，选择"横截面质量属性"选项 🔲 横截面质量属性 ，弹出"横截面属性"对话框，如图11-49所示。

图11-49 "横截面属性"对话框

3 通过选择视图工具栏"基准显示过滤器"下拉菜单中的相关选项，可将坐标系、基准平面显示出来，如图11-50所示。

图11-50 显示坐标系和基准平面

4 在模型树或在设计区选择"ASM_FRONT"基准平面，如图11-51所示。

图11-51 选择基准平面

5 分析出来的横截面质量属性参数在"横截面属性"对话框中显示出来，如图11-52所示。

图11-52 分析结果

 提示

在分析模型横截面质量属性时，可以事先创建一个横截面，以供分析使用。

11.3.3　分析短边

通过本例介绍的方法将能够查看模型的短边参数。

 实战演练205——分析短边

1 打开装配模型，如图11-53所示。

图11-53　装配模型

2 单击"分析"功能区"模型报告"工具栏中的"短边"按钮 ，弹出"短边"对话框，如图11-54所示。

图11-54　"短边"对话框

3 在模型树中或在设计区单击选择装配体的一个零件，如图11-55所示。

图11-55　选择零件

4 被选择零件的短边长度即会显示在"短边"对话框中，如图11-56所示。

图11-56　短边长度

提示

通过对模型短边的分析，可以计算出模型中最短边的长度。

11.3.4　配合间隙

本节介绍配合间隙的分析方法。通过配合间隙分析，可以计算模型中的任意两个曲面之间的最小距离，如果模型中有电缆，那么配合间隙分析还可以计算曲面与电缆之间、电缆与电缆之间的最小距离。

 实战演练206——分析配合间隙

1 打开装配模型，如图11-57所示。

图11-57　装配模型

2 单击"分析"功能区"检查几何"工具栏中"全局干涉"按钮 全局干涉 旁边的 下拉按钮，展开下拉菜单，选择"配合间隙"选项 配合间隙，弹出"配合间隙"对话框，如图11-58所示。

图11-58　"配合间隙"对话框

3 单击对话框中"自"文本框中的"选择项"字样 选择项，然后在装配体上选择

一个平面，如图11-59所示。

4 单击对话框中"至"文本框中的"选择项"字样 选择项，再在装配体上选择另外一个平面，如图11-60所示。

　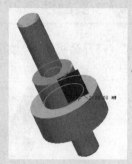

图11-59　选择平面　　　图11-60　选择第二个平面

5 "配合间隙"对话框显示出分析后的结果，如图11-61所示。

图11-61　分析结果

11.3.5　装配干涉检查

本节介绍装配干涉检查的方法。在实际的产品设计中，当产品中的各个零部件组装完成后，设计人员往往比较关心产品中各个零部件间的干涉情况，例如有没有干涉?哪些零件间有干涉?干涉量是多大?而通过检查几何子菜单中的全局干涉命令可以解决这些问题。

 实战演练207——装配干涉检查

1 将如图11-62所示的两个零件装配起来。

2 形成的装配体如图11-63所示。

图11-62　要装配的零件　　图11-63　装配体

3 打开创建的装配体模型，单击"分析"功能区"检查几何"工具栏中的"全局干涉"按钮 ，弹出"全局干涉"对话框，如图11-64所示。

图11-64　"全局干涉"对话框

4 在对话框中选中"仅零件"单选按钮，如图11-65所示。

5 单击对话框中的"计算当前分析以供预览"按钮 ，即可看干涉分析的结果：干涉的零件名称、干涉的体积大小，如图11-66所示。

图11-65　设置选项

6 同时在装配体上可看到干涉的部位以加亮的方式显示，如图11-67所示。

图11-66　干涉分析的结果　　图11-67　干涉的部位

7 如果装配体中没有干涉的元件，则系统在信息提示区显示"没有干涉零件"。

11.4　分析几何

一个模型对象中包含大量的信息，如对象之间的距离、面积、长度、角度、直径等，本节将介绍几何模型的分析方法。

11.4.1　分析点

 实战演练208——分析点

1 打开如图11-68所示的零件模型。

图11-68　零件模型

2 单击"分析"功能区"检查几何"工具栏中的"几何报告"按钮 ⬛几何报告▼，展开下拉菜单，选择"点"选项 ⬛点，弹出"点"对话框，如图11-69所示。

图11-69　"点"对话框

3 在模型上单击选择点，如图11-70所示。

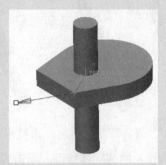

图11-70　选择点

4 在"点"对话框中显示出此点的参数，如图11-71所示。

图11-71　点参数

11.4.2　曲面的曲率分析

 实战演练209——曲面的曲率分析

1 打开零件模型，如图11-72所示。

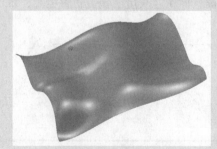

图11-72　零件模型

2 单击"分析"功能区"检查几何"工具栏"曲率"按钮 ⬛曲率▼ 旁边的▼下拉按钮，展开下拉菜单，选择"着色曲率"选项 ⬛着色曲率，弹出"着色曲率"对话框，如图11-73所示。

3 在设计区单击曲面进行分析，选择曲面后，曲面上会有颜色分布，如图11-74所示。

图11-73 "着色曲率"对话框

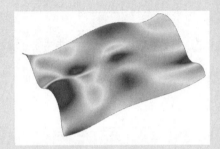

图11-74 曲面上的颜色分布

4 同时会弹出"颜色比例"窗口，如图11-75
所示。

5 曲面上的不同颜色代表不同的曲率大小，
颜色与曲率大小的对应关系可以从"颜色
比例"窗口中查阅。

6 在"着色曲率"对话框中，可查看曲面的
最大高斯曲率和最小高斯曲率，如图11-76
所示。

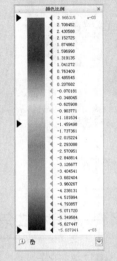

图11-75 "颜色比例"对话框　图11-76 分析结果

11.4.3 分析曲率

实战演练210——分析曲率

1 打开零件模型，如图11-77所示。

图11-77 零件模型

2 单击"分析"功能区"检查几何"工具栏
中的"曲率"按钮，弹出"曲率"
对话框，如图11-78所示。

图11-78 "曲率"对话框

3 在设计区单击选择平面，如图11-79
所示。

4 该曲面的曲率分析结果显示在"曲率"对话框中，如图11-80所示。

图11-79　选择平面

图11-80　分析结果

11.4.4　分析二角面

实战演练211——分析二角面

1 打开零件模型，如图11-81所示。

图11-81　零件模型

2 单击"分析"功能区"检查几何"工具栏中的"二面角"按钮 □二面角，弹出"二面角"对话框，如图11-82所示。

图11-82　"二面角"对话框

3 在模型上单击选择边，如图11-83所示。

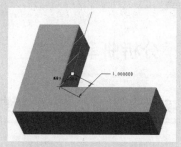

图11-83　选择边

4 在"二面角"对话框中显示出几何模型的二面角参数，如图11-84所示。

图11-84　分析结果

11.4.5 分析截面

1 打开零件模型，如图11-85所示。

2 单击"分析"功能区"检查几何"工具栏中的"几何报告"按钮 几何报告 ，展开下拉菜单，选择"截面"选项 截面，弹出"截面"对话框，如图11-86所示。

图11-85 零件模型　　图11-86 "截面"对话框

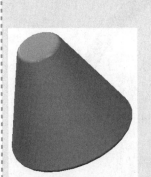

3 在设计区选择曲面，如图11-87所示。

图11-87 选择曲面

4 单击"截面"对话框"方向"列表栏中的 单击此处添加项 字样，然后在设计区选择"FRONT"基准平面，如图11-88所示。

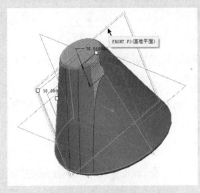

图11-88 选择基准平面

5 "截面"对话框中显示出横截面的曲率参数，如图11-89所示。

图11-89 分析结果

11.4.6 分析偏离

1 打开零件模型，如图11-90所示。

图11-90　零件模型

图11-91　"偏移"对话框

2 单击"分析"功能区"检查几何"工具栏中的"检查几何"按钮 检查几何▾ ，展开下拉菜单，选择"偏移"选项 ⌒偏移，弹出"偏移"对话框，如图11-91所示。

3 在对话框的"偏移"文本框中输入50，然后在设计区单击选择曲面，如图11-92所示。

4 此时在设计区生成一个由网格构成的曲面，用来表示被选择的曲面偏移50后的形状，当分析完成后此网格曲面自动消失。

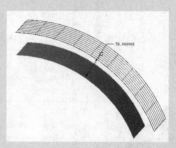

图11-92　分析偏移

11.4.7　分析偏差

实战演练214——分析偏差

1 打开零件模型，如图11-93所示。

2 在零件的一个顶点上放置一个基准点，如图11-94所示。

图11-93　打开零件模型　　图11-94　放置基准点

3 单击"分析"功能区"检查几何"工具栏中的"检查几何"按钮 检查几何▾ ，展开下拉菜单，选择"偏差"选项 ⬚偏差，弹出"偏差"对话框，如图11-95所示。

4 在设计区单击选择模型上的圆柱体，如图11-96所示。

图11-95　"偏差"对话框　　图11-96　选择圆柱体

5 在模型树中选择创建的基准点"PNT0"，设计区显示出分析的偏差，如图11-97所示。

6 在"偏差"对话框中也会显示分析的偏差，如图11-98所示。

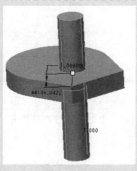

图11-97　分析的结果

图11-98　几何间的偏差

11.4.8　分析拔模斜度

1 打开零件模型，如图11-99所示。

图11-99　零件模型

2 单击"分析"功能区"检查几何"工具栏中的"拔模斜度"按钮 拔模斜度，弹出"拔模斜度"对话框，如图11-100所示。

3 单击选择模型上的一个曲面，如图11-101所示。

图11-100　"拔模斜度"对话框

图11-101　选择平面

4 单击对话框中"方向"列表栏的 单击此处添加项 字样，在模型树中或在设计区单击选择"RIGHT"基准平面，如图11-102所示。

图11-102　选择拔模方向

5 弹出"颜色比例"窗口，如图11-103所示，同时所选择的曲面也被着色。

6 在"拔模斜度"对话框中显示出几何模型的拔模参数，如图11-104所示。

图11-103　"颜色比例"对话框

图11-104　拔模参数

11.4.9 分析斜率

实战演练216——分析斜率

1 打开素材模型，如图11-105所示。

图11-105 零件模型

2 在"分析"功能区"检查几何"工具面板中，单击"检查几何"按钮 检查几何 ▼ 的下拉按钮，在下拉列表中执行"斜率"命令，如图11-106所示。

图11-106 执行"斜率"命令

3 弹出"斜率"对话框，在模型中选择曲面，如图11-107所示。

图11-107 选择曲面

4 在"斜率"对话框中，单击"方向"后的文本框，在模型树中选择"FRONT"基准面，弹出"颜色比例"窗口，即可在"斜率"对话框中显示几何模型的斜率参数，如图11-108所示。

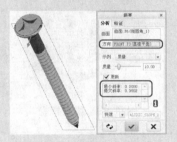

图11-108 查看斜率参数

11.4.10 分析反射

实战演练217——分析反射

1 打开零件模型，如图11-109所示。

图11-109 零件模型

2 在"分析"功能区"检查几何"工具面板中，单击"检查几何"按钮 检查几何 ▼ 的下拉按钮，在下拉列表中执行"反射"命令，如图11-110所示。

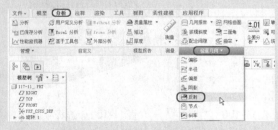

图11-110 执行"反射"命令

3 弹出"反射"对话框,在设计区中选择面,即以90°方向直线光源照射时,曲面所反射的曲线,如图11-111所示。

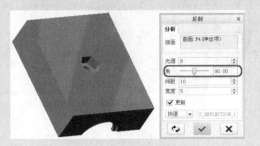

图11-111 90°反射光

4 在"反射"对话框中的"角"文本框中输入60,即以60°方向直线光源照射时,曲面所反射的曲线如图11-112所示。

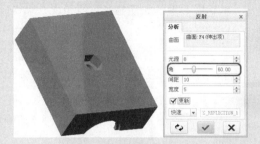

图11-112 60°反射光

11.4.11 分析阴影

实战演练218——分析阴影

1 打开零件模型,如图11-113所示。

图11-113 零件模型

2 在"分析"功能区"检查几何"工具面板中,单击"检查几何"按钮 检查几何 的下拉按钮,在下拉列表中执行"阴影"命令,如图11-114所示。

图11-114 执行"阴影"命令

3 弹出"着色"对话框,在设计区选择面,如图11-115所示。

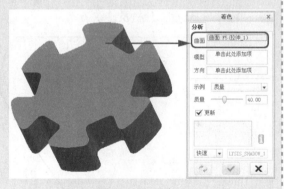

图11-115 选择面

4 在"着色"对话框中,单击"模型"后的文本框,然后在设计区继续选择上一步选择的面,如图11-116所示。

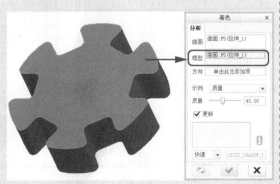

图11-116 选择面

5 在"着色"对话框中，单击"方向"后的文本框，在模型树中选择"FRONT"基准面，在"着色"对话框中显示几何模型的阴影参数，如图11-117所示。

图11-117　阴影参数

11.5　本章小结

　　本章主要介绍了测量模型（长度、面积、角度等信息）、分析模型（质量属性、横截面质量、分析短边等信息）和分析几何（点、曲率、截面等信息）的方法。学习本章后，可掌握对模型各项参数的查看、分析及修改方法。

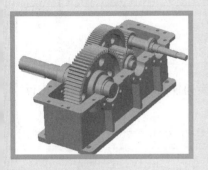

第12章

模型的视图管理

　　本章介绍模型的视图管理方法。它主要是通过"视图管理器"来完成的。通过"视图管理器"可以选择或创建模型的各种视图，比如模型的"简化表示"视图、"样式"视图、"截面"视图、"层"视图等，通过这些视图可以改变模型在设计区的显示内容和方式。从而可以使设计更加方便，或可以更清晰地了解模型的结构。

12.1　定向视图

为了便于观察模型，或为将来生成工程图做准备，可以使用定向视图功能对模型的方位进行调整。下面对定向视图进行说明。

实战演练219——创建定向视图

1 打开随书附带光盘中的"素材文件"|"cha12"|"shitu"|"chilunzu.asm"文件，如图12-1所示。

图12-1　装配模型

2 单击"视图"功能区"模型显示"工具栏中的"管理视图器"按钮，弹出"视图管理器"对话框，如图12-2所示。

图12-2　"视图管理器"对话框

3 打开对话框上的"定向"选项卡，单击"定向"选项卡上的"新建"按钮，新建名称为"view_new"的视图，然后按Enter键，如图12-3所示。

图12-3　新建定向视图

4 单击"定向"选项卡上的"编辑"按钮，展开下拉菜单，选择"重新定义"选项，弹出"方向"对话框，在"类型"下拉列表中选择"按参考定向"选项，在"参考1"下拉列表中选择"前"选项，如图12-4所示。

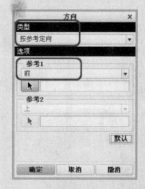

图12-4　"方向"对话框

5 在设计区单击选择平面，如图12-5所示。表示此模型表面将朝前，即与屏幕平行面向操作者。

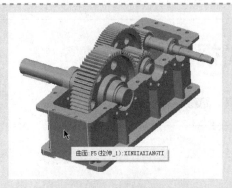

图12-5　选择参考

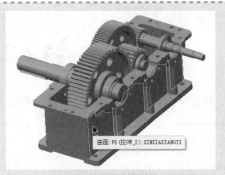

图12-7　选择参考

6 在"方向"对话框"参考2"下拉列表中选择"右"选项，如图12-6所示。

图12-6　进行设置

7 在设计区单击选择如图12-7所示的平面，表示该平面将放置在右边。

8 单击"方向"对话框中的"确定"按钮，再单击"视图管理器"对话框中的"关闭"按钮 关闭 。

9 设计区的模型已按创建的定向视图进行放置，效果如图12-8所示。

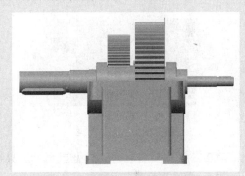

图12-8　模型已改变方位

实战演练220——设置不同的定向视图

为模型的不同局部设置不同的定向视图，可以方便对模型的不同局部进行设计，当要切换模型的局部以进行设计时，可以将该局部的定向视图设置到当前设计区中。下面以实例来介绍改变当前设计区的定向视图的方法。

1 以上一实例为例，单击"视图"功能区"模型显示"工具栏中的"管理视图器"按钮 ，弹出"视图管理器"对话框。

2 在"视图管理器"对话框的"定向"选项卡中选择相应的视图名称，然后双击；或选中视图名称后，单击"选项"按钮 选项 ，展开下拉菜单，选择"激活"选项 激活，如图12-9所示。

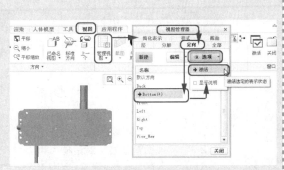

图12-9　将该视图设置到当前

12.2 样式视图

样式视图可以将指定的零部件遮蔽起来，或以线框、隐藏线等样式显示。

实战演练221——创建样式视图

1 打开随书附带光盘中的"素材文件"|
"cha12"|"shitu"|"chilunzu.asm"
文件，如图12-10所示。

图12-10 装配模型

2 单击"视图"功能区"模型显示"工具栏
中的"视图管理器"按钮[图]，弹出"视图
管理器"对话框。

3 单击对话框中的"样式"按钮，展开"样
式"选项卡，单击"新建"按钮 新建 ，新
建名称为"Style_new"的新式视图，然
后按Enter键，如图12-11所示。

图12-12 "编辑：STYLE_NEW"对话框

5 在模型树中选择要遮蔽的元件，如图12-13
所示。

图12-13 选择要遮蔽的元件

6 打开"显示"选项卡，在"方法"选项
栏中选中"线框"单选按钮，如图12-14
所示。

7 在模型树中选择元件，模型树的显示如
图12-15所示。

图12-11 "视图管理器"对话框

4 弹出"编辑：STYLE_NEW"对话框，如
图12-12所示。

图12-14 "显示"选项卡　　图12-15　选择元件

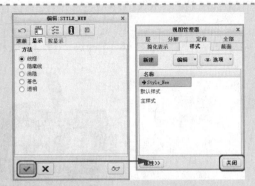

图12-16　完成操作

8 单击"编辑：STYLE_NEW"对话框中的"确定"按钮 ✔，完成视图的编辑，然后单击"视图管理器"对话框中的"关闭"按钮 关闭，如图12-16所示。

9 创建样式视图完成，此时设计区的模型显示如图12-17所示。

图12-17　效果图

提示

图12-14"显示"选项卡"方法"选项栏中各选项的说明如下。

● 线框：将所选元件以"线条框架"的形式显示其所有的线，对线的前后位置关系不加以区分。

● 隐藏线：与"线框"方式的区别在于它区别线的前后位置关系，将被遮挡的线以"灰色"线表示。

● 消隐：将所选元件以"线条框架"的形式显示，但不显示被遮挡的线。

● 着色：以"着色"方式显示所选元件。

● 透明：以"透明"方式显示所选元件。

实战演练222——设置不同的样式视图

下面以实例来介绍将所选样式视图设置到当前设计区的方法。

1 以上一实例为例，单击"视图"功能区"模型显示"工具栏中的"视图管理器"按钮，弹出"视图管理器"对话框。

2 在"视图管理器"对话框的"样式"选项卡中，先选择相应的视图名称，然后双击，或选中视图名称后，单击"样式"选项卡上的"选项"按钮 选项 ，展开下拉菜单，选择"激活"选项 ✦ 激活，此时在当前视图名称前有一个箭头指示，如图12-18所示。

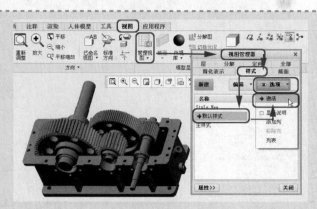

图12-18 "激活"视图

12.3 截面视图

本节将对模型的截面视图进行介绍，并以实例的方式介绍"平面"截面和"偏移"截面的创建方法。

12.3.1 截面概述

模型的截面（横截面）也称为模型的剖截面，它的主要作用是查看模型剖切的内部形状和结构，在零件模块或装配模块中创建的横截面可用于在工程图模块中生成剖视图。

模型截面的效果如图12-19和图12-20所示。

图12-19 "平面"横截面

图12-20 "偏移"横截面

单击"视图"功能区"模型显示"工具栏中的"视图管理器"按钮，弹出"视图管理器"对话框。单击对话框中的"截面"按钮，打开"截面"选项卡。图12-21所示为选项卡上的"编辑"下拉菜单，图12-22所示为选项卡上的"选项"下拉菜单。

"编辑"下拉菜单中各选项的功能说明如下。

● 编辑定义：编辑定义选定的截面。

● 编辑剖面线：编辑定义选定的剖面线。

- 删除：删除选定的剖面项目。
- 重命名：重命名所选项目。
- 复制：将选定的截面复制到新的截面。
- 从文件复制：从场景模型中选定截面复制到新建截面。
- 说明：启动"说明"对话框。

"选项"下拉菜单中各选项的功能说明如下。

- 激活：将所选的横截面设置为激活状态。
- 反向修剪方向：显示横截面相反方向的模型。
- 显示截面：设置所选项目的可见性。
- 显示区域边界：显示/隐藏区域边界。
- 垂直：不显示任何区域选项。
- 剖面线：加亮选定横截面的剖面线。
- 区域参考：加亮选定项目的所有参考。
- 区域元件：加亮区域内的元件。
- 仅限区域：仅显示区域内的对象。
- 添加列：将选定项目的列添加到模型树中。
- 移除列：将选定项目的列从模型树中去除。
- 列表：列出所有的横截面。

图12-21　"编辑"下拉菜单

图12-22　"选项"下拉菜单

12.3.2　创建"平面"横截面

实战演练223——创建"平面"横截面

下面以实例来介绍创建"平面"横截面的方法。

1　打开随书附带光盘中的"素材文件"|"cha12"|"shitu"|"dachilun.asm"文件，如图12-23所示。

图12-23　装配模型

2　单击"视图"功能区"模型显示"工具栏中的"视图管理器"按钮，弹出"视图

管理器"对话框，单击对话框中的"截面"按钮截面，展开"截面"选项卡，如图12-24所示。

图12-24　"截面"选项卡

3　单击选项卡上的"新建"按钮 新建，展开下拉菜单，选择"平面"选项 平面，如

图12-25所示。

图12-25　选择选项

4 在展开的界面输入新建横截面的名称 "Xsec_new"，然后按Enter键，弹出 "截面"操控板，如图12-26所示。

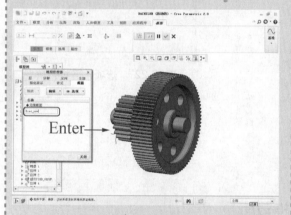

图12-26　弹出"截面"操控板

5 进入截面操作界面后，在设计区单击选择 基准平面，如图12-27所示。

图12-27　选择基准平面

6 单击操控板上的"确定"按钮，再单击"视 图管理器"对话框中的"关闭"按钮 关闭 ， 完成截面的创建，如图12-28所示。

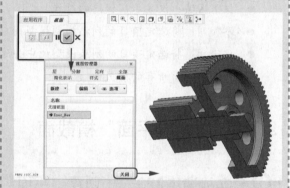

图12-28　完成创建截面

实战演练224——编辑剖面线

1 以上一实例为例，打开"视图管理器"对 话框，选择创建的截面，单击选项卡上的 "编辑"按钮 编辑 ，展开下拉菜单，选 择"编辑剖面线"选项，如图12-29所示。

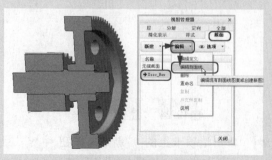

图12-29　编辑剖面线

2 弹出"编辑剖面线"对话框，在设计区 单击选择要改变剖面线样式的元件，如 图12-30所示。

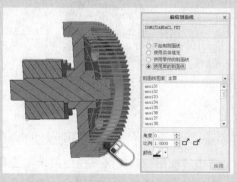

图12-30　选择元件

3 在"编辑剖面线"对话框上将角度改为35，连续单击"使图案的大小减半"按钮 ，并在设计区查看剖面线的样式，直到达到需要的效果为止。并在对话框上选择需要的颜色，如图12-31所示。

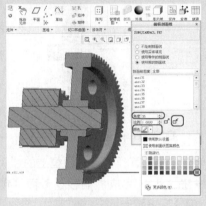

图12-31 进行设置

4 完成设置后，单击对话框上的"应用"按钮，并关闭该对话框。

5 返回"视图管理器"，单击"选项"按钮 ，展开下拉菜单，选择"显示截面"选项，即可以在设计区看到剖面线，如图12-32所示。

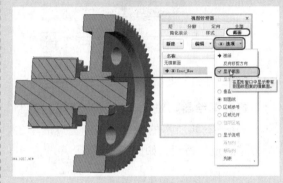

图12-32 显示截面

12.3.3 创建"偏移"横截面

下面以实例来介绍创建"偏移"横截面的方法。

实战演练225——创建"偏移"横截面

1 打开随书附带光盘中的"素材文件" | "cha12" | "shitu" | "dachilun.asm"文件，单击"视图"功能区"模型显示"工具栏中的"视图管理器"按钮 ，弹出"视图管理器"对话框，打开"截面"选项卡，单击"新建"按钮，在下拉菜单中选择"偏移"选项，如图12-33所示。

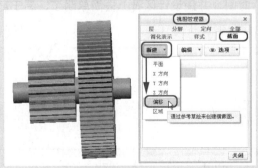

图12-33 新建"偏移"横截面

2 在展开的界面中，将要创建的横截面命名为"Xsec_offset"，然后按Enter键，弹出"截面"操控板，进入截面操作界面，如图12-34所示。

图12-34 重命名

3 单击操控板上的"草绘"按钮，展开"草绘"下拉面板，单击"定义"按钮，弹出

"草绘"对话框。在设计区单击选择草绘平面，然后单击"草绘"对话框中的"草绘"按钮，如图12-35所示。

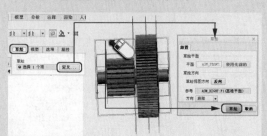

图12-35　选择草绘平面

4 打开草绘器，进入草绘设计环境，绘制如图12-36所示的线链，绘制完成后单击"确定"按钮，如图12-36所示。

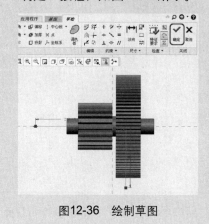

图12-36　绘制草图

5 返回截面操作界面，单击"截面"操控板上的"确定"按钮，如图12-37所示。

图12-37　单击"确定"按钮

6 单击"视图管理器"对话框上的"关闭"按钮 关闭 ，完成"偏移"截面的创建，如图12-38所示。

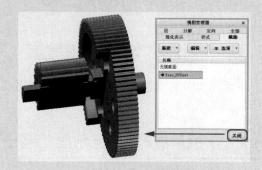

图12-38　完成截面创建

12.4　简化表示

在进行复杂装配体的设计时，可以使用"简化表示"功能，将设计中暂时不需要的零部件从装配体的设计区中移除，以减少装配体的再生和检索时间，并使设计区看上去简单明了，易于局部零部件的设计。

12.4.1　创建简化表示

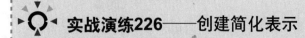

实战演练226——创建简化表示

1 打开随书附带光盘中的"素材文件"|"cha12"|"shitu"|"121_chilunzu.asm"文件，如图12-39所示。

图 12-39　装配模型

2 单击"视图"功能区"模型显示"工具栏中的"视图管理器"按钮，弹出"视图管理器"对话框，单击"简化表示"按钮**简化表示**，展开"简化表示"选项卡，单击选项卡上的"新建"按钮，然后在"名称"文本框对要新建的"简化表示"进行命名，输入新名称"Rep_New"，然后按Enter键，如图12-40所示。

图 12-40　新建简化表示

3 弹出"编辑"对话框，如图12-41所示。

图 12-41　"编辑"对话框

4 单击对话框左侧"模型树"列表栏内的排除（衍生）字符，可展开下拉菜单，如图12-42所示。

图12-42　下拉菜单

5 在"模型树"列表中选择要显示的元件或装配件，并将其设置为"主表示"，在对话框右侧的"模型图形"视图区可实时查看被显示的内容，如图12-43所示。

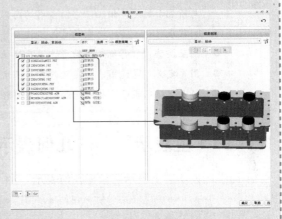

图12-43　选择对象

6 单击"编辑"对话框中的"应用"和"确定"按钮，返回"视图管理器"对话框，单击"关闭"按钮，完成简化表示的创建，如图12-44所示。

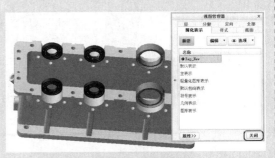

图12-44　简化表示

> **提示**
>
> 图12-42所示的下拉菜单中各选项的说明如下。
>
> - 衍生：表示系统默认的简化表示方法。
> - 排除：从装配体中排除所选元件，接受排除的元件将从工作区中移除，但是在模型树上还保留它们。
> - 主表示："主表示"的元件与正常元件一样，可以对其进行各种正常的操作。
> - 几何表示："几何表示"的元件不能被修改，但其中的几何元素（点、线、面）保留，所以在操作元件时也可参考它们，与"主表示"相比，"几何表示"的元件检索时间较短、占用的内存较少。
> - 图形表示："图形表示"的元件不能被修改，而且其元件中不含有几何元素"点、线、面"，所以在操作元件时也不能参考它们。这种简化方式常用于大型装配体中的快速浏览，它比"几何表示"需要更少的检索时间且占用更少内存。
> - +符号表示：用简单的符号来表示所选取的元件。"符号表示"的元件可保留参数、关系、质量属性和族衰信息，并出现在材料清单中。
> - 边界框表示：将所选取的元件用边界框表示。
> - 用包络替代：将所选取的元件用包络替代。包络是一种特殊的零件，它通常由简单几何创建，与所表示的元件相比，它们占用的内存更少。包络零件不出现在材料清单中。
> - 用族表替代：将所选取的元件用族表替代。
> - 用互换替代：将所选取的元件用互换性替代。
> - 用户定义：通过用户自定义的方式来定义简化表示。
> - 轻量化图形表示：将所选取的元件用轻量化图形表示。

12.4.2 "主表示"、"几何表示"和"图形表示"的区别

下面举例说明"主表示"、"几何表示"和"图形表示"的区别。

☼ 实战演练227——创建简化表示

1 打开随书附带光盘中的"素材文件"|"cha12"|"shitu"|"dachilun.asm"文件，如图12-45所示。

图12-45 装配模型

2 新建名称为"text"的简化表示，如图12-46所示。

图12-46 输入名称

3 在"编辑"对话框中,将"z.prt"元件设为"几何表示",将"zongjiandacl.prt"元件设为"图形表示",将"zhongjianxiaochilun.prt"设为"主表示",如图12-47所示。

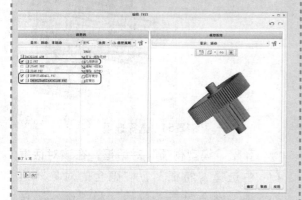

图12-47 进行设置

4 完成区域的创建后,模型树的显示样式如图12-48所示。

图12-48 模型树

5 按Ctrl+S组合键保存对象,然后单击快速访问工具栏中的"关闭"按钮，返回主页操作界面。

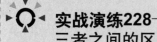

实战演练228——观察"主表示"、"几何表示"和"图形表示"三者之间的区别

1 执行"文件"|"管理会话"|"拭除未显示的"命令,如图12-49所示。

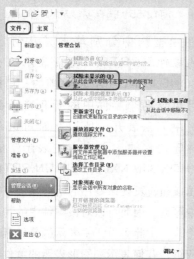

图12-49 执行选项

2 弹出"拭除未显示的"对话框,单击"确定"按钮,如图12-50所示。

图12-50 拭除未显示的

3 单击"主页"功能区的"打开"按钮,弹出"文件打开"对话框,选择上一小节保存的文件,单击"打开"按钮旁边的下拉按钮,在展开的下拉菜单中选择"打开表示"选项,如图12-51所示。

4 弹出"打开表示"对话框,在列表栏中选择"TEXT",并单击"确定"按钮,如图12-52所示。

图12-51 选择选项

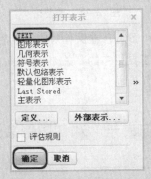

图12-52 选择"TEXT"表示

5 打开装配模型,此时的模型树如图12-53所示。

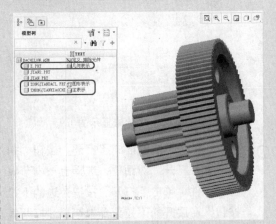

图12-53 模型树的显示

6 单击模型树上的"设置"按钮,展开下拉菜单,选择"树过滤器"选项,如图12-54所示。

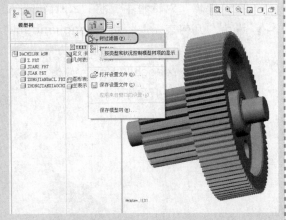

图12-54 选择选项

7 弹出"模型树项"对话框,在该对话框中选择"特征"、"隐含的对象"选项,然后单击"应用"和"确定"按钮,如图12-55所示。

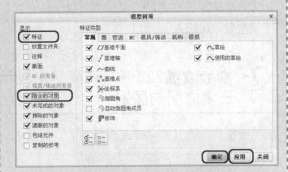

图12-55 选择要显示的对象

8 在模型树中分别单击"几何表示"的零件Z.PRT和"图形表示"的零件ZONGJIANDACL.PRT前的三角按钮,可见这两个零件中的所有特征在模型树中无法展开,所以此时对这两个零件无法修改。单击"主表示"的零件ZHONGJIANXIAOCHILUN.PRT前的三角按钮,发现该零件的所有特征在模型树中可见,因而可以对该零件中的特征进行修改。由此可见,主表示的零件具有修改权限,几何表示和图形表示的零件没有修改权限,如图12-56所示。

9 单击设计区右下角的过滤器,在展开的菜单中选择"几何"选项,如图12-57所示。

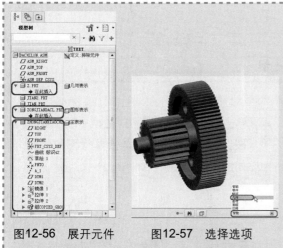

图12-56　展开元件　　　图12-57　选择选项

PR的表面，发现"几何表示"元件和"主表示"元件的表面可以选取，而"图形表示"元件无法选取，由此可见"图形表示"元件中不含有几何元素，如图12-58所示。

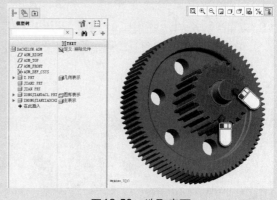

10　按住Ctrl键，在设计区分别单击"几何表示"的元件Z.PRT、"图形表示"的元件ZONGJIANDACL.PRT、"主表示"的元件ZHONGJIANXIAOCHILUN.

图12-58　选取表面

12.5　分解视图

装配体的分解视图也叫爆炸视图，在一些产品说明书或需要进行产品演示的场合为了说明产品的零件组成及其装配结构关系，需要经常使用。图12-59所示为装配体的分解效果图。

图 12-59　装配体的分解效果图

12.5.1 创建装配模型的分解状态

实战演练229——选择默认分解视图

下面以实例来介绍创建默认分解视图的方法。

1 打开随书附带光盘中的"素材文件"|"cha12"|"shitu"|"121_chilunzu.asm"文件，如图12-60所示。

图12-60 装配模型

2 单击"视图"功能区"模型显示"工具栏中的"视图管理器"按钮，弹出"视图管理器"对话框，单击对话框上的"分解"按钮 **分解**，打开"分解"选项卡，在"名称"文本框中"默认分解"字样 **→默认分解** 上单击鼠标右键，在弹出的快捷菜单中执行"激活"命令，如图12-61所示。

3 设计区模型变成分解状态，如图12-62所示。

4 单击"视图管理器"对话框中的"关闭"按钮 **关闭**，完成默认分解视图的选择，如图12-63所示。

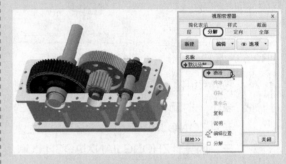

图12-61 激活视图

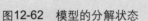

图12-62 模型的分解状态　　图12-63 完成选择

实战演练230——创建分解视图

下面以实例来介绍创建分解视图的方法。

1 打开随书附带光盘中的"素材文件"|"cha12"|"shitu"|"121_chilunzu.asm"文件，如图12-64所示。

2 打开"视图管理器"对话框，单击"分解"按钮，打开"分解"选项卡，单击选项卡上的"新建"按钮，新建名称为"Exp_new"的分解视图，然后按Enter键，如图12-65所示。

图12-64 装配模型

图12-65　新建分解视图

3 在新建创建的分解视图上单击鼠标右键，从弹出的快捷菜单中执行 "编辑位置" 命令 ✿编辑位置，如图12-66所示。

图12-66　编辑位置

4 打开"分解工具"操控板，单击"平移"按钮 🔲，然后单击操控板上的 单击此处添加项 字样，如图12-67所示。

图12-67　移动方式

5 在设计区装配模型上选择运动参考"A_2 (轴)"，如图12-68所示。

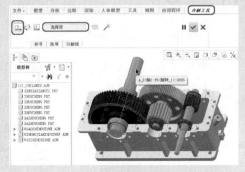

图12-68　选取移动参考

6 在模型上选择元件，在该元件上出现移动控制杆，拖动控制杆上的方向箭头即可向相应的方向移动元件，如图12-69所示。

图12-69　选取元件

7 拖动元件，改变元件的位置，完成装配体上一个子装配体的分解，如图12-70所示。

图12-70　分解子装配体

8 在操控板上的 1个项 字样上单击鼠标右键，从弹出的快捷菜单中执行"移除"命令，如图12-71所示。

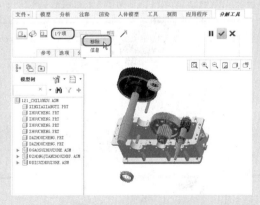

图12-71　移除移动参考

9 单击操控板上的"选项"按钮 选项 ，展开"选项"下拉菜单，从中选中"随子项移动"复选框。移动元件时，其子元件会一起移动，如图12-72所示。

10 单击设计区右下角的过滤器，在展开的选项列表中选择"轴"选项，以便于选取移动参考，如图12-73所示。

图12-72 选择选项　　图12-73 选择"轴"选项

11 在模型上选取移动参考"A_1（基准轴）"，如图12-74所示。

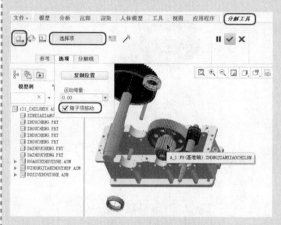

图12-74 选取移动参考

12 分解模型上的第二个子装配件，效果如图12-75所示。

图12-75 分解子装配体

13 使用分解第二个子装配件的移动参考，或选取新的移动参考完成装配体全部元件的分解，如图12-76所示。

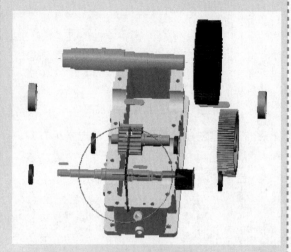

图12-76 完成分解

14 完成装配体的分解后，单击"分解工具"操控板上的"确定"按钮，返回"视图管理器"对话框。

15 单击"视图管理器"对话框中的"编辑"按钮 编辑 ，在展开的下拉菜单中执行"保存"命令，如图12-77所示。

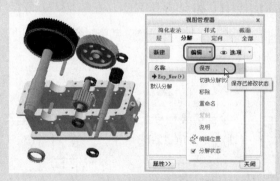

图12-77 执行"保存"命令

16 弹出"保存显示元素"对话框，单击对话框中的"确定"按钮 确定 ，如图12-78所示。

17 返回"视图管理器"对话框，单击对话框中的"关闭"按钮 关闭 ，如图12-79所示。

图12-78 保存显示
元素

图12-79 关闭"视图
管理器"

图12-80 分解状态

18 完成分解视图的创建，装配体在此分
解视图下的分解状态如图12-80所示。

 实战演练231——设定当前分解状态

可以为装配体创建多个分解状态，还可以根据需要，将某个分解状态设置到当前设计区中。

1 以上实例的模型为例，打开模型文件，如
图12-81所示。

图12-81 装配模型

2 打开"视图管理器"对话框，单击对话框
中的"分解"按钮，即可看到先前创建的
多个分解视图，如图12-82所示。

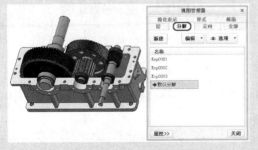

图12-82 多个分解视图

3 当确认使用某分解视图时，先单击选择
该视图，然后单击鼠标右键，从弹出的

快捷菜单中执行"激活"命令即可，如
图12-83所示。

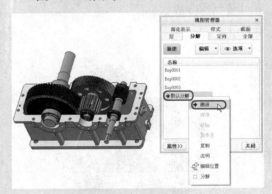

图12-83 激活视图

4 图12-84所示为"默认分解"视图下的模
型分解状态。

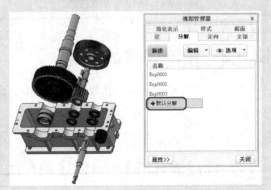

图12-84 该视图下的分解状态

5 同样的方法选择其他分解视图，如图12-85所示。

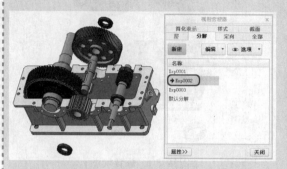

图12-85　查看不同的分解视图

6 选择好合适的分解视图后，单击"视图管理器"对话框中的"关闭"按钮即可将该分解视图设定到当前设计区中。

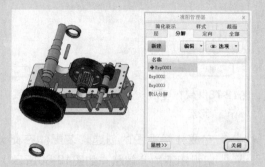

图12-86　完成设定

实战演练232——取消装配体的分解状态

取消分解视图的分解状态，可回到正常状态。

1 以上实例的模型为例，图12-87所示为该模型的分解状态。

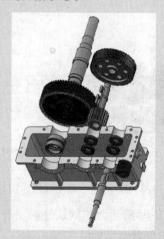

图12-87　模型的分解状态

2 单击"视图"功能区"模型显示"工具栏中的"分解图"按钮 ⟨分解图⟩ 即可取消模型的分解状态，如图12-88所示。再次单击该按钮可再返回到模型的分解状态。

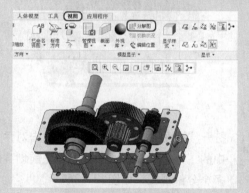

图12-88　退出分解状态

12.5.2　修饰偏移线

在产品说明书后面的产品分解图插画中，经常可以看到使用偏移线标注零件安装位置的实例。在分解图中使用偏移线可清楚地表示零件间的位置关系。

实战演练233——创建偏移线

下面通过实例来介绍创建偏移线的操作方法。

1 打开随书附带光盘中的"素材文件"|"cha12"|"shitu"|"dachilun.asm"文件，如图12-89所示。

图12-89 装配模型

2 为该模型创建新的分解视图"Exp_New"，在该分解视图下模型的分解状态如图12-90所示。

图12-90 分解状态

3 打开"视图管理器"对话框，在"Exp_New"分解视图上单击鼠标右键，从弹出的快捷菜单中执行"编辑位置"命令，如图12-91所示。

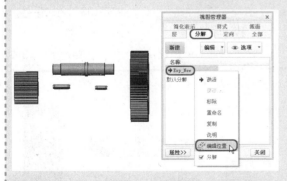

图12-91 编辑位置

4 弹出"分解工具"操控板，在操控板上单击"创建修饰偏移线"按钮，如图12-92所示。

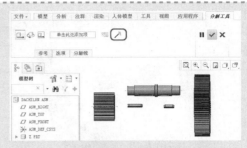

图12-92 创建偏移线

5 弹出"修饰偏移线"对话框，如图12-93所示。

6 在设计区右下角的过滤器中选择"轴"选项，如图12-94所示。

 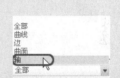

图12-93 "修饰偏移线" 图12-94 选取"轴" 对话框

7 然后依次单击装配体小齿轮的中心轴和齿轮轴的中心轴，选择完成后，这两条轴线被分别显示在"修饰偏移线"对话框的相应参考收集栏中，单击"修饰偏移线"对话框中的"应用"按钮，如图12-95所示。

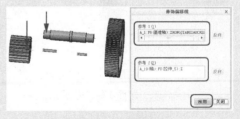

图12-95 选取轴线

8 先单击齿轮轴的中心轴，然后在过滤器中选择"曲面"选项，如图12-96所示。

图12-96 选择"曲面"选项

9 选择键的上表面，如图12-97所示。

图12-97　选取上表面

10 被选择的中心轴、曲面分别显示在"修饰偏移线"的参考收集栏中，单击"修饰偏移线"对话框中的"应用"按钮 应用 ，如图12-98所示。

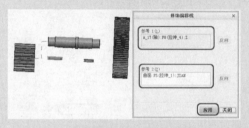

图12-98　添加完参考

11 依照相同的方法添加其他元件间的偏移线，添加完成后，单击"修饰偏移线"对话框中的"关闭"按钮 关闭 ，如图12-99所示。

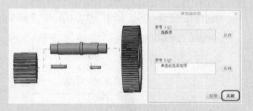

图12-99　各段偏移线创建完成

12 单击"分解工具"操控板上的"确定"按钮，如图12-100所示。

图12-100　完成偏移线的创建

13 返回"视图管理器"对话框，单击对话框中的"编辑"按钮，在展开的下拉菜单中执行"保存"命令，如图12-101所示。

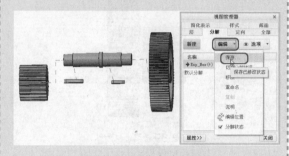

图 12-101　保存分解视图

14 弹出"保存显示元素"对话框，单击对话框中的"确定"按钮，如图12-102所示。

15 返回到"视图管理器"对话框，单击对话框中的"关闭"按钮，完成分解偏移线的创建，如图12-103所示。

图12-102　单击　　　图12-103　完成保存
"确定"按钮

16 完成分解偏移线的创建，效果如图12-104所示。

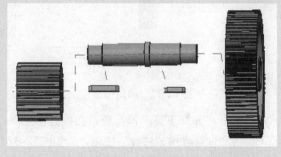

图12-104　分解偏移线的效果

12.6　层视图

层视图功能可以控制设计区装配元件的可见状态。在装配设计时，通过在创建的多个层视图之间的切换，即可以控制设计区层状态下元件间的显示切换。

 实战演练234——创建层视图

1 打开随书附带光盘中的"素材文件"|"cha12"|"shitu"|"121_chilunzu.asm"文件，如图12-105所示。

图12-105　装配模型

2 打开"视图管理器"对话框，单击对话框中的"层"按钮，打开"层"选项卡。新建名称为"Layer_New"的层视图，然后按Enter键，如图12-106所示。

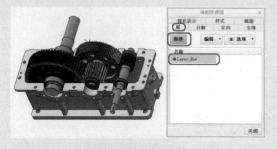

图12-106　新建层

3 在模型树上的齿轮箱元件XINXIAXIANGTI.PRT上单击鼠标右键，从弹出的快捷菜单在执行"隐藏"命令，如图12-107所示。

4 单击"层"选项卡中的"编辑"按钮，展开下拉菜单，执行"保存"命令，对新建

层视图进行保存，如图12-108所示。

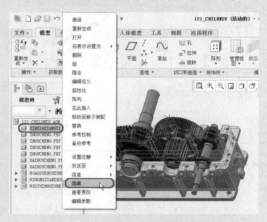

图12-107　隐藏元件

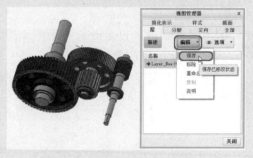

图12-108　保存层视图

5 弹出"保存显示元素"对话框，单击该对话框中的"确定"按钮，如图12-109所示。

图12-109　进行保存

6 返回"视图管理器"对话框，单击对话框中的"关闭"按钮，完成层视图的保存。

7 在模型树中被隐藏的元件XINXIAXIANGTI.PRT上单击鼠标右键，从弹出的快捷菜单中执行"取消隐藏"命令，如图12-110所示。

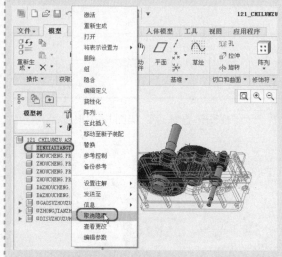

图12-110 取消隐藏

8 取消隐藏后，被隐藏的元件在设计区显示出来。打开"视图管理器"对话框，在新建的层视图上单击鼠标右键，从弹出的快捷菜单中执行"激活"命令，如图12-111所示。

9 激活层视图后，显示出来的元件又被隐藏，单击"视图管理器"对话框中的"关闭"按钮，完成层视图的激活，如图12-112所示。

图12-111 激活层

图12-112 完成激活

10 激活层视图后，设计区模型的显示效果如图12-113所示。

图12-113 显示效果

12.7 本章小结

在产品的装配设计中，由于零部件繁多，这时能够灵活使用模型的各种视图功能，可以简化装配模型及查看零部件的装配关系，以便于对装配体的局部进行设计，便于对整个装配构成进行分析查看。从这个层面来讲，虽然本章内容属于辅助部分，但在设计中同样具有重要的作用。

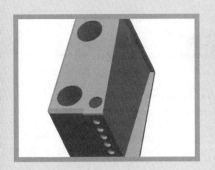

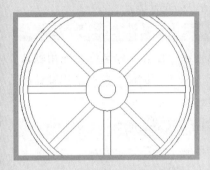

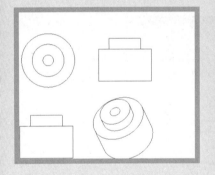

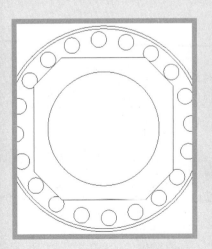

第13章

工程图设计

工程图与零件/组件之间相互关联，工程图的制作是整个设计中的最后一个环节，在产品的研发、设计和制造等过程中，工程图是设计师之间进行交流与沟通的工具。

13.1 创建二维工程图

工程图是由各种视图组成的。在表达复杂的零件时，最常用的方式是使用三维模型，其简单且直观，但在实际工作中，有时仍然需要使用二维图形来表示一个零件或装配组件。

13.1.1 新建工程图

启动软件后，单击"新建"按钮，弹出"新建"对话框，可选择下列两种模式之一。

1. 使用默认模板

在"新建"对话框中，在"类型"选项组中选中"绘图"单选按钮，设置文件名称，使用默认模板，并单击"确定"按钮，如图13-1所示。选中"使用默认模板"复选框，该模式适合使用默认模板创建的欲出图的零件。

2. 不使用默认模板

在"新建"对话框中，在"类型"选项组中选中"绘图"单选按钮，设置文件名称，取消选中"使用默认模板"复选框，并单击"确定"按钮，如图13-2所示。该模式适用于欲出图不使用默认模板的情况。

图13-1 选中"使用默认模板"复选框

图13-2 不选中"使用默认模板"复选框

13.1.2 选择模板

在"新建"对话框中单击"确定"按钮，弹出"新建绘图"对话框，如图13-3所示。该对话框用于设置工程图模板，对话框中"默认模板"和"指定模板"两部分是固定不变的，其他内容则是随选择的"指定模板"而改变的。

1. 指定模型文件

如果内存中存有零组件，则"默认模型"文本框显示此零组件的文件名，代表将创建此零组件的工程图；反之则文本框显示"无"，单击"浏览"按钮选取零组件，也可以保留默认稍后再指定零组件。

图13-3 "新建绘图"对话框

2. 使用Creo 2.0的工程图制作模板

在"指定模板"选项组中选中默认的"使用模板"单选按钮，在"模板"文本框中选择图框模板，例如a4_drawing，然后单击"确定"按钮。

3. 使用自定义图框

在"指定模板"选项组中选中"格式为空"单选按钮，在"模板"选项组中单击"浏览"按钮，即可选择用户自行设置的图框，然后单击"确定"按钮完成。

4. 使用空白图纸

在"指定模板"选项组中选中"空"单选按钮，以使用空白图纸制作工程图，在"方向"选项组中设置图纸为"纵向"或"横向"，在"小小"选项组中设置图纸的大小。

实战演练235——新建工程图

1 通过新建一个工程图文件，不使用默认模板，进入工程图模块环境。

2 单击"新建"按钮，弹出"新建"对话框，在"类型"选项组中选中"绘图"单选按钮，取消选中"使用默认模板"复选框，单击"确定"按钮，如图13-4所示。

图13-4 "新建"对话框

3 弹出"新建绘图"对话框，单击"标准大小"下拉按钮，在弹出的下拉列表中选择A4选项，如图13-5所示。

4 单击"确定"按钮，工程图新建完成，如图13-6所示。

图13-5 "新建绘图"对话框

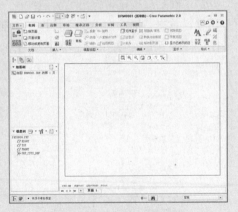

图13-6 绘图模式界面

13.2 创建工程视图

在工程图模式中，应当选择合理的视图表达零件的特征，完整、正确、清晰地反应零件的内外形状。在工程图的创建中可以建立一般视图、投影视图、破断视图等支持各种绘图标准的视图。

13.2.1 创建常规视图

创建常规视图的操作步骤如下所述。

实战演练236——创建常规视图

1 打开零件文件，素材模型如图13-7所示。

2 单击"文件"按钮，弹出下拉菜单，执行"新建"命令，弹出"新建"对话框，选中"类型"选项组中的"绘图"单选按钮，取消选中"使用默认模板"复选框，如图13-8所示。

图13-7 零件文件

图13-8 "新建"对话框

3 单击"确定"按钮，弹出"新建绘图"对话框，单击"标准大小"下拉按钮，在弹出的下拉列表中选择A4选项，如图13-9所示。

图13-9 "新建绘图"对话框

4 单击"确定"按钮，进入绘图模式界面，单击"模型"功能区"模型视图"工具栏中的"常规"按钮，如图13-10所示。

图13-10 单击"常规"按钮

5 弹出"选择组合状态"对话框，选择"无组合状态"选项，并单击"确定"按钮，如图13-11所示。

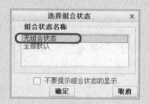

图13-11 "选择组合状态"对话框

6 在绘图区中单击鼠标左键，弹出"绘图视图"对话框，在"视图类型"选项组"模型视图名"列表框中选择"FRONT"选项，然后单击"应用"按钮，如图13-12所示。

图13-12 "绘图视图"对话框

7 在"类别"下拉列表中选择"视图显示"选项，在"视图显示选项"选项组中单击"显示样式"右侧的下拉按钮，从弹出的下拉列表中选择"消隐"选项，如图13-13所示。

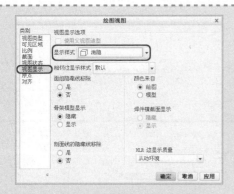

图13-13 "绘图视图"对话框

8 单击"确定"按钮，创建的常规视图如图13-14所示。

图13-14 创建的常规视图

13.2.2 创建投影视图

创建投影视图的操作步骤如下所述。

实战演练237——创建投影视图

1 以上一实例为例，创建常规视图后，单击"布局"功能区"模型视图"工具栏中的"投影"按钮 投影，如图13-15所示。

图13-15 单击"投影"按钮

2 移动鼠标至图形右侧的合适位置并单击鼠标左键，如图13-16所示。

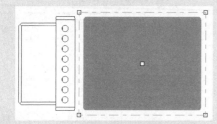

图13-16 移动鼠标

3 插入投影视图后，在线框内双击鼠标左键，弹出"绘图视图"对话框，在"类别"选项组中选择"视图显示"选项，将

"显示样式"设为"消隐"，如图13-17所示。

图13-17 "绘图视图"对话框

4 单击"确定"按钮，投影视图创建完成，如图13-18所示。

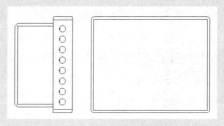

图13-18 投影视图

13.2.3 创建破断视图

创建破断视图的操作步骤如下所述。

实战演练238——创建破断视图

1 打开绘图文件，如图13-19所示。

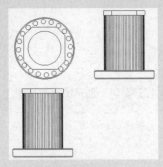

图13-19 绘图文件

2 双击下方的投影视图，弹出"绘图视图"对话框，在"类别"选项组中选择"可见区域"选项，在"视图可见性"下拉列表中选择"破断视图"选项，单击"添加断点"按钮 +，对所选视图绘制两条破断线，将"破短线造型"设为"视图轮廓上的S曲线"，如图13-20所示。

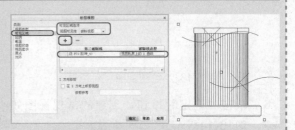

图13-20 "绘图视图"对话框

3 单击"确定"按钮，破断视图创建完成，如图13-21所示。

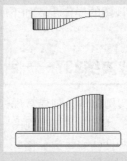

图13-21 破断视图

13.2.4 创建半视图

创建半视图的操作步骤如下所述。

实战演练239——创建半视图

1 打开绘图文件，如图13-22所示。

2 双击该视图，弹出"视图绘图"对话框，在"类别"选项组中选择"可见区域"选项，在"视图可见性"下拉列表中选择"半视图"选项，在"半视图参考平面"选取RIGHT基准面，如图13-23所示。

3 单击"确定"按钮，半视图创建完成，如图13-24所示。

图13-22 绘图文件

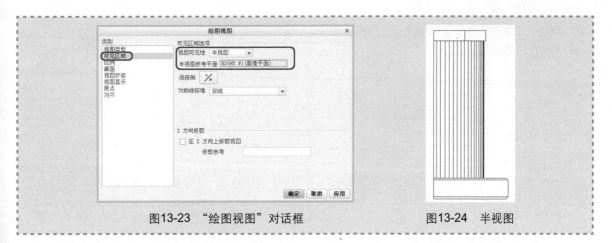

图13-23 "绘图视图"对话框　　　　图13-24 半视图

13.2.5 创建局部视图

创建局部视图的操作步骤如下所述。

实战演练240——创建局部视图

1 打开绘图文件，如图13-25所示。

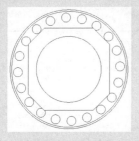

图13-25 绘图文件

2 双击该视图，弹出"绘图视图"对话框，在"类别"选项组中选择"可见区域"选项，在"视图可见性"下拉列表中选择"局部视图"选项，在视图中的合适位置选区一个参考点，如图13-26所示。

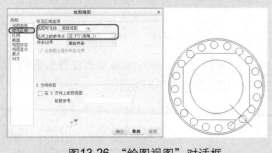

图13-26 "绘图视图"对话框

3 使用样条线围绕参考点绘制出一个封闭区域，单击鼠标中键完成绘制，单击"应用"按钮，如图13-27所示。

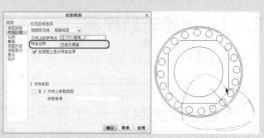

图13-27 绘制区域

4 在"类别"选项组中选择"比例"选项，选中"自定义比例"单选按钮，设置其值为0.030，如图13-28所示。

图13-28 "绘图视图"对话框

5 单击"确定"按钮，局部视图创建完成，如图13-29所示。

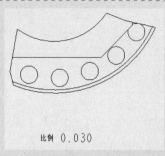

比例 0.030

图13-29 局部视图

13.3 辅助、旋转和详图视图

绘制工程图当遇到零件有斜面时，使用正投影将不能直观地表示其形状，如果以垂直斜面的方向进行投影，这样的视图效果就比较直观，这种视图称为辅助视图。旋转视图是绕切割平面旋转90°并沿其长度方向偏距的剖视图，视图是一个区域截面，仅显示被切割平面所通过的实体部分。对于零件中细小或复杂的部位，可以适当放大以便清楚地表达其形状，这种视图称为详图视图。下面对以上所述视图进行介绍。

13.3.1 创建辅助视图

创建辅助视图的操作步骤如下所述。

实战演练241——创建辅助视图

1 打开绘图文件，如图13-30所示。

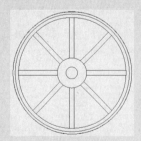

图13-30 绘图文件

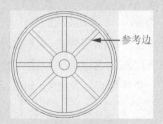

参考边

图13-31 选择参考边

2 单击"布局"功能区"模型视图"工具栏中的"辅助"按钮，在绘图区中选取如图13-31所示的边为参考边。

3 在视图中滑动鼠标至适当的位置放置辅助视图，如图13-32所示。

4 使用之前的相同方式，将该视图的"视图显示"模式设置为"消隐"。至此，辅助视图创建完成，效果如图13-33所示。

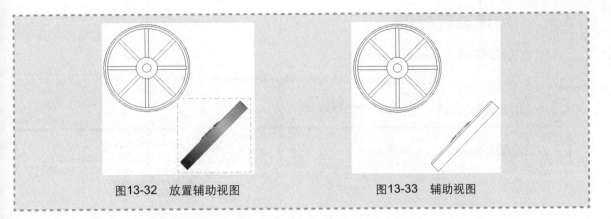

图13-32 放置辅助视图　　　　　　图13-33 辅助视图

13.3.2 创建详细视图

创建详细视图的操作步骤如下所述。

实战演练242——创建详细视图

1 以上一实例创建的辅助视图为例，在绘制工程图工作界面中创建辅助视图，如图13-34所示。

图13-34 绘图文件

2 单击"布局"功能区"模型视图"工具栏中的"详细"按钮 详细，在所需的位置单击鼠标左键定位中心点，如图13-35所示。

图13-35 定位中心点

3 定位中心点后，在所需的位置单击鼠标左键绘制一条封闭的样条曲线，绘制完成后单击鼠标中键，如图13-36所示。

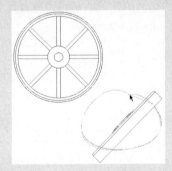

图13-36 绘制样条曲线

4 在适当的位置单击鼠标左键，放置详细视图，如图13-37所示。

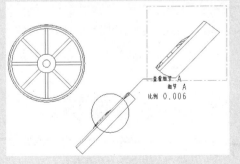

图13-37 详细视图

13.3.3 创建旋转视图

创建旋转视图的操作步骤如下所述。

实战演练243——创建旋转视图

1 打开绘图文件，如图13-38所示。

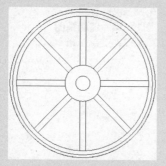

图13-38 绘图文件

2 单击"布局"功能区"模型视图"工具栏中的"旋转"按钮，选取绘图区的视图为父视图，然后单击鼠标左键，弹出"绘图视图"对话框和"横截面创建"选项，如图13-39所示。

图13-39 弹出对话框

3 在"横截面创建"选项窗口，选择"完成"选项，弹出"输入横截面名"文本框，设置剖面名称为o，如图13-40所示。

图13-40 信息输入文本框

4 单击"确定"按钮 ，弹出"设置平面"选项窗口，如图3-41所示。

图13-41 "设置平面"选项窗口

5 选择"平面"选项，在模型树中选择RIGHT基准平面作为剖截面，如图13-42所示。

图13-42 "绘图视图"对话框

6 单击"确定"按钮，调整视图的位置，旋转视图创建完成，如图13-43所示。

图13-43 旋转视图

13.3.4 创建剖视图

剖视图在视图类型中属于第3层类型，因此剖视图的创建必须搭配其他视图。

剖视图主要有以下3种显示方式。

- 完全：视图显示为全部视图。
- 一半：视图显示为半剖视图。
- 局部：通过绘制边界来显示局部剖视图。

实战演练244——创建全剖视图

1 打开绘图文件，如图13-44所示。

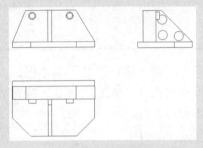

图13-44 绘图文件

2 双击左上方的图形，弹出"绘图视图"对话框，在"类别"选项组中选择"截面"选项，选中"2D横截面"单选按钮，单击"将横截面添加到视图"按钮 ✛，如图13-45所示。

图13-45 "绘图视图"对话框

3 弹出"横截面创建"选项窗口，从中选择"完成"选项，如图13-46所示。

4 弹出"输入横截面名"文本框，在其中输入D，单击"确定"按钮 ✔，如图13-47所示。

图13-46 "横截面创建"选项窗口

图13-47 输入横截面名

5 弹出"设置平面"选项窗口，从中选择"平面"选项，在模型树中选择"FRONT"选项，在"绘图视图"对话框中的"名称"下方添加了一个D剖面，如图13-48所示。

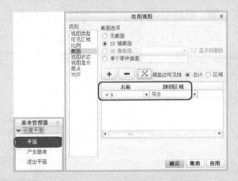

图13-48 "绘图视图"对话框

6 在"绘图视图"对话框中，拖动下方的滚动条，单击"箭头显示"选项下方的单元格，激活该按钮，然后选择场景下方的视图，如图13-49所示。

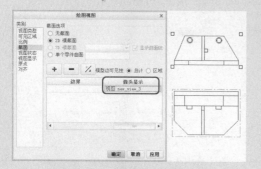

图13-49 "绘图视图"对话框

7 单击"确定"按钮，全剖视图创建完成，如图13-50所示。

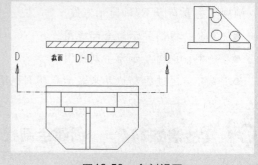

图13-50 全剖视图

实战演练245——创建半剖视图

1 打开绘图文件，如图13-51所示。

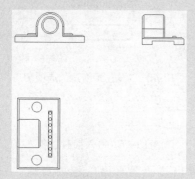

图13-51 绘图文件

2 双击左上方图形，弹出"绘图视图"对话框，在"类别"选项组中选择"截面"选项，选中"截面"选项组中的"2D横截面"单选按钮，单击"将横截面添加到视图"按钮 +，弹出"横截面创建"选项，从中选择"完成"选项，如图13-52所示。

图13-52 "横截面创建"选项

3 弹出"输入横截面名"文本框，在文本框中输入C，单击"确定"按钮 ✔，如图13-53所示。

图13-53 "输入横截面名"对话框

4 弹出"设置平面"选项，从中选择"平面"选项，在模型树中选择RIGHT基准面，在"绘图视图"对话框中添加了一个剖面C，如图13-54所示。

图13-54 "绘图视图"对话框

5 单击"剖切区域"下方"完全"右侧的下拉按钮，在弹出的下拉列表中选择"一半"选项，"参考"选项被激活，在视图中单击下方的图形作为参考曲面，如图13-55所示。

6 在"绘图视图"对话框中，移动滑动条至右侧，单击"箭头显示"下方的单元格，选择视图下方的图形，如图13-56所示。

图13-55 "绘图视图"对话框

图13-56 "绘图视图"对话框

7 单击"确定"按钮，半剖视图创建完成，如图13-57所示。

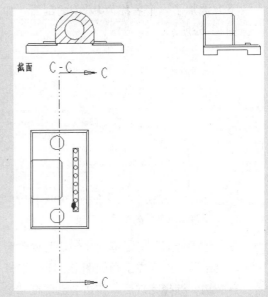

图13-57 半剖视图

实战演练246——创建局部剖视图

1 打开绘图文件，如图13-58所示。

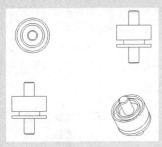

图13-58 绘图文件

2 双击左上方的图形，弹出"绘图视图"对话框，在"类别"选项组中选择"截面"选项，在展开的"截面"选项组中选中"2D横截面"单选按钮，单击"将横截面添加到视图"按钮 + ，弹出"横截面创建"选项，从中选择"完成"选项，如图13-59所示。

3 弹出"输入横截面名"文本框，在其中输入jvbu，单击"确定"按钮 ✓ ，如图13-60所示。

图13-59 创建新剖面

图13-60 输入截面名

4 弹出"设置平面"选项，从中选择"平面"选项，如图13-61所示。

图13-61 选择"平面"选项

5 在模型数中选择"ASM_TOP"基准平面，在"绘图视图"对话框中的"名称"下方添加了一个名称为JVBU的剖面，如图13-62所示。

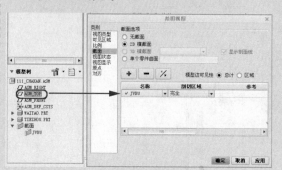

图13-62　选择基准平面

6 在"绘图视图"对话框中将剖切区域改为"局部"，并在左上角的图形上单击选择一条边，选择完成后，该边会出现在"参考"文本框中，如图13-63所示。

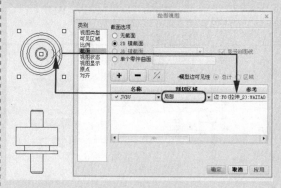

图13-63　选择边

7 在左上角的图形上绘制样条曲线，单击鼠标中键完成绘制，如图13-64所示。

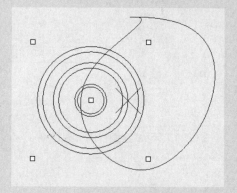

图13-64　绘制样条曲线

8 依次单击"绘图视图"对话框中的"应用"按钮 应用 和"关闭"按钮 关闭 ，完成局部剖视图的创建，如图13-65所示。

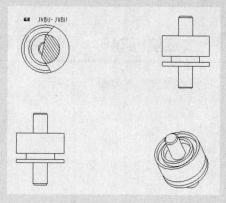

图13-65　局部剖视图

13.4　编辑视图

在创建了工程图后，需要对其进行修改，以提高正确性、标准型及可读性。常用的视图编辑方式如下所述。

13.4.1　移动视图

创建工程图后，需要调整其位置，但是为了避免视图意外被移动，系统默认将其锁定。

1 打开绘图文件，如图13-66所示。

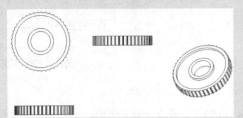

图13-66　绘图文件

2 在视图中选择右边的图形，在绘图树中选择文件并单击鼠标右键，从弹出的快捷菜单中执行"视图锁定与移动"命令，取消视图锁定，然后移动图形的位

置，如图13-67所示。

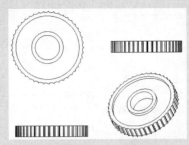

图13-67　移动图形

3 移动完成后，在模型树中选择文件并单击鼠标右键，从弹出的快捷菜单中执行"视图锁定与移动"命令锁定视图即可。

13.4.2　删除、拭除与恢复视图

视图创建完成后，需要对不需要的视图进行删除或者拭除，有时需要恢复视图，通过以下操作就可以实现。

1 打开绘图文件，如图13-68所示。

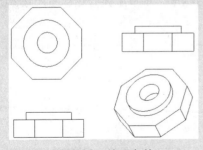

图13-68　绘图文件

2 在视图中选择右下角的图形，按Delete键将其删除，如图13-69所示。

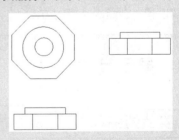

图13-69　删除视图

1 打开绘图文件，如图13-70所示。

2 单击"布局"功能区"显示"工具栏中的"拭除视图"按钮，在视图中选取需要拭除的视图，按鼠标中键完成操作，如图13-71所示。

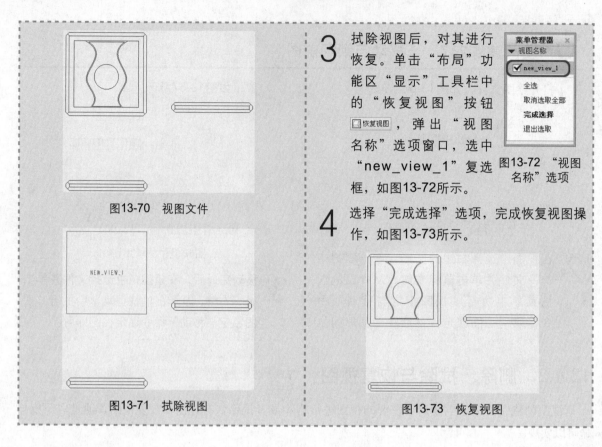

图13-70 视图文件

图13-71 拭除视图

3 拭除视图后，对其进行恢复。单击"布局"功能区"显示"工具栏中的"恢复视图"按钮，弹出"视图名称"选项窗口，选中"new_view_1"复选框，如图13-72所示。

图13-72 "视图名称"选项

4 选择"完成选择"选项，完成恢复视图操作，如图13-73所示。

图13-73 恢复视图

13.5 创建尺寸

一张完整的二维工程图由视图、标注尺寸、表等项目构成，本节主要介绍标注尺寸、标注公差、创建注释、创建表格等的方法。

13.5.1 显示尺寸

实战演练250──显示尺寸

1 打开绘图文件，如图13-74所示。

2 单击"注释"功能区"注释"工具栏中的"显示模型注释"按钮，如图13-75所示。

3 弹出"显示模型注释"对话框，在视图中按住Ctrl键加选对象，如图13-76所示。

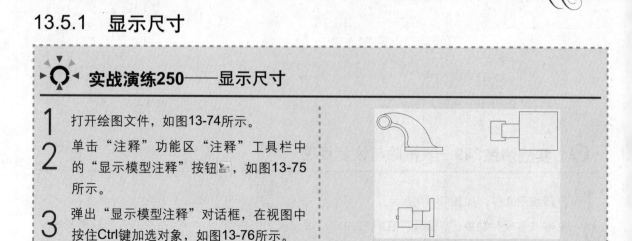

图13-74 绘图文件

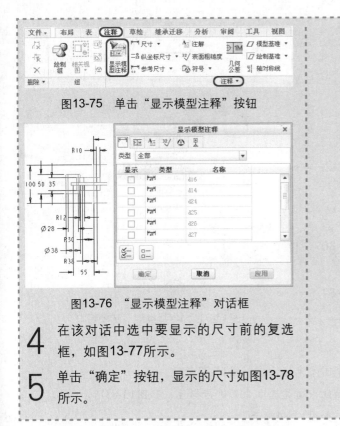

图13-75　单击"显示模型注释"按钮

图13-76　"显示模型注释"对话框

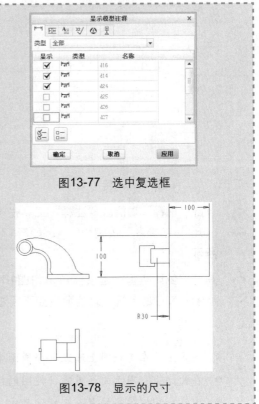

图13-77　选中复选框

4 在该对话中选中要显示的尺寸前的复选框，如图13-77所示。

5 单击"确定"按钮，显示的尺寸如图13-78所示。

图13-78　显示的尺寸

"显示模型注释"对话框中各工具说明如下。

- ⊢⊣：显示模型尺寸。
- ⊡M：显示模型几何公差。
- A≡：显示模型注解。
- ³²√：显示模型表面粗糙度。
- ⚠：显示模型符号。
- ♀：显示模型基准。
- ⌖：选择全部。
- ⌖：全部取消选择。

13.5.2　标注尺寸

用户可以通过手动方式来创建尺寸，但是在模型对象上创建的尺寸称为草绘尺寸，可以将其删除，或改变大小，都不会引起零件模块中相应模型的变化。

标注线性尺寸功能可以标注水平尺寸、竖直尺寸、对齐尺寸和角度尺寸等。

 实战演练251——标注线性尺寸

1 打开绘图文件，如图13-79所示。

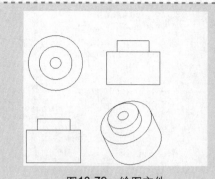

图13-79　绘图文件

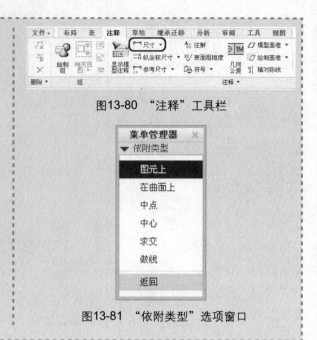

图13-80　"注释"工具栏

2 单击"注释"功能区"注释"工具栏中的"尺寸-新参考"按钮□尺寸▾，如图13-80所示。

3 弹出"依附类型"选项窗口，如图13-81所示。其中的各选项功能分别如下所述。

图13-81　"依附类型"选项窗口

- 图元上：在工程图上选取一个或两个图元来标注，如图13-82所示。
- 在曲面上：用于曲面类零件视图的标注，通过选取曲面进行标注，如图13-83所示。
- 中点：捕捉对象的中点来标注尺寸，如图13-84所示。

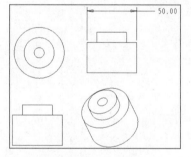

图16-82　标注尺寸

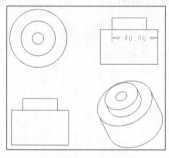

图13-83　曲面标注

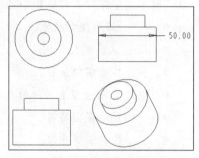

图13-84　中点标注

- 中心：捕捉圆或圆弧的中心来标注尺寸，如图13-85所示。
- 求交：通过捕捉两图元的交点来标注尺寸，交点可以是虚的，如图13-86所示，按住Ctrl键选取四条边线，然后选择"斜向"方式标注尺寸，系统将在交叉点位置标注尺寸。
- 做线：通过选取"2点"、"水平直线"或"竖直线"来标注尺寸，如图13-87所示。

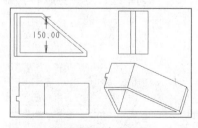

图13-85　中心标注

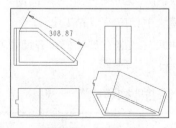

图13-86　交点标注

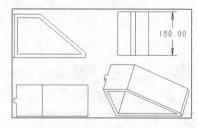

图13-87　标注尺寸

实战演练252——标注径向尺寸

1 打开绘图文件，如图13-88所示。

图13-88 绘图文件

2 单击"注释"功能区中的"注释"按钮
注释▼，在弹出的快捷菜单中选择"半径
尺寸"选项 ∠-半径尺寸，如图13-89所示。

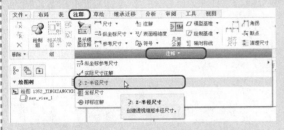

图13-89 选择半径尺寸选项

3 然后在绘图区选择圆或圆弧，鼠标下方会
出现光圈，如图13-90所示。

图13-90 选择圆弧

4 单击鼠标左键，标注径向尺寸完成，如
图13-91所示，该对象半径为150。

图13-91 标注尺寸

实战演练253——标注角度尺寸

1 打开绘图文件，如图13-92所示。

图13-92 绘图文件

2 单击"注释"功能区"注释"工具栏中的
"尺寸-新参考"按钮 尺寸，如图13-93所示。

图13-93 单击"尺寸-新参考"按钮

3 弹出"依附类型"选项窗口，从中选择
"图元上"选项，然后在绘图区选择两个

图元，如图13-94所示。

图13-94 选择对象

4 单击鼠标中键标注尺寸，再次单击鼠标中
键退出，如图13-95所示。

图13-95 标注角度尺寸

实战演练254——按基准方式标注尺寸

1 打开绘图文件，如图13-96所示。

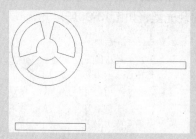

图13-96　绘图文件

2 单击"注释"功能区"注释"工具栏中的"尺寸-新参考"按钮 右侧的下拉按钮，在弹出的下拉列表中选择"尺寸-公共参考"选项，如图13-97所示。

图13-97　选择"尺寸-公共参考"选项

3 弹出"依附类型"选项窗口，从中选择"图元上"选项，然后在绘图区选择两个图元，如图13-98所示。

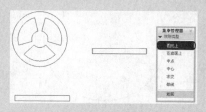

图13-98　选择图元

4 单击鼠标中键标注尺寸，再次单击鼠标中键退出，如图13-99所示。

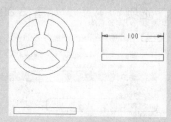

图13-99　标注尺寸

实战演练255——参考尺寸

1 打开绘图文件，如图13-100所示。

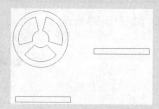

图13-100　绘图文件

2 单击"注释"功能区"注释"工具栏中的"参考尺寸-新参考"按钮，如图13-101所示。

图13-101　单击"参考尺寸-新参考"按钮

3 弹出"依附类型"选项窗口，从中选择"图元上"选项，然后在绘图区选择两个

图元，如图13-102所示。

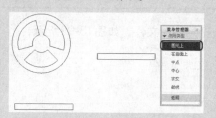

图13-102　选择图元

4 单击鼠标中键标注尺寸，再次单击鼠标中键退出，如图13-103所示。

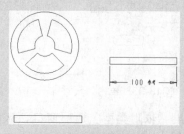

图13-103　尺寸标注

实战演练256——标注尺寸公差

1 打开绘图文件，如图13-104所示。

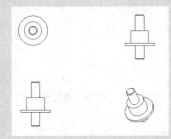

图13-104 模型工程图

2 为左上角图形的大圆标注尺寸，标注完尺寸后，先单击选择尺寸，然后单击鼠标右键，从弹出的快捷菜单中执行"属性"命令，如图13-105所示。

图13-105 执行"属性"命令

3 弹出"尺寸属性"对话框，在对话框中可以发现"公差"选项是不可用的（灰色），如图13-106所示。

图13-106 "尺寸属性"对话框

4 如果要在工程图中显示和处理尺寸公差，应先进行如下设置。单击功能区中的"文件"按钮，在展开的下拉菜单中单击"准备"按钮，展开侧面菜单，从中选择"绘图属性"选项，如图13-107所示。

图13-107 选择选项

5 弹出"绘图属性"对话框，单击"详细信息选项"后面的"更改"按钮，如图13-108所示。

图13-108 "绘图属性"对话框

6 弹出"选项"对话框，在对话框中添加"tol_display"选项，值为"yes"，单击"添加/更改"按钮 添加/更改 ，然后依次单击"应用"按钮 应用 和"关闭"按钮 关闭 ，关闭该对话框，如图13-109所示。

图13-109 添加选项

7 返回"绘图属性"对话框，单击"关闭"按钮 关闭 ，关闭该对话框，如图13-110所示。

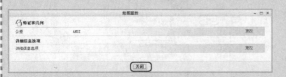

图13-110 关闭对话框

8 当再打开"尺寸属性"对话框时，"公差"选项已经可用，在"尺寸属性"对话框中选择一种公差显示样式，如图13-111所示，选择的是公差以"正-负"的方式显示。单击"确定"按钮完成设置并关闭对话框。

9 完成绘图区尺寸公差的标注，如图13-112所示。

图13-111 选择公差显示方式

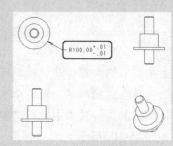

图13-112 标注的尺寸公差

13.5.3 编辑尺寸

尺寸标注完成后，需要对其进行修改。

实战演练257——清理尺寸

1 打开绘图文件，如图13-113所示。

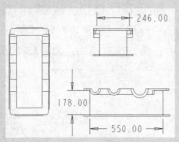

图13-113 绘图文件

2 单击"注释"功能区"注释"工具栏中的"清理尺寸"按钮 清理尺寸 ，如图13-114所示。

图13-114 单击"清理尺寸"按钮

3 弹出"选择"对话框和"清除尺寸"对话框，如图13-115所示。

图13-115 弹出对话框

4 在绘图区单击需要清除的尺寸，单击"选择"对话框中的"确定"按钮，在"清除尺寸"对话框中，单击"应用"按钮，如图13-116所示。

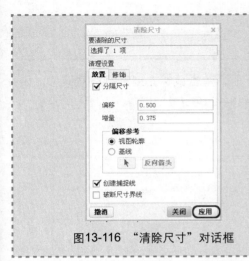

图13-116 "清除尺寸"对话框

5 单击"关闭"按钮,清除尺寸完成,如图11-117所示。

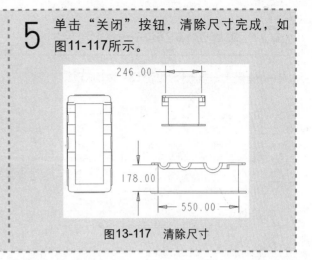

图13-117 清除尺寸

在"清除尺寸"对话框中,选取要清除的尺寸后,"清除设置"栏变为可选,其中分为"放置"和"修饰"两个选项卡。

"放置"选项卡如图13-118所示,其功能如下所述。

● 偏移:用来指定第一个尺寸相对于参考图元的位置。

● 增量:指定两个尺寸的间距。

● 偏移参考:设置尺寸的参考图元,其中分为视图轮廓和基线。

　　◆ 视图轮廓:以视图轮廓线偏移距离的参考。

　　◆ 基线:以用户所选取的基准面、捕捉线、视图轮廓线等图元作为偏移距离的参考。

● 创建捕捉线:用来创建捕捉线,以便让尺寸能对齐捕捉线。

● 破断尺寸界线:打断尺寸界线与尺寸草绘图元的交接处。

"修饰"选项卡如图13-119所示,其中功能如下所述。

● 反向箭头:当尺寸距离太小时,箭头自动反向。

● 居中文本:尺寸文本居中对齐。

● 当文本在尺寸界线间无法放置时的首选项"水平"。

　　◆ ⊫: 如果水平尺寸文本无法放置,则把文本移到尺寸界线的左边。

　　◆ ⊨: 如果水平尺寸文本无法放置,则把文本移到尺寸界线的右边。

● 当文本在尺寸界线间无法放置时的首选项"垂直"。

　　◆ : 如果垂直尺寸文本无法放置,则把文本移到尺寸界线的上边。

　　◆ : 如果垂直尺寸文本无法放置,则把文本移到尺寸界线的下边。

图13-118 "放置"选项卡

图13-119 "修饰"选项卡

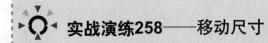

实战演练258——移动尺寸

1 使用上一实例，如图13-120所示。

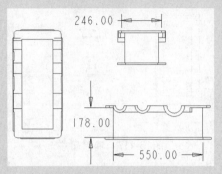

图13-120 绘图文件

2 在绘图区选择需要移动的尺寸，将鼠标光标放置在尺寸上，当鼠标光标变为 ✛ 或者

🛈 时，单击鼠标左键进行拖动即可，如图13-121所示。

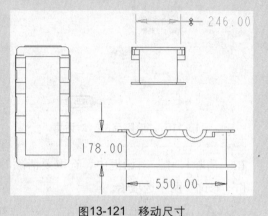

图13-121 移动尺寸

● 移动尺寸位置：首先选取需要移动的尺寸，当鼠标靠近尺寸时鼠标光标会变为 ✛、🛈，单击鼠标左键拖动即可。其功能分别如下所述。

◆ ✛：尺寸文本、尺寸线与尺寸界线可以自由移动。

◆ 🛈：尺寸文本、尺寸线与尺寸界线在垂直方向上移动。

实战演练259——对齐尺寸

1 打开绘图文件，如图13-122所示。

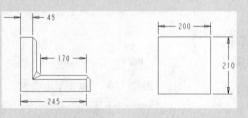

图13-122 绘图文件

2 在绘图区中按住Ctrl键在绘图区选择多个尺寸，如图13-123所示。

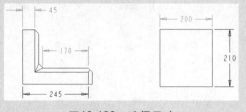

图13-123 选择尺寸

3 选择尺寸后，单击"注释"功能区"注释"工具栏中的"对齐尺寸"按钮，如图13-124所示。

图13-124 单击"对齐尺寸"按钮

4 对齐尺寸完成，如图13-125所示。

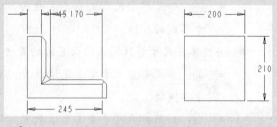

图13-125 对齐尺寸

实战演练260——修改尺寸

1 使用上一实例，如图13-126所示。

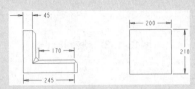

图13-126 绘图文件

2 在绘图区域中选择尺寸200，如图13-127所示。

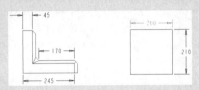

图13-127 选择尺寸

3 双击该尺寸，弹出"尺寸属性"对话框，在"属性"选项卡下选中"覆盖值"单选按钮，并将值设置为220.00，如图13-128所示。

图13-128 "尺寸属性"对话框

4 单击"确定"按钮，按Ctrl+G组合键，重新生成图元，完成尺寸修改，如图13-129所示。

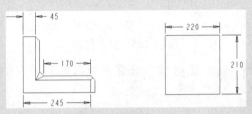

图13-129 修改尺寸

实战演练261——修改尺寸大小

1 使用上一实例，如图13-130所示。

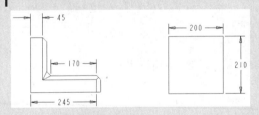

图13-130 绘图文件

2 在绘图区选择尺寸170，并双击该尺寸，弹出"尺寸属性"对话框，如图13-131所示。

图13-131 选择尺寸

3 在"尺寸属性"对话框中，单击"文本样式"选项卡，在"字符"选项组中，取消选中"高度"右侧的"默认"复选框，并在该文本框中输入0.300000，如图13-132所示。

图13-132 设置高度

4 单击"确定"按钮,完成尺寸大小修改,如图13-133所示。

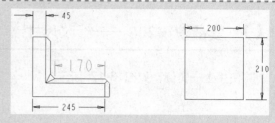

图13-133 修改尺寸大小

实战演练262——修改尺寸位数

1 打开素材文件,如图13-134所示。

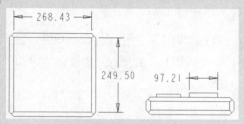

图13-134 绘图文件

2 在绘图区域中选择尺寸,如图13-135所示。

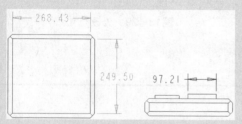

图13-135 选择尺寸

3 选择尺寸后并双击,弹出"尺寸属性"对话框,在"值和显示"选项组中,将"小

数位数"值设置为0,如图13-136所示。

图13-136 "尺寸属性"对话框

4 单击"确定"按钮,完成尺寸位数修改,如图13-137所示。

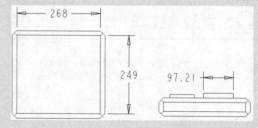

图13-137 修改尺寸位数

实战演练263——删除尺寸

1 使用上一实例,选择需要删除的尺寸,如图13-138所示。

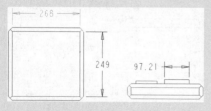

图13-138 选择尺寸

2 按Delete键删除尺寸,如图13-139所示。

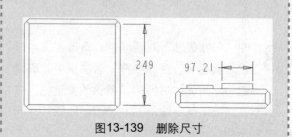

图13-139 删除尺寸

13.6 注释

为制作的产品添加注释，可以更加全面地表达其信息。本节介绍注释的创建与修改方法。

13.6.1 创建注释

实战演练264——创建注释

1 打开绘图文件，如图13-140所示。

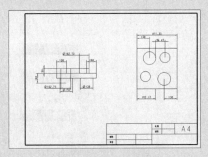

图13-140 绘图文件

2 单击"注释"功能区"注释"工具栏中的"注解"按钮，如图13-141所示。

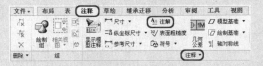

图13-141 单击"注解"按钮

3 弹出"注解类型"选项窗口，从中选择"进行注解"选项，如图13-142所示。

图13-142 选择"进行注解"选项

4 弹出"选择点"对话框，光标形状变为，将鼠标放置在合适的位置，如图13-143所示。

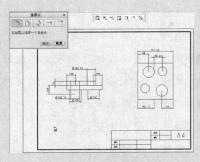

图13-143 确定点的位置

5 单击鼠标左键，弹出"输入注解"对话框，在其中输入文字"技术要求"，如图13-144所示。

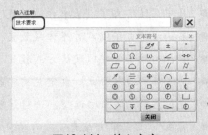

图13-144 输入文字

6 单击"确定"按钮，弹出"输入注解"文本框，输入文字"1.材料：45钢"，如图13-145所示。

图13-145 输入文字

7 单击"确定"按钮✔，在不输入文字的情况下，单击鼠标中键，然后在"输入注解"选项窗口中选择"完成/返回"选项，如图13-146所示。

8 创建注释完成，如图13-147所示。

图13-146 选择"完成/返回"选项

技术要求
1. 材料 45钢

图13-147 完成注释

在单击"注解"按钮后，弹出"注解类型"选项窗口，如图13-148所示，其中部分选项功能说明如下所述。

- 无引线：注解不带指引线。
- 带引线：注解带指引线。
- ISO引线：注解或球标带指引线。
- 在项上：将注解连接在曲线、边等图元上。
- 输入：直接从键盘输入文字内容。
- 文件：从txt格式文件中读取文字内容。
- 水平：注解水平放置。
- 垂直：注解竖直放置。
- 角度：注解角度放置。
- 标准：注解的指引线为标准样式。
- 法向指引：注解的指引线垂直于参考对象。
- 切向指引：注解的指引线相切于参考对象。
- 左：注解文字以左对齐方式放置。
- 居中：注解文字以居中方式放置。
- 右：注解文字以右对齐方式放置。
- 默认：注解文字以默认方式放置。
- 样式库和当前样式：自定义文字的样式和指定当前使用文字的样式。
- 进行注解：单击该选型，进行注解。
- 完成/返回：单击该选项或者按鼠标中键，完成注解的创建。

图13-148 菜单管理器

13.6.2 修改注释

 实战演练265——修改注释

1 使用上一案例文件，创建注释的效果如图13-149所示。

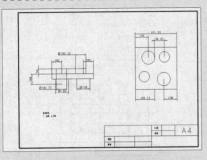

图13-149　绘图文件

2 双击注释，弹出"注解属性"对话框，在"文本"选项卡下，输入文字"2.调制处理"，如图13-150所示。

图13-150　输入文字

3 单击"文本样式"选项卡，在"字符"选项组中，取消选中"高度"右侧的复选框，并

将其值设置为3.5，如图13-151所示。

图13-151　设置高度值

4 单击"确定"按钮，修改注释完成，如图13-152所示。

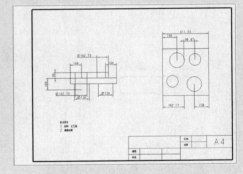

图13-152　修改注释

13.7　表格与图框

Creo 2.0中提供了一些工程图模板，但是并不能满足用户需求。本节介绍如何自制模板。

13.7.1　创建表格

本节介绍表格的一些基本操作。

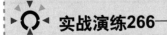

实战演练266——手动创建表格

1 单击功能区的"文件"按钮，在下拉菜单中执行"新建"命令，弹出"新建"对话框。在"类型"选项组中选中"绘图"单选按钮，设置"名称"为"biao"，取消选中"使用默认

模板"复选框，如图13-153所示。

图13-153 "新建"对话框

2 单击"确定"按钮，弹出"新建绘图"对话框，在"大小"选项组中将"标准大小"设置为A4，如图13-154所示。

图13-154 "新建绘图"对话框

3 单击"确定"按钮进入绘图模式界面，单击"表"功能区"表"工具栏中的"表"按钮，如图13-155所示。

图13-155 单击"表"按钮

4 在下拉列表中选择"插入表"选项，如图13-156所示。

图13-156 选择"插入表"选项

5 弹出"插入表"对话框，从中可以设置列数、列宽、行宽等参数，如图13-157所示。

图13-157 "插入表"对话框

6 单击"确定"按钮，弹出"获得点"对话框，然后在合适的位置单击鼠标左键放置表格，如图13-158所示。

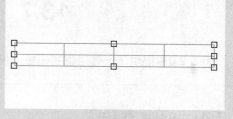

图13-158 放置表格

💡 实战演练267——通过文件插入表格

1 新建一个绘图文件后，单击"表"功能区"表"工具栏中的"表来自文件"按钮，如图13-159所示。

图13-159 单击"表来自文件"按钮

2 弹出"打开"对话框，从中选择需要的文件，如图13-160所示。

图13-160 "打开"对话框

3 单击"确定"按钮，弹出"获得点"对话框，在绘图区单击鼠标左键，将表格放置到合适位置，如图13-161所示。

图13-161 插入表格

实战演练268——删除表格

1 使用上一实例，如图13-162所示。

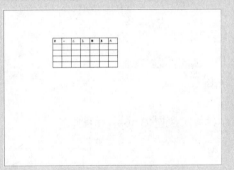

图13-162 打开文件

2 在绘图区域中拖动鼠标左键框选表格，选取整个表格，然后按Delete键删除表格，如图13-163所示。

图13-163 删除表格

表格的移动有两种方法，下面进行详细介绍。

实战演练269——移动表格

1.手动移动表格

1 使用上一实例，如图13-164所示。

图13-164 打开文件

2 在绘图区中拖动鼠标左键框选表格，选取整个表格，当鼠标光标变为✛、↔和↕

时，按住鼠标进行拖动，将表格移动至合适位置，如图13-165所示。

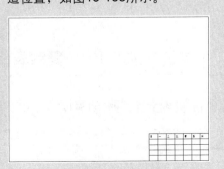

图13-165 移动表格

2. 精确移动表格

1 单击"表"功能区"表"工具栏中的"表"按钮的 表▾ 下拉按钮,在下拉列表中选择"移动特殊"选项,如图13-166所示。

图13-166　选择"移动特殊"选项

2 按鼠标中键,弹出"移动特殊"对话框,通过输入X、Y的值来移动表格,如图13-167所示。

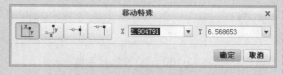

图13-167　"移动特殊"对话框

实战演练270——旋转表格

1 使用上一实例,如图13-168所示。

图13-168　绘图文件

2 在绘图区域中按住鼠标左键进行拖动,框选全部表格,然后单击"表"功能区"表"工具栏中的"表"按钮 表▾ 的下拉按钮,在下拉列表中选择"旋转"选项,如图13-169所示。

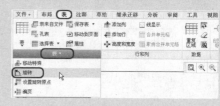

图13-169　选择选项

3 旋转表格完成后的效果如图13-170所示。

4 在绘图区调整表格的位置,如图13-171所示。

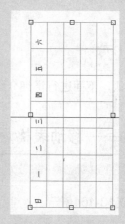
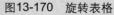

图13-170　旋转表格　　图13-171　移动表格

实战演练271——复制表格

1 打开绘图文件,如图13-172所示。

2 在绘图区中按住鼠标左键拖动,框选全部表格,然后单击鼠标右键,从弹出的快捷菜单中执行"复制"命令,如图13-173所示。

图13-172　绘图文件

图13-173　执行"复制"命令

3　取消对表格的选择，在空白处单击鼠标右键，从弹出的快捷菜单中执行"粘贴"命令，如图13-174所示。

图13-174　执行"粘贴"命令

4　弹出"选择点"对话框，在绘图区域中单击，如图13-175所示。

图13-175　"选择点"对话框

5　然后在绘图区域中再次单击，将表格粘贴至绘图区域中，如图13-176所示。

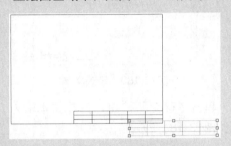

图13-176　粘贴表格

6　调整表格在绘图区中的位置，如图13-177所示。

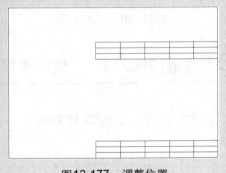

图13-177　调整位置

 实战演练272——输入与编辑文本

1　打开绘图文件，如图13-178所示。

2　选择要输入文本的单元格，如图13-179所示。

图13-178　绘图文件

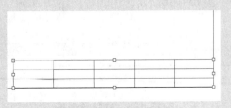

图13-179　选择表格

3 双击选择的单元格，弹出"注解属性"对话框，输入文字"设计"，如图13-180所示。

图13-180 输入文字

4 单击"确定"按钮，完成文本输入，如图13-181所示。

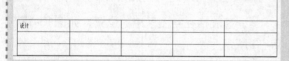

图13-181 输入文本

5 输入文本后，发现效果并不理想，对其进行编辑调整，双击输入文字的单元格，弹出"注解属性"对话框，选择"文本样式"选项卡，在"字符"选项组中，设置"高度"为0.25，在"注解/尺寸"选项组中，设置"水平"为"中心"，如图13-182所示。

图13-182 "注解属性"对话框

6 单击"确定"按钮，完成文本编辑，如图13-183所示。

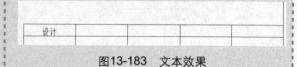

图13-183 文本效果

实战演练273——删除表格文本

1 使用上一实例，如图13-184所示。

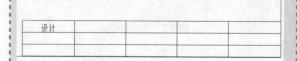

图13-184 绘图文件

2 在绘图区域选择带有文本的单元格，如图13-185所示。

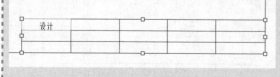

图13-185 选择单元格

3 单击"表"功能区"数据"工具栏中的"删除内容"按钮，如图13-186所示。

图13-186 单击"删除内容"按钮

4 删除表格文本内容后的效果如图13-187所示。

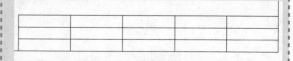

图13-187 删除表格文本

13.7.2 图框

1 单击"新建"按钮，弹出"新建"对话框，在"类型"选项中组选中"草绘"单选按钮，设置"名称"为tukuang，如图13-188所示。

图13-188 "新建"对话框

2 单击"确定"按钮，进入草绘界面。单击"草绘"功能区"草绘"工具栏中的"矩形"按钮，如图13-189所示。

图13-189 单击"矩形"按钮

3 在绘图区域中按住鼠标左键进行拖动，绘制一个矩形，按鼠标中键完成绘制，如图13-190所示。

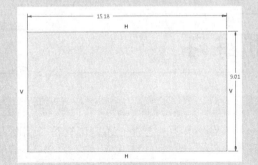

图13-190 绘制矩形

4 双击尺寸将其修改为297.00、210.00，如图13-191所示。

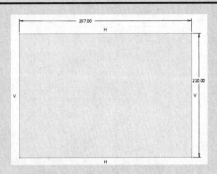

图13-191 调整矩形尺寸

5 调整矩形完成后，按Ctrl+S组合键，弹出"保存对象"对话框，其保存格式为.sec，单击"确定"按钮，保存至设置的工作目录中，如图13-192所示。

图13-192 "保存对象"对话框

6 保存文件后，单击"新建"按钮，弹出"新建"对话框，在"类型"选项组中选中"格式"单选按钮，设置"名称"为1362_huizhitukuang，如图13-193所示。

图13-193 "新建"对话框

7 单击"确定"按钮，弹出"新格式"对话框，在"指定模板"选项组中选中"截面空"单选按钮，如图13-194所示。

图13-194 "新格式"对话框

8 在"新格式"对话框中，单击"浏览"按钮 浏览... ，弹出"打开"对话框，选择之前保存的tukuang.sec文件，如图13-195所示。

图13-195 "打开"对话框

9 选择文件后，单击"打开"按钮后，跳转至"新格式"对话框，将 tukuang.sec 添加至"截面"选项，如图13-196所示。

图13-196 "新格式"对话框

10 单击"确定"按钮，系统自动将绘制文件导入至图框文件中，导入时系统以左下角为对起点，并根据草绘文件的大小来设置纸张的大小，如图13-197所示。

图13-197 创建图框

13.8 上机练习

1. 创建工程图模板

在一张完整的工程图中，除了视图、尺寸标注、注释及技术要求之外，还应该有符合制图标准的工程图模板。模板包括图框和标题栏。

1 运行Creo 2.0后将英制单位更改为公制单位，单击"文件"按钮，在弹出的下拉列表中执行"选项"命令，弹出"Cero Parametric选项"对话框，选择"配置编辑器"选项，如图13-198所示。

图13-198 "Cero Parametric选项"对话框

图13-201 "Cero Parametric选项"对话框

2 单击"导入/导出"按钮，在弹出的下拉列表中选择"导入配置文件"选项，如图13-199所示。

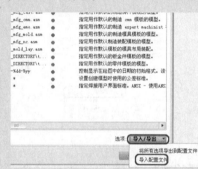

图13-199 选择"导入配置文件"选项

3 弹出"文件打开"对话框，选择素材"config.pro"文件，如图13-200所示。

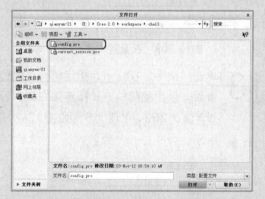

图13-200 "文件打开"对话框

4 单击"打开"按钮，"Cero Parametric选项"对话框中的相应数值作出相应改变，如图13-201所示。

提示

　　"Cero Parametric选项"对话框中，◆图标代表该项数值为默认，※表示该项数值已调整。

5 单击"确定"按钮，弹出"Cero Parametric选项"提示对话框，单击"否"按钮，当前单位由英制更改为公制，如图13-202所示。

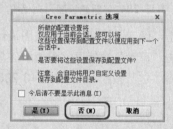

图13-202 "Cero Parametric选项"提示对话框

6 进入设计环境，单击"新建"按钮□，弹出"新建"对话框，在"类型"选项组中，选中"绘图"单选按钮，"名称"设为zhizuogongchengtumuban，取消选中"使用默认模板"复选框，如图13-203所示。

提示

　　重新启动软件，需要重新加载该文件，按前面的方法就可以将单位更改。

图13-203 "新建"对话框

7 单击"确定"按钮,弹出"新建绘图"对话框,在"大小"选项组中,"标准大小"设置为A4,如图13-204所示。

图13-204 "新建绘图"对话框

8 单击"确定"按钮,进入绘图设计界面。单击"草绘"功能区"设置"工具栏中的单击"链"按钮 ,如图13-205所示。

图13-205 单击"链"按钮

9 单击"链"按钮 后,单击"草绘"工具栏中的"线"按钮 ,如图13-206所示。

图13-206 单击"线"按钮

10 系统提示选取直线起点,并弹出"捕捉参考"对话框,如图13-207所示。

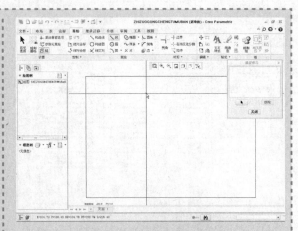

图13-207 "捕捉参考"对话框

11 在绘图区单击鼠标右键,在弹出的快捷菜单中执行"绝对坐标"命令,如图13-208所示。

图13-208 执行"绝对坐标"命令

12 在弹出的对话框中,设置X值为25,Y值为5,如图13-209所示。

图13-209 设置第一点坐标

13 单击"确定"按钮 ,指定第一点的位置后,使用相同的方式指定第二点,设置X值为292,Y值为5,如图13-210所示。

图13-210 设置第二点坐标

14 自动弹出"绝对坐标"对话框,设置第三点的坐标,设置X值为292,Y值为205,如图13-211所示。

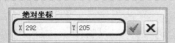

图13-211　设置第三点坐标

15 自动弹出"绝对坐标"对话框，设置第四点的坐标，设置X值为25，Y值为205，如图13-212所示。

图13-212　设置第四点坐标

16 自动弹出"绝对坐标"对话框，设置第五点的坐标，设置X值为25，Y值为5，如图13-213所示。

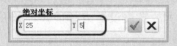

图13-213　设置第五点坐标

17 自动弹出"绝对坐标"对话框，设置第六点的坐标，单击鼠标中键完成直线绘制，如图13-214所示。

图13-214　绘制直线完成

18 在绘图区域中，按住鼠标左键拖动，框选四条直线，如图13-215所示。

19 选取支线后，单击鼠标右键，在弹出的快捷菜单中执行"线造型"命令，

如图13-216所示。

20 弹出"修改线造型"对话框，在"属性"选项组中，设置"宽度"为1.3，单击"应用"按钮，如图13-217所示。

图13-215　选取直线

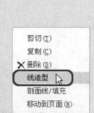

图13-216　执行　　图13-217　修改线造型
"线造型"命令

21 单击"关闭"按钮，效果如图13-218所示。

图13-218　图框效果

2. 制作表格

1 单击"表"功能区"表"工具栏中的"表"按钮 的下拉按钮，在下拉列表中执行"插入表"命令，如图13-219所示。

2 弹出"插入表"对话框，在"表尺寸"选项组中，设置"列数"为6，"行数"为4；在"行"选项组中，设置"高度"为8；在"列"选项组中，设置"宽度"为15，如图13-220所示。

图13-219 执行"插入表"命令

图13-220 "插入表"对话框

3 弹出"插入点"对话框,在视图空白区域中单击鼠标左键,将表格放置在图框内,如图13-221所示。

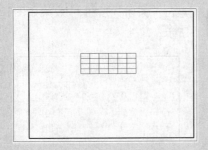

图13-221 插入表格

4 按住鼠标左键框选第二列单元格,然后单击鼠标右键,在弹出的快捷菜单中执行"宽度"命令,如图13-222所示。

图13-222 执行"宽度"命令

5 弹出"高度和宽度"对话框,在"列"选项组中,将"以绘图单位计的宽度"设置为30.000,如图13-223所示。

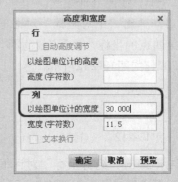

图13-223 设置宽度

6 单击"确定"按钮,使用相同的方式将第三列的宽度设置为25.000,如图13-224所示。

图13-224 设置第三列宽度

7 使用相同的方式将第五列的宽度设置为20.000,如图13-225所示。

图13-225 设置第五列宽度

8 使用相同的方式将第六列的宽度设置为35.000,如图13-226所示。

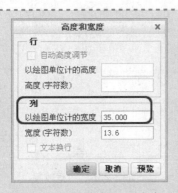

图13-226 设置第六列宽度

9 表格调整完成，效果如图13-227所示。

图13-227 表格效果

10 表格制作完成，需要进行合并，在"表"功能区"行和列"工具栏中，单击"合并单元格"按钮 合并单元格，如图13-228所示。

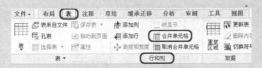

图13-228 单击"合并单元格"按钮

11 弹出"表合并"选项窗口，选择"行&列"选项，在视图中选择需要合并的单元格，按鼠标中键退出操作，如图13-229所示。

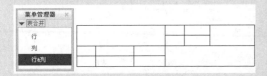

图13-229 合并单元格

12 在图中所示的单元格中双击鼠标左键，弹出"注解属性"对话框，在"文本"选项卡下，输入文本"制图"，如图13-230所示。

13 单击"文本样式"选项卡，在"字符"选项组中，设置"高度"为3.0；在"注

解/尺寸"选项组中，设置"水平"为中心，"竖直"为中间，如图13-231所示。

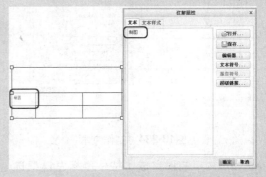

图13-230 "文本"选项卡

图13-231 "文本格式"选项卡

14 设置完成后，单击"确定"按钮，效果如图13-232所示。

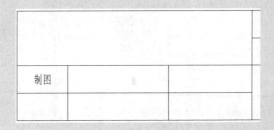

图13-232 文字效果

15 使用相同的方法制作其他文本，如图13-233所示。

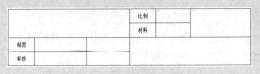

图13-233 文本效果

16 使用相同的方式制作文本A4，如图13-234所示。

图13-234 制作文本

17 文字制作完成，按住鼠标左键框选全部表格，当光标变为✛时，将表格移动置合适的位置，如图13-235所示。

18 图框制作完成，保存场景，按Ctrl+S组合键，弹出"保存对象"对话框，单击"确定"按钮，将其保存至工作目录中，如图13-236所示。最后单击"关闭"按钮，关闭当前绘图文件。

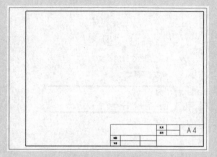

图13-235 图框效果

图13-236 保存文件

3. 创建齿轮工程图

1 单击"新建"按钮，弹出"新建"对话框，在"类型"选项组中选中"绘图"单选按钮，将"名称"设置为chilun，如图13-237所示。

图13-237 "新建"对话框

2 单击"确定"按钮，弹出"新建绘图"对话框，在"默认模型"选项组中，单击"浏览"按钮，如图13-238所示。

图13-238 单击"浏览"按钮

3 弹出"打开"对话框，选择素材模型"chilun.prt"文件，单击"预览"按钮，可以预览文件，如图13-239所示。

4 单击"打开"按钮后，在"模板"选项组中，单击"浏览"按钮，弹出"打开"对话框，选择之前制作的图框

zhizuogongchengtumuban.drw文件，如图13-240所示。

图13-239 "打开"对话框

图13-240 选择图框

5 单击"打开"按钮，返回至"新建绘图"对话框，单击"确定"按钮，如图13-241所示。

图13-241 "新建绘图"对话框

6 新建绘图场景，如图13-242所示。

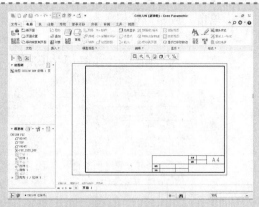

图13-242 绘图场景

7 在"布局"功能区"模型视图"工具栏中，单击"常规"按钮，如图13-243所示。

图13-243 单击"常规"按钮

8 弹出"选择组合状态"对话框，选中"不要提示组合状态的显示"复选框，如图13-244所示。

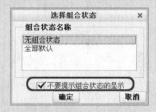

图13-244 "选择组合状态"对话框

9 在绘图区域中单击鼠标左键，弹出"绘图视图"对话框，在"视图方向"选项组中，将"模型视图名"设为TOP，如图13-245所示。

图13-245 设置图名

10 单击"应用"按钮,在"类型"选项卡中选择"视图显示"选项,将"显示样式"设为"消隐",如图13-246所示。

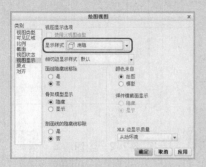

图13-246 "绘图视图"对话框

11 单击"类型"选项卡中选择"比例"选项,在右侧选中"自定义比例"单选按钮,将其值设置为0.04,如图13-247所示。

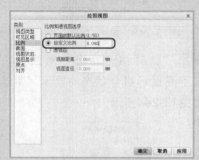

图13-247 设置比例值

12 单击"确定"按钮,在绘图区域中选择创建的视图,单击鼠标右键,在弹出的快捷菜单中,取消选中"锁定视图移动"复选框,然后调整其在区域中的位置,如图13-248所示。

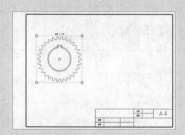

图13-248 调整位置

13 继续选择创建的视图,单击鼠标右键,在弹出的快捷菜单中执行"插入投影视图"命令,如图13-249所示。

图13-249 "插入投影视图"命令

14 在图中出现一个图形框,在图中滑动鼠标至合适位置,如图13-250所示。

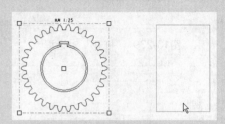

图13-250 滑动鼠标

15 单击鼠标左键,创建投影视图,效果如图13-251所示。

图13-251 投影视图

16 双击创建的新视图,弹出"绘图视图"对话框,在"类型"选项卡中选择"视图显示"选项,在"视图显示选项"选项组中,将"显示样式"设为"消隐",如图13-252所示。

图13-252 "绘图视图"对话框

17 视图效果如图13-253所示。

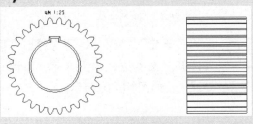

图13-253　视图效果

18 在绘图区域中选择左侧视图，然后单击鼠标右键，在弹出的快捷菜单中执行"显示模型注释"命令，如图13-254所示。

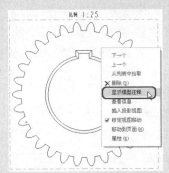

图13-254　"显示模型注释"命令

19 弹出"显示模型注释"对话框，单击 按钮选择全部注释信息，如图13-255所示。

图13-255　"显示模型注释"对话框

20 单击"确定"按钮，效果如图13-256所示。

21 使用相同方法，显示另一视图的注释信息，如图13-257所示。

22 注释信息显示完成后，适当调整视图在图中的位置，如图13-258所示。

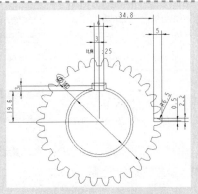

图13-256　显示注释信息

图13-257　显示注释信息

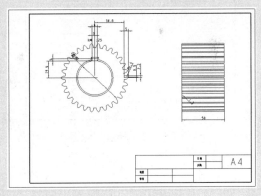

图13-258　调整视图

23 单击"注解"功能区"注释"工具栏中的"注解"按钮，如图13-259所示。

图13-259　单击"注解"按钮

24 弹出"注解类型"选项窗口，依次选择"无引线"、"输入"、"水平"、"标准"、"默认"选项，如图13-260所示。

25 单击"进行注解"选项，弹出"选择点"对话框，鼠标光标形状变为≦，如图13-261所示。

26 在绘图区域合适的位置单击鼠标左键，确定点的位置，弹出"输入注解"对话框和"文本符号"对话框，在文本框中输入文字"技术要求"，如图13-261所示。

图13-260 "注解类型"选项窗口

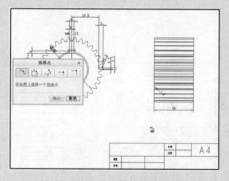

图13-261 "选择点"对话框

图13-262 输入文字

27 单击"确定"按钮✓，再次弹出"输入注解"文本框，输入文字"1.材料：20CrMnTi"，如图13-263所示。

图13-263 "输入注解"文本框

28 单击"确定"按钮✓，再次弹出"输入注解"文本框，输入文字"2.调制处理"，如图13-264所示。

图13-264 输入文字

29 单击"确定"按钮✓，再次弹出"输入注解"文本框，输入文字然后单击"确定"按钮✓，退出输入注释，最后选择"注解类型"选项窗口中的"完成/返回"选项，完成创建注释，如图13-265所示。注释效果如图13-266所示。

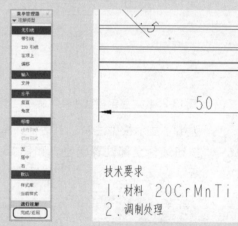

图13-265 "注解类型"选项窗口　　图13-266 注解效果

30 选择图中所示的单元格，双击该单元格，弹出"注解属性"对话框，在"文本"选项卡下，输入文字"齿轮"，单击"文字样式"选项卡，设置"高度"为8.0，"宽度因子"为1.0，"水平"为"中心"，"竖直"为"中间"，如图13-267所示。

31 使用相同的方法制作其他文字，文字大小自行设置，如图13-268所示。

32 工程图创建完成，为了方便查看最终效果，在视图工具栏处，单击鼠标右键，在弹出的快捷菜单中，单击"位置"选项的 ▶ 按钮，然后选中"显示在右侧"单选按钮，如图13-269所示。

图13-267　制作文字

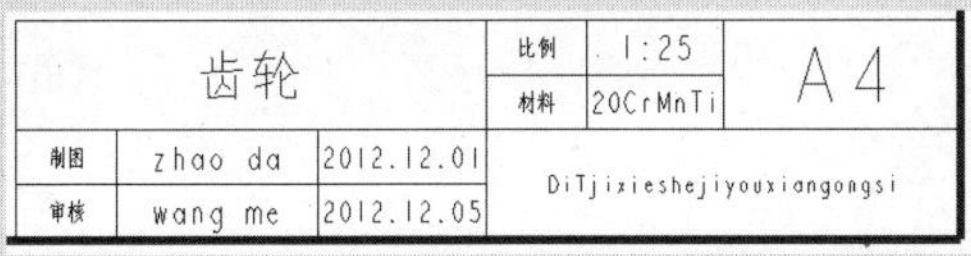

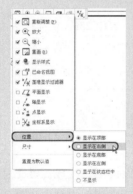

图13-268　文字效果

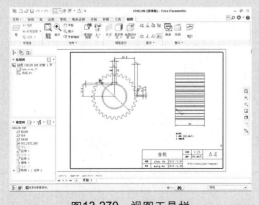

图13-269　选中"显示在右侧"单选按钮

33 选择"显示在右侧"选项后，视图工具栏显示在右侧，如图13-270所示。

图13-270　视图工具栏

34 在操作界面中单击右上角的"最小化功能区"按钮 ⌃，如图13-271所示。

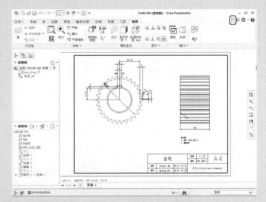

图13-271　单击"最小化功能区"按钮

35 最小化功能区后的界面如图13-272所示。

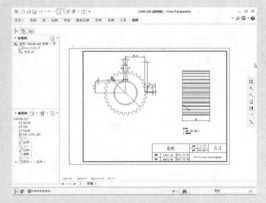

图13-272　最小化功能区

36 在操作界面中单击左下角的"切换导航区域的显示"按钮 ▦，如图13-273所示。

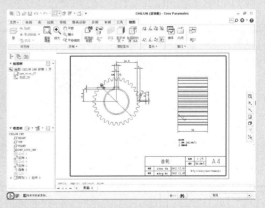

图13-273　单击"切换导航区域的显示"按钮

37 导航隐藏后的界面如图13-274所示。

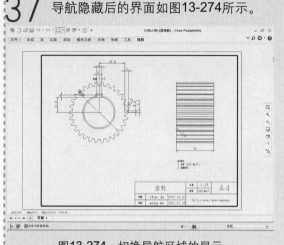

图13-274　切换导航区域的显示

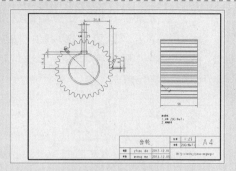

图13-275　工程图效果

38 工程图效果如图13-275所示。

39 工程图制作完成后，按Ctrl+S组合键，弹出"保存对象"对话框，单击"确定"按钮将其保存，如图13-276所示。

图13-276　保存对象

13.9　本章小结

　　工程图是整个设计的最后环节，在Creo 2.0中完成零件的设计后，生成二维工程图，工程图中某一个视图内尺寸值改变，其他视图也因此会更新，其相关三维模型也会自动更新；当改变其模型尺寸或结构时，工程图中也会作出相应变化。

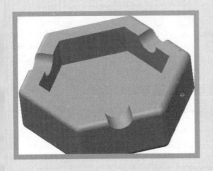

第14章

综合设计范例

　　本章根据此书介绍的知识点的先后顺序，列举实例。通过实例来巩固所学内容。实例分为绘制草绘图、创建零件模型、装配设计以及工程图的生成。

14.1 绘制草绘图

本节通过两个例子来对草绘图的绘制方法进行说明，以巩固草绘图绘制方面的知识。

14.1.1 内矩形花键

1 新建草绘图，命名为"huajian"，单击"确定"按钮，如图14-1所示。

图14-1 新建草绘文件

2 进入草绘环境，单击"草绘"功能区"基准"工具栏中的"中心线"按钮 ⋮ 中心线，在绘图区放置三条中心线，其中两条垂直，另一条与竖直中心线成45度角，如图14-2所示。

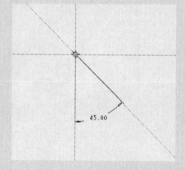

图14-2 放置中心线

3 单击"草绘"功能区"草绘"工具栏中的"矩形"按钮 ▢ 矩形 ▾，在绘图区绘制长为6，宽为5的矩形，并且此矩形相对竖直中心线左右对称，矩形上部的边到中心线交点的距离为15，如图14-3所示。

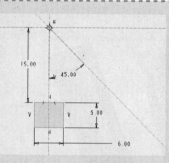

图14-3 绘制矩形

4 单击"草绘"功能区"编辑"工具栏中的"删除段"按钮 ⅄ 删除段，在绘图区删除矩形下部的边，如图14-4所示。

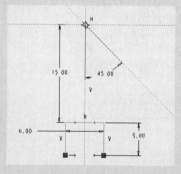

图14-4 删除边

5 按住鼠标左键在绘图区框选删除后的矩形，如图14-5所示。

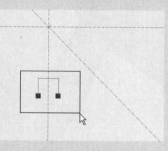

图14-5 选取图元

6 完成选择后，单击"草绘"功能区"操作"工具栏中的"复制"按钮🖺，然后单击"粘贴"按钮🖺，在设计区要粘贴的大体位置单击，如图14-6所示。

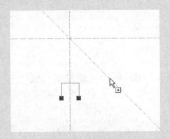

图14-6 进行粘贴

7 单击后弹出"放置调整大小"操控板，在操控板上将旋转角度设为45，在绘图区用鼠标拖动粘贴的矩形，使其中心与成45°角的中心线重合，如图14-7所示。

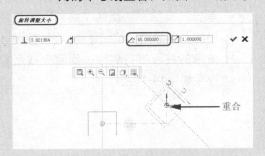

图14-7 旋转调整

8 单击操控板上的"确定"按钮，完成图元的粘贴。在绘图区修改粘贴后的矩形到中心线交点的距离为15，并确保此矩形的宽为5（此步关系到后面绘制的圆能否与矩形的开放端点重合），如图14-8所示。

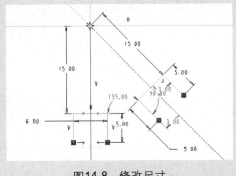

图14-8 修改尺寸

9 在绘图区按住鼠标左键框选这两个图元，如图14-9所示。

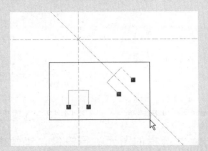

图14-9 选取图元

10 完成选择后，单击"草绘"功能区"编辑"工具栏中的"镜像"按钮🔲镜像，然后选择水平中心线，完成这两个图元的镜像，如图14-10所示。

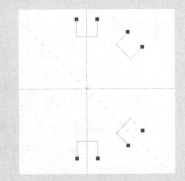

图14-10 进行镜像

11 在绘图区框选如图14-11所示的图元。

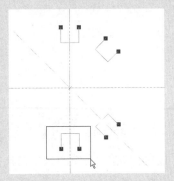

图14-11 选取图元

12 完成选择后，对该图元进行镜像，镜像中心线为成45°角的中心线，镜像完成后的效果如图14-12所示。

13 框选如图14-13所示的图元。

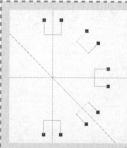

图14-12 进行镜像　　　　图14-13 选取图元

14 对选择的图元进行镜像，镜像中心线为竖直中心线，完成镜像后的效果如图14-14所示。

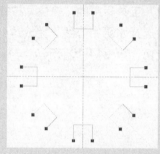

图14-14 进行镜像

15 单击"草绘"功能区"草绘"工具栏中的"图心和点"按钮◎圆▾，在绘图区以中心线的交点为圆心，半径为与图元的开放端点重合，绘制如图14-15所示的圆。

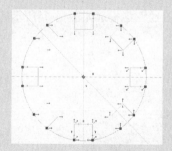

图14-15 绘制圆

16 按住Ctrl键，在绘图区单击选择三条中心线，然后按Delete键，将它们删除，完成删除后的效果如图14-16所示。

17 单击"草绘"功能区"草绘"工具栏中的"同心"按钮◎圆▾，绘制与绘图区的圆同心的圆，并修改直径为50，如图14-17所示。

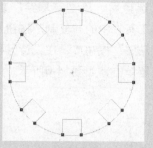

图14-16 删除中心线

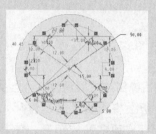

图14-17 绘制同心圆

18 单击"草绘"功能区"编辑"工具栏中的"删除段"按钮⌇▾删除段，对绘图区多余的线段进行删除，删除完成后的效果如图14-18所示。

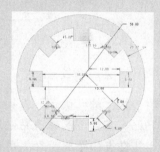

图14-18 删除线段

19 完成内矩形花键草绘图的绘制，如图14-19所示。按Ctrl+S组合键保存对象。

图14-19 内矩形花键

14.1.2 底座

1 新建草绘图，命名为"dizuo"，单击"确定"按钮，如图14-20所示。

2 进入草绘环境，在绘图区放置两条垂直的中心线，如图14-21所示。

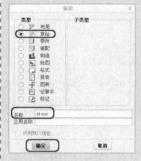

图14-20 新建草绘图　　图14-21 放置中心线

3 单击"草绘"功能区"草绘"工具栏中的"圆心和点"按钮 ⊙圆▼，以中心线的交点为圆心，绘制直径为100的圆，如图14-22所示。

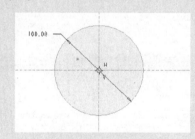

图14-22 绘制圆

4 单击"草绘"功能区"草绘"工具栏中的"线链"按钮 ∧线▼，绘制一条过圆心的水平直线，并且相对竖直中心线左右对称，长度值为180，如图14-23所示。

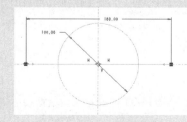

图14-23 绘制直线

5 单击"草绘"功能区"草绘"工具栏中的"矩形"按钮 □矩形▼，在绘图区绘制矩

形。该矩形相对竖直中心线左右对称，长为400，宽为50，上部的边到水平中心线的距离为180，如图14-24所示。

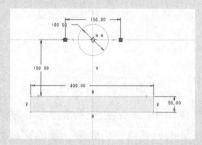

图14-24 绘制矩形

6 单击"草绘"功能区"草绘"工具栏中的"线链"按钮 ∧线▼，在绘图区绘制直线。该直线一端点与上部直线的端点相连，另一端点与矩形上部的边相连，该直线与水平直线间的角度为100，如图14-25所示。

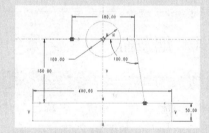

图14-25 绘制直线

7 选择上步绘制的直线，对其进行镜像，镜像中心选择竖直中心线，完成直线镜像的效果如图14-26所示。

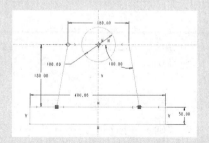

图14-26 镜像直线

8 单击"草绘"功能区"编辑"工具栏中的"删除段"按钮 ⅀删除段，删除不需要的线，如图14-27所示。

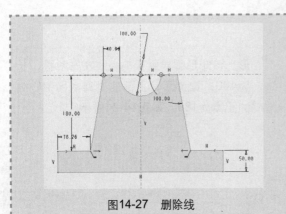

图14-27　删除线

果如图14-28所示。

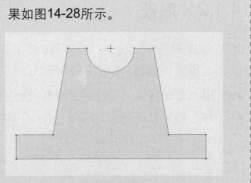

图14-28　删除中心线

9 按住Ctrl键，在绘图区选择中心线，然后按Delete键将它们删除。删除完成后的效

10 完成底座草绘图的绘制，按Ctrl+S组合键保存对象。

14.2　创建零件模型

本节通过三个例子来介绍零件设计在实践中的操作方法，以巩固零件设计方面的知识。

14.2.1　烟灰缸

1. 烟灰缸缸体的制作

1 新建零件文件，设置"名称"为"yan-huigang"，如图14-29所示。

图14-29　"新建"对话框

2 单击"确定"按钮，进入零件设计环境，在"模型"功能区"基准"工具栏中，单击"草绘"按钮，如图14-30所示。

3 弹出"草绘"对话框，单击模型树中的TOP基准面，则草绘平面为TOP基准

面，如图14-31所示。

图14-30　单击"草绘"按钮

图14-31　"草绘"对话框

4 单击"草绘"按钮，基准面与屏幕平行，进入草绘环境，在"草绘"功能区"草绘"工具栏中，单击"调色板"按钮

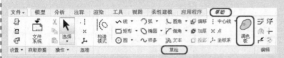，如图14-32所示。

14-32 单击"调色板"按钮

5 弹出"草绘器调色板"对话框，选择"6侧六边形"选项，按住鼠标左键将其拖曳至绘图区，如图14-33所示。

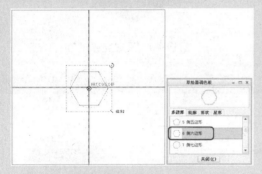

图14-33 绘制六边形

6 在"草绘器调色板"对话框中，单击"关闭"按钮，在绘图区中双击数字，将值更改为70.00，如图14-34所示。

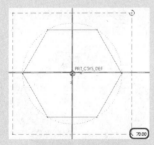

图14-34 设置数值

7 单击鼠标中键，绘制六边形完成，然后单击"确定"按钮✔，保存截面并退出，绘制的界面如图14-35所示。

图14-35 绘制的截面

8 在"模型"功能区"形状"工具栏中，单击"拉伸"按钮，如图14-36所示。

图14-36 单击"拉伸"按钮

9 弹出"拉伸"操控板，进入拉伸操作界面，将拉伸值设置为40.00，如图14-37所示。

图14-37 设置拉伸值

10 设置完成后，单击鼠标中键，完成拉伸特征的创建。为了画面更加简洁，单击视图工具栏中的"基准显示过滤器"按钮，单击"全选"选项，取消全部选项的勾选，如图14-38所示。

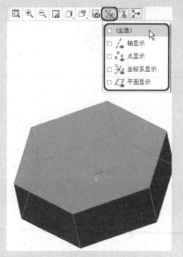

图14-38 基准显示过滤器

11 在"模型"功能区"工程"工具栏中，单击"壳"按钮回壳，如图14-39所示。

图14-39　单击"壳"按钮

12 弹出"壳"操控板，进入"壳"操作界面，选择顶面，并将"厚度"设置为15.00，如图14-40所示。

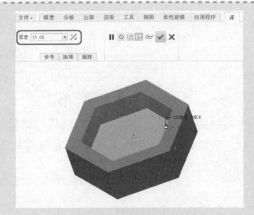

图14-40　设置壳厚度值

2. 烟灰缸凹口的制作

1 设置完成后，单击鼠标中键，完成壳特征的创建，在"模型"功能区"工程"工具栏中，单击"孔"按钮口孔，如图14-41所示。

图14-41　单击"孔"按钮

2 弹出"孔"操控板，进入孔操作界面，单击"放置"选项卡，在设计区域中选择面，如图14-42所示。

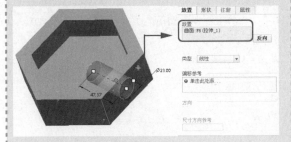

图14-42　选择面

3 将两个方向的控制滑块分别放置在该面的两条垂直线上，在"放置"选项卡中，将值分别设置为35.00、40.00，将孔的直径设置为20.00，如图14-43所示。

4 设置完成后，单击鼠标中键，完成壳特征的创建，零件效果如图14-44所示。

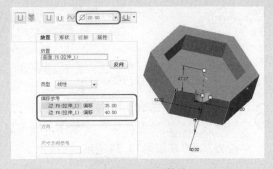

图14-43　设置数值

图14-44　零件效果

5 使用相同的方式制作其他孔特征，如图14-45所示。

图14-45　制作孔特征

6 选择图中所示的边，如图14-46所示。

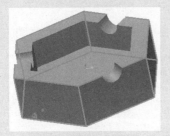

图14-46 选择边

7 在"模型"功能区"工程"工具栏中，单击"倒圆角"按钮 ⊙倒圆角，如图14-47所示。

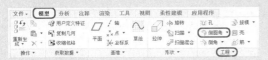

图14-47 单击"倒圆角"按钮

8 设置半径为5.00，如图14-48所示。

9 单击鼠标中键完成倒圆角特征的创建，效果如图14-49所示。

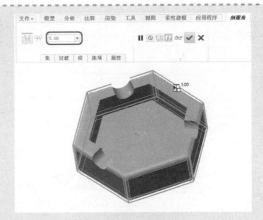

图14-48 设置半径

图14-49 零件效果

3. 烟灰缸外观设置

1 在"渲染"功能区"外观"工具栏中，单击"外观库"下拉按钮 ，弹出下拉列表，选择"更过外观"选项，如图14-50所示。

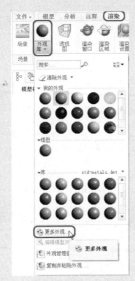

图14-50 更多外观

2 弹出"外观编辑器"对话框，将"名称"设置为"mu"，如图14-51所示。

3 在"图"选项卡下，单击"颜色纹理"选项组中的"关闭"下拉按钮，在下拉列表中选择"图像"选项，如图14-52所示。

图14-51 设置名称　图14-52 选择"图像"选项

4 单击 ▓ 按钮，弹出"打开"对话框，选择素材"wood.jpg"文件，如图14-53所示。

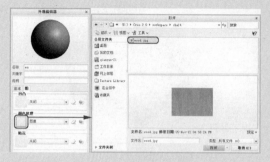

图14-53 选择素材文件

5 单击"打开"按钮，外观编辑器如图14-54所示。

图14-54 外观编辑器

6 单击"确定"按钮，鼠标光标变为 ✎ 时，按住Ctrl键选择零件的所有面，如图14-55所示。

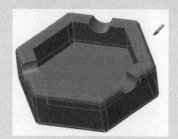

图14-55 选择面

7 单击鼠标中键，零件更改外观完成，效果如图14-56所示。

图14-56 零件效果

8 零件制作完成，按Ctrl+S组合键，弹出"保存对象"对话框，设置保存路径，然后单击"确定"按钮，如图14-57所示。

图14-57 保存零件场景

9 单击功能区中的"文件"按钮，在弹出的快捷菜单中执行"另存为"命令，弹出"保存副本"对话框，将"类别"设置为"TIFF（捕捉）（*.tif）"，如图14-58所示。

图14-58 保存效果

10 单击"确定"按钮，将零件效果保存，弹出"确认"提示框，单击"确定"按钮，如图14-59所示。

11 烟灰缸效果如图14-60所示。

图14-59 "确认"提示框

图14-60 烟灰缸效果

14.2.2 MP3播放器

1. 制作MP3正面

制作MP3具体操作步骤如下所述。

1 新建零件文件，设置名称为"MP3"，如图14-61所示。

图14-61 新建零件文件

2 单击"确定"按钮，进入零件设计环境，在模型树中选择"FRONT"基准面，在"模型"功能区"基准"工具栏中，单击"草绘"按钮～，进入草绘设计环境，如图14-62所示。

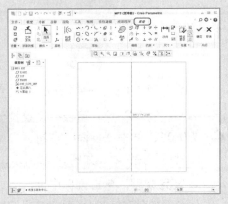

图14-62 进入草绘设计环境

3 在"草绘"功能区"草绘"工具栏中，单击"拐角矩形"按钮□，如图14-63所示。

图14-63 单击"拐角矩形"按钮

4 在绘图区绘制一个矩形，长度和宽度分别为3.50、1.20，如图14-64所示。

图14-64 绘制矩形

5 单击"确定"按钮✔，退出草绘环境，选择绘制的矩形，然后在"模型"功能区"形状"工具栏中，单击"拉伸"按钮⬜，如图14-65所示。

图14-65 单击"拉伸"按钮

6 弹出拉伸操控板，设置拉伸值为0.50，如图14-66所示。

图14-66　设置拉伸

7 设置完成后，单击鼠标中键，完成拉伸特征的创建。为了画面更加简洁，单击视图工具栏中的"基准显示过滤器"按钮，单击"全选"选项，取消全部选项的勾选，并单击"旋转中心"按钮，将其隐藏，如图14-67所示。

图14-67　视图工具栏

8 在设计区中选择零件的一个面，在"模型"功能区"基准"工具栏中，单击"草绘"按钮，如图14-68所示。

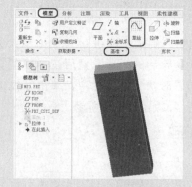

图14-68　单击"草绘"按钮

9 进入草绘设计环境，在"草绘"功能区"草绘"工具栏中，单击"拐角矩形"按钮，如图14-69所示。

图14-69　选择拐角矩形

10 绘制一个矩形，单击鼠标中键结束绘制，双击尺寸将其更改，如图14-70所示。

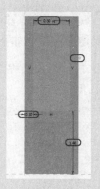

图14-70　调整矩形

11 单击"确定"按钮，选择绘制的矩形，在"模型"功能区"形状"工具栏中，单击"拉伸"按钮，如图14-71所示。

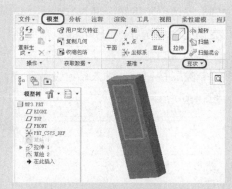

图14-71　单击"拉伸"按钮

12 弹出"拉伸"操控面板，设置拉伸值为0.01，单击"反向"按钮、"移除材料"按钮，如图14-72所示。

13 设置完成后，单击鼠标中键，完成拉伸特征的创建，按住Ctrl键选择绘制的矩形的4个高，在"模型"功能区"工程"工具栏中，单击"倒圆角"按钮 倒圆角，如图14-73所示。

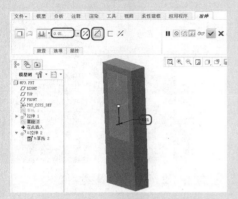

图14-72　设置拉伸值

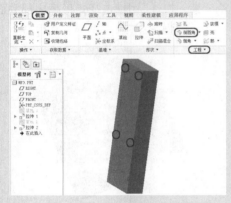

图14-73　单击"倒圆角"按钮

14 弹出"倒圆角"操控板，设置倒圆角半径数值为0.20，如图14-74所示。

图14-74　倒圆角

15 单击鼠标中键，完成倒圆角特征的创建，在设计区域中选择面，在"模型"功能区"基准"工具栏中，单击"草绘"按钮，如图14-75所示。

图14-75　单击"草绘"按钮

16 弹出"草绘"操控板，进入草绘设计环境，使用"拐角矩形"工具绘制图形，如图14-76所示。

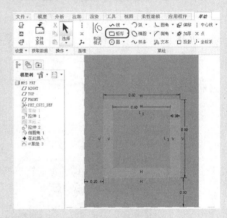

图14-76　绘制矩形

17 单击"确定"按钮，完成矩形的绘制。选择绘制的矩形，选择"拉伸"工具，将拉伸值设置为0.01，如图14-77所示。

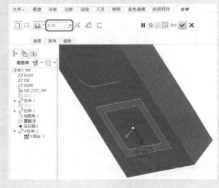

图14-77　设置拉伸

18 在视图工具栏中，单击"显示样式"按钮，在下拉列表中选择"带边着色"选项，如图14-78所示。

图14-78 显示样式

19 在区域中按住Ctrl键选择4个面，然后在"模型"功能区"工程"工具栏中，单击"拔模"按钮，如图14-79所示。

图14-79 单击"拔模"按钮

20 弹出"拔模"操控板，单击"参考"选项卡，单击"拔模枢轴"下的选择项，选择图形的顶面，如图14-80所示。

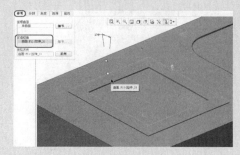

图14-80 选择面

21 将拔模角度设置为30.0，如图14-81所示。

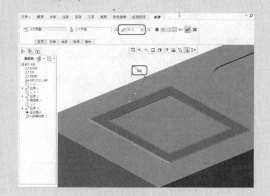

图14-81 设置拔模值

22 单击鼠标中键，完成拔模特征的创建，按住Ctrl键选择矩形框内部的面，如图14-82所示。

图14-82 选择内部的面

23 在"模型"功能区"工程"工具栏中，单击"拔模"按钮，弹出"拔模"操控板，单击"参考"选项卡，单击"拔模枢轴"下的选择项，在图中选择面，如图14-83所示。

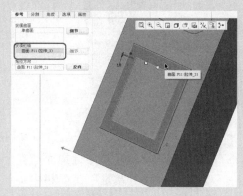

图14-83 选择面

24 设置拔模值为30.0，如图14-84所示。

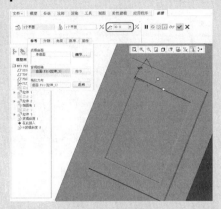

图14-84　设置拔模

25 单击鼠标中键，拔模特征创建完成，效果如图14-85所示。

26 按Ctrl键选择图中所示的边，如图14-86所示。

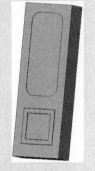 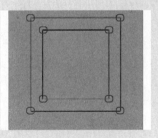

图14-85　拔模效果　　　图14-86　选择边

27 在"模型"功能区"工程"工具箱中，单击"倒圆角"按钮 ⑤倒圆角 ，设置倒圆角半径为0.20，如图14-87所示。

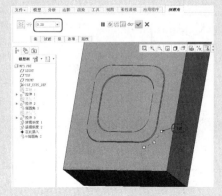

图14-87　单击"倒圆角"按钮

28 单击鼠标中键，倒圆角特征创建完成，如图14-88所示。

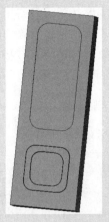

图14-88　倒圆角效果

29 选择图中所示的面，在"模型"功能区"基准"工具栏中，单击"草绘"按钮 ∿，如图14-89所示。

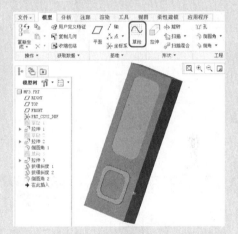

图14-89　选择面

30 弹出"草绘"操控板，在绘图区域中绘制如图所示的图形，如图14-90所示。

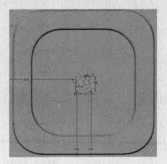

图14-90　绘制图形

31 单击"确定"按钮✔，完成图形的绘制并选择该图形。单击"模型"功能区"形状"工具栏中的"拉伸"按钮▱，将拉伸值设置为0.01，并单击"反向"按钮％、"移除材料"按钮▱，如图14-91所示。

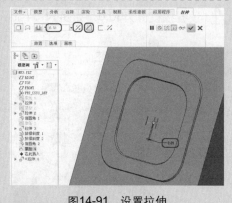

图14-91　设置拉伸

2. 制作MP3侧面

创建制作MP3侧面的具体操作步骤如下所述。

1 单击鼠标中键，效果如图14-92所示。

图14-92　倒圆角效果

2 选择零件右侧立面，在"模型"功能区"基准"工具栏中，单击"草绘"按钮～，如图14-93所示。

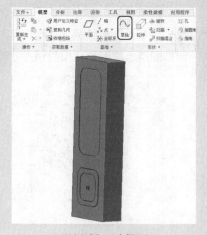

图14-93　选择面

3 进入草绘设计界面，使用"拐角矩形"工具▢绘制如图所示的矩形，宽为0.20，高为1.40，如图14-94所示。

图14-94　绘制矩形

4 单击"确定"按钮✔，矩形绘制完成。选择绘制的矩形，在"模型"功能区"形状"工具栏，单击"拉伸"按钮▱，设置拉伸值为0.01，如图14-95所示。单击鼠标中键，拉伸特征创建完成。

5 在制作的图形中选择面，在"模型"功能区"基准"工具栏中，单击"草绘"按钮～，如图14-96所示。

6 进入草绘设计界面，使用"拐角矩形"工具▢绘制如图所示的矩形，宽为0.16，高为1.00，如图14-97所示。

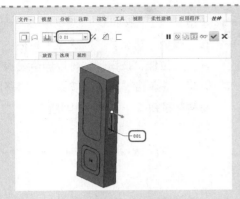

图14-95　设置拉伸

图14-96　选择面

图14-97　绘制矩形

7　单击"确定"按钮✔，矩形绘制完成。选择绘制的矩形，在"模型"功能区"形状"工具栏，单击"拉伸"按钮，设置拉伸值为0.01，如图14-98所示。单击鼠标中键，拉伸特征创建完成。

图14-98　设置拉伸值

8　按住Ctrl键选择之前绘制的两个图形的高，如图14-99所示。

图14-99　选择边

9　选择边后，在"模型"功能区"工程"工具箱中，单击"倒圆角"按钮 倒圆角，设置倒圆角半径为0.06，如图14-100所示。

图14-100　设置数值

10 设置完成后，单击鼠标中键，倒圆角特征创建完成，如图14-101所示。

图14-101　零件效果

11 选择MP3顶面，然后单击"草绘"按钮 🗀，如图14-102所示。

图14-102　选择面

12 进入草绘设计界面，在"草绘"功能区"草绘"工具栏中，单击"圆"按钮 ⊙ 圆，在绘图区域中绘制一个圆，半径为0.08，如图14-103所示。

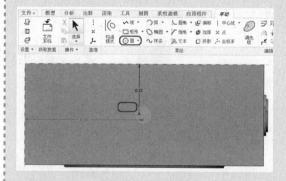

图14-103　绘制圆形

13 单击"确定"按钮 ✔，绘制矩形完成。在"模型"功能区"形状"工具栏中，单击"拉伸"按钮 📄，将拉伸值设置为0.20，并单击"反向"按钮 ％、"移除材料"按钮 ⧄，如图14-104所示。

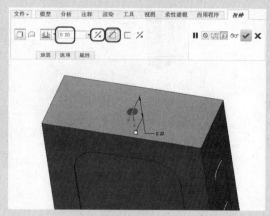

图14-104　设置拉伸值

14 单击鼠标中键，完成拉伸特征的创建，继续选择进行草绘命令，进入草绘设计环境，在"基准"工具栏中，单击"中心线"按钮 ⋮，在绘图区域单击，绘制一条中心线，如图14-105所示。

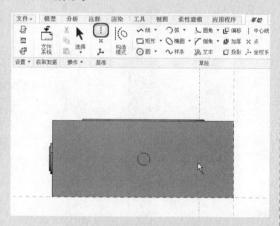

图14-105　绘制中心线

15 在"草绘"工具栏中先后使用"线链" ⌇ 线、"3点/相切端" ⌒ 弧，绘制如图14-106所示的图形。

16 图形绘制完成后，单击"确定"按钮 ✔，然后选择该图形，在"模型"

功能区"形状"工具栏中，单击"旋转"按钮 旋转，如图14-107所示。

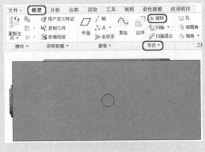

图14-107 选择图形

17 弹出"旋转"操控面板，单击"移除材料"按钮，如图14-108所示，单击鼠标中键，旋转特征创建完成。

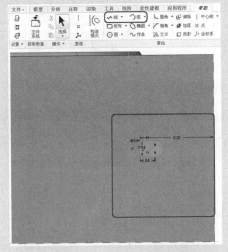

图14-106 绘制图形

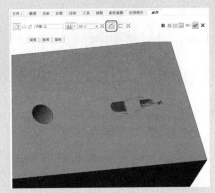

图14-108 旋转图形

3. 制作MP3背面

制作MP3背面的具体操作步骤如下所述。

1 选择MP3的背面，单击"草绘"按钮，进入草绘设计环境，单击"拐角矩形"按钮，在绘图区域绘制长为2.00、宽为0.30的矩形，如图14-109所示。

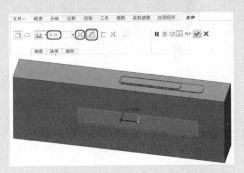

图14-110 设置拉伸

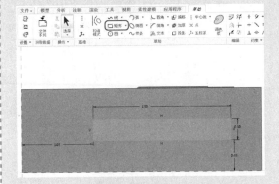

图14-109 绘制矩形

2 单击"确定"按钮，选择绘制的矩形，单击"拉伸"按钮，设置拉伸值为0.01，单击"反向"、"移除材料"按钮，如图14-110所示。

3 设置完成后单击鼠标中键，完成拉伸特征的创建，效果如图14-111所示。

4 继续选择MP3背面，单击"草绘"按钮，进入草绘设计环境。单击"拐角矩形"按钮

图14-111 零件效果

□，在绘图区域绘制长为0.50、宽为0.20的矩形，并调整其位置，如图14-112所示。

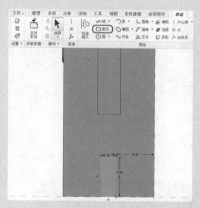

图14-112　绘制矩形

5 单击"确定"按钮 ✔，选择绘制的矩形，单击"拉伸"按钮 ⬚，设置拉伸值为0.01，如图14-113所示。

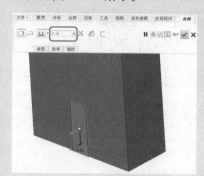

图14-113　设置拉伸

6 单击鼠标中键，拉伸特征创建完成，然后选择其中的两条边，并单击"工程"工具栏中的"倒圆角"按钮 倒圆角，如图14-114所示。

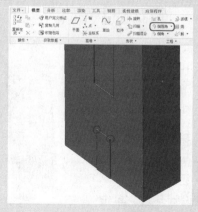

图14-114　选择边

7 弹出"倒圆角"操控板，设置半径为0.06，如图14-115所示。

图14-115　设置倒圆角

8 设置完成后，单击鼠标中键，倒圆角特征创建完成，效果如图14-116所示。

9 按住Ctrl键，选择MP3的高，如图14-117所示。

图14-116　零件效果　　图14-117　选择边

10 选择边后，在"模型"功能区"工程"工具栏中，单击"倒圆角"按钮 倒圆角，弹出"倒圆角"操控板，半径设置为0.10，如图14-118所示。

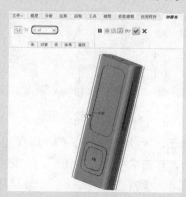

图14-118　设置倒圆角

4. 制作文字

制作文字的具体操作步骤如下所示。

1 设置完成后，单击鼠标中键，完成倒圆角特征的创建，效果如图14-119所示。

图14-119　零件效果

2 选择MP3的正面，然后单击"草绘"按钮 ，如图14-120所示。

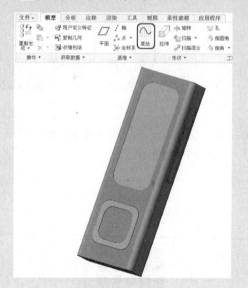

图14-120　选择面

3 弹出"草绘"操控板，单击"草绘"功能区的"文本"按钮 ，在绘图区域中由下至上的方向单击鼠标左键，绘制一条线段，如图14-121所示。

4 弹出"文本"对话框，输入"LUCK-YSTAR"，如图14-122所示。

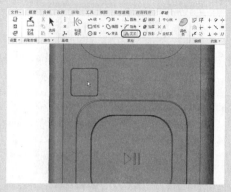

图14-121　单击"文本"按钮

图14-122　输入文本

5 单击"确定"按钮后，再单击鼠标中键，完成文本的创建，调整其高度为0.08，然后调整其在区域中的位置，位于MP3中间位置即可，如图14-123所示。

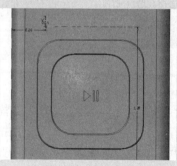

图14-123　制作文本

6 单击"确定"按钮 ，创建文本完成。选择文本然后单击"形状"工具栏中的"拉伸"按钮 ，设置拉伸值为0.01，如图14-124所示。

图14-124　拉伸设置

图14-125　零件效果

7 单击鼠标中键，完成拉伸特征的创建，效果如图14-125所示。

8 使用相同的方式，在MP3背面制作文本，字体高度为0.15，如图14-126所示。

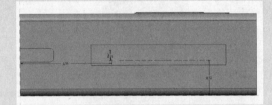

图14-126　创建文本

5. 渲染MP3

渲染MP3的具体操作步骤如下所述。

1 文本创建完成后，使用相同的方法对其添加拉伸特征，拉伸值为0.01，效果如图14-127所示。

图14-127　零件效果

2 MP3制作完成，单击"渲染"功能区"外观"工具栏中的"外观库"下拉按钮，在下拉列表中，选择"更多外观"选项，如图14-128所示。

3 弹出"外观编辑器"对话框，设置"名称"为"hongse"，在"基本"选项卡"属性"选项组中，单击"颜色"右侧的颜色框，弹出"颜色编辑器"对话框，将

R、G、B值分别设置为166、21、86，设置完成后单击"确定"按钮，如图14-129所示。

4 颜色设置为完成后，调整其他选项数值，如图14-130所示。

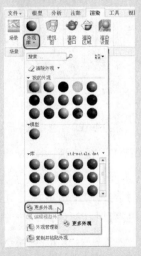

图14-128　选择"更多外观"选项

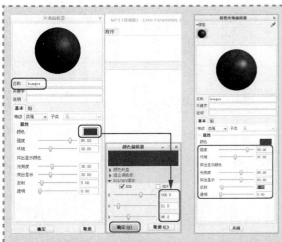

图14-129　外观编辑器

图14-130　外观
编辑器

图14-132　外观编辑器

5 在显示工具栏中，将"显示样式"设置为
"着色"；在"外观编辑器"对话框中，
设置完成后单击"确定"按钮；鼠标光标
变为 时，在场景中按住Ctrl键选择面，单
击鼠标中键完成，效果如图14-131所示。

图14-131　外观效果

图14-133　零件效果

6 使用相同的方式，创建一个"baise"外
观样式，各项参数如图14-132所示。

7 使用相同的方式为其他面更改外观样式，
效果如图14-133所示。

8 使用相同的方法，打开"外观编辑器"
对话框，设置"名称"为"pingmu"，
单击"颜色纹理"选项组中的"关闭"
按钮，在下拉列表中选择"图像"选
项，如图14-134所示。

图14-134　设置名称

9 单击"图像"按钮左侧的 按钮，弹出
"打开"对话框，选择素材图片"001.
jpg"文件，如图14-135所示。

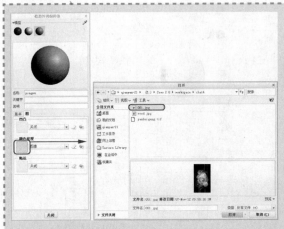

图14-135　选择素材

10　单击"打开"按钮，打开"模型外观编辑器"对话框，如图14-136所示。

11　单击"关闭"按钮，将其指定给MP3屏幕，效果如图14-137所示。

图14-136　"模型外观编辑器"对话框

图14-137　零件效果

12　零件制作完成后，按Ctrl+S组合键，弹出"保存对象"对话框，单击"确定"按钮，将其保存至工作目录下，如图14-138所示。

13　单击"文件"按钮，在下拉列表中单击"另存为"按钮，弹出"保存副本"对话框，设置"类型"为"TIFF（捕捉）（*.tif）"格式，如图14-139所示。

图14-138　保存对象

图14-139　保存副本

14　MP3制作完成，最终效果如图14-140所示。

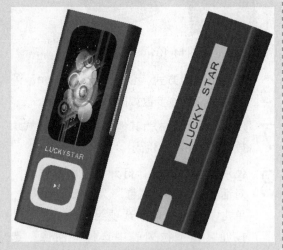

图14-140　最终效果

14.2.3　风扇

1 新建实体零件文件，命名为"fengshan"，单击"确定"按钮进入零件设计环境，如图14-141所示。

图14-141　新建零件文件

2 在模型树中选择"TOP"基准平面，然后单击"模型"功能区"基准"工具栏中的"草绘"按钮，打开草绘器，进入草绘设计环境。

3 单击"草绘"功能区"草绘"工具栏中的"矩形"按钮，在绘图区绘制宽为100的正方形，然后单击"草绘"功能区"草绘"工具栏中的"圆心和点"按钮，在绘图区以原点为圆心，绘制三个圆，直径分别为90、25、10，如图14-142所示。

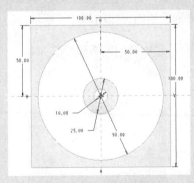

图14-142　绘制截面

4 单击"确定"按钮，完成草绘。对绘制的截面进行拉伸，拉伸深度为30，单击"确定"按钮完成拉伸，如图14-143所示。

5 在模型树中单击选择"RIGHT"基准平面，然后单击"模型"功能区"基准"工

具栏中的草绘按钮，以"RIGHT"基准平面为草绘平面进入草绘设计环境。在绘图区放置一条与竖直参考线重合的中心线，单击"草绘"功能区"草绘"工具栏中的"矩形"按钮，在绘图区绘制两个矩形，如图14-144所示。

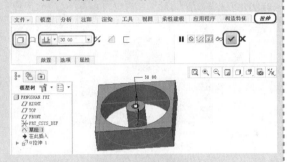

图14-143　拉伸特征

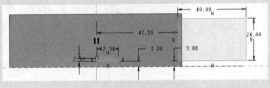

图14-144　草绘截面

6 单击"确定"按钮完成草绘。在模型树中选择上步绘制的截面，单击"模型"功能区"形状"工具栏中的"旋转"按钮，进入旋转操作界面。单击"旋转"操控板上的"移除材料"按钮☑，进行移除材料，单击"确定"按钮完成旋转特征的创建，如图14-145所示。

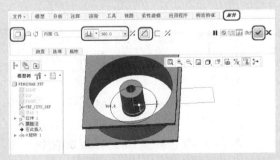

图14-145　旋转移除材料

7 在模型树中选择"TOP"基准平面，然后单击"模型"功能区"基准"工具栏中

的"草绘"按钮，以"TOP"基准平面为草绘平面进入草绘设计环境。单击"草绘"功能区"草绘"工具栏中的"圆心和点"按钮，在绘图区以原点为圆心，绘制直径为10的圆，单击"确定"按钮完成草绘，如图14-146所示。

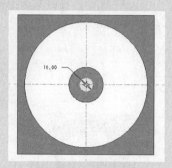

图14-146 草绘截面

8 选择上步绘制的截面，对其进行拉伸。进入拉伸操作界面，设置拉伸深度为27，单击"确定"按钮完成拉伸，如图14-147所示。

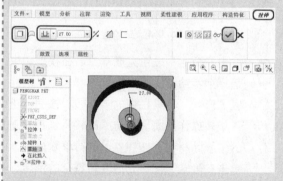

图14-147 创建拉伸特征

9 在模型树中单击选择"TOP"基准平面，然后单击"模型"功能区"基准"工具栏中的"草绘"按钮，以"TOP"基准平面为草绘平面进入草绘设计环境。单击"草绘"功能区"草绘"工具栏中的"圆心和点"按钮，在绘图区以原点为圆心，绘制两个圆，直径分别为25、90，如图14-148所示。

10 在绘图区放置一条与水平参考线重合的中心线，单击"草绘"功能区"草

绘"工具栏中的"线链"按钮，在绘图区绘制一条水平直线，如图14-149所示。

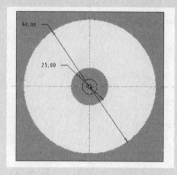

图14-148 绘制两个圆

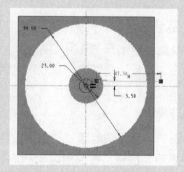

图14-149 绘制直线

11 对绘制的直线进行镜像。单击"草绘"功能区"编辑"工具栏中的"删除段"按钮，将绘图区多余的线删除，完成截面的绘制，如图14-150所示。

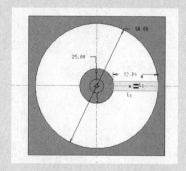

图14-150 草绘截面

12 单击"确定"按钮完成草绘，对绘制的截面进行拉伸，拉伸深度为3，单击"确定"按钮完成拉伸，如图14-151所示。

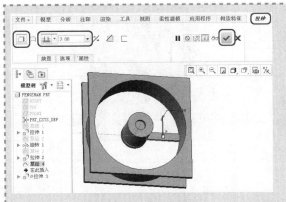

图14-151　拉伸特征

13 在模型树中单击选择上一步创建的拉伸特征，对其进行阵列，阵列类型为轴阵列，参考轴选择A_1轴，阵列成员数量为3，阵列成员间的角度为120，单击"确定"按钮完成阵列，如图14-152所示。

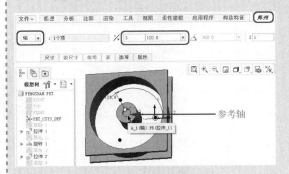

图14-152　阵列特征

14 在模型树中单击选择"RIGHT"基准平面，然后单击"模型"功能区"基准"工具栏中的"草绘"按钮，以"RIGHT"基准平面为草绘平面进入草绘设计环境。

15 通过视图控制工具栏将模型的显示样式设为"线框"显示，如图14-153所示。

图14-153　显示样式

16 在绘图区将需要的线添加为参考，在绘图区放置一条与竖直参考线重合的竖直中心线。单击"草绘"功能区"草绘"工具栏中的"线链"按钮，在绘图区绘制如图14-154所示的截面。

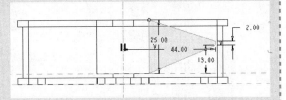

图14-154　绘制截面

17 单击"确定"按钮完成草绘。选择绘制的草绘截面，单击"模型"功能区"形状"工具栏中的"旋转"按钮，进入旋转操作界面。在操控板上单击"作为曲面旋转"按钮，将旋转角度设为30，单击"确定"按钮完成旋转特征的创建，如图14-155所示。

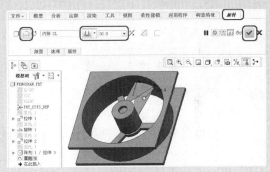

图14-155　创建旋转特征

18 在模型树中选择上一步创建的旋转特征，单击"模型"功能区"编辑"工具栏中的"加厚"按钮，弹出"加厚"操控板。在操控板上将总加厚偏移值设为0.2，单击"反向"按钮，然后单击"确定"按钮完成曲面的加厚，如图14-156所示。

19 按住Ctrl键在模型树中单击选择"旋转2"、"加厚7"，然后单击鼠标右键，从弹出的快捷菜单中执行"组"命令，创建组，如图14-157所示。

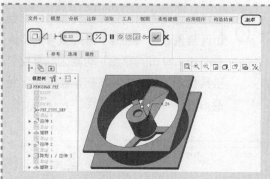

图14-156　加厚曲面

图14-157　创建组

20 对创建的组进行阵列，阵列类型为轴阵列，参考轴选择A_1轴。阵列成员数量为6，阵列成员间的角度为60，单击"确定"按钮完成阵列，如图14-158所示。

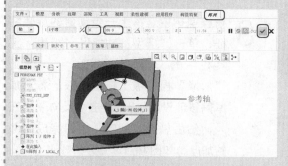

图14-158　阵列组

21 在模型上选择如图14-159所示的平面，然后单击"模型"功能区"基准"工具栏中的"草绘"按钮。

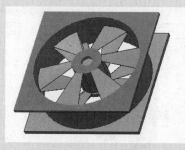

图14-159　选取平面

22 以所选择的平面为草绘平面进入草绘设计环境。在绘图区以原点为圆心，绘制两个圆，直径分别为90、115。单击"模型"功能区"草绘"工具栏中的"矩形"按钮，在绘图区绘制边长为95的正方形，如图14-160所示。

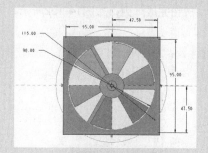

图14-160　绘制圆和矩形

23 单击"草绘"功能区"编辑"工具栏中的"删除段"按钮，删除绘图区中不需要的线，单击"确定"按钮完成草绘，如图14-161所示。

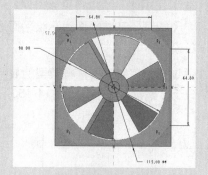

图14-161　草绘截面

24 对上一步绘制的草绘截面进行拉伸，单击"拉伸"操控板上的"反向"按钮 ，将拉伸方向改为草绘平面的另一侧。单击"移除材料"按钮 ▨，进行移除材料。拉伸深度为1，单击"确定"按钮完成拉伸移除材料，如图14-162所示。

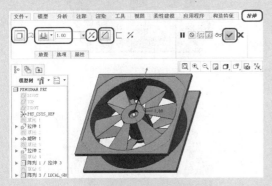

图14-162　拉伸移除材料

25 在设计区单击选择如图14-163所示的模型表面，然后单击"模型"功能区"工程"工具栏中的"孔"按钮，弹出"孔"操控板。

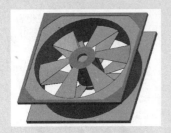

图14-163　选取平面

26 在"孔"操控板上将孔直径设为5，孔深度设为30，孔到相邻两边的距离均为5，单击"确定"按钮完成孔特征的放置，如图14-164所示。

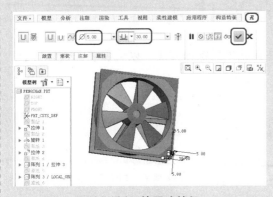

图14-164　放置孔特征

27 在模型树中单击选择孔特征，对孔进行阵列。在"阵列"操控板上将阵列类型改为方向阵列，第一方向参考和第二方向参考分别选择与孔相邻的两条边。第一方向和第二方向的阵列成员数均为2，第一方向和第二方向的阵列成员间的间距均为90，如果阵列成员未产生在拉伸特征上，则需对相应的阵列方向进行反向，以保证阵列的孔产生在拉伸特征上，单击"确定"按钮完成孔的阵列，如图14-165所示。

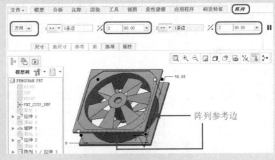

图14-165　阵列孔

28 按住Ctrl键在设计区选择拉伸特征的四角顶角边，如图14-166所示。

图14-166　选取边

29 对选取的边倒圆角，圆角半径为3，完成倒圆角后的效果如图14-167所示。

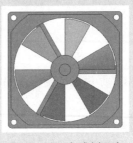

图14-167　完成倒圆角

30 按住Ctrl键在模型上选取如图14-168所示的边。

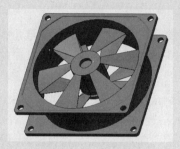

图14-168　选取边

31 对选取的边进行倒圆角，圆角半径为0.5，完成倒圆角后的效果如图14-169所示。在模型上选取如图14-170所示的边。

32 对选取的边进行倒圆角，圆角半径为1.5，完成倒圆角后的效果如图14-171所示。

图14-169　完成倒圆角

图14-170　选取边

图14-171　倒圆角

33 完成风扇模型的创建，效果如图14-172所示，按Ctrl+S组合键保存对象。

图14-172　风扇模型

14.3　装配设计

本节将以装配吹风机的过程来说明装配设计在实践中的操作方法，以巩固装配设计方面的知识。

本例所用零件模型在随书附带光盘的"素材文件"|"cha14"|"吹风机"目录。

1 新建装配设计文件，命名为"chuifengji"，使用默认模板（由于零件模型是在默认模板中创建的，因此装配文件也要选择相应的模板），单击"确定"按钮，如图14-173所示。

图14-173 新建装配文件

2 进入装配设计环境，单击"模型"功能区"元件"工具栏中的"组装"按钮，弹出"打开"对话框，在对话框中打开零件模型所在目录，然后打开零件模型"jiti.prt"，如图14-174所示。

图14-174 选取零件模型

3 弹出"元件放置"操控板，被选择的零件作为第一个元件摆放在设计区，此时装配状况为"无约束"，如图14-175所示。

图14-175 引入第一个元件

4 在操控板上将装配约束设为"默认"，以使装配状况达到"完全约束"，单击

"确定"按钮完成第一个元件的放置，如图14-176所示。

图14-176 放置第一个元件

5 单击"模型"功能区"元件"工具栏中的"组装"按钮，弹出"打开"对话框，在对话框中打开零件模型所在目录，然后打开零件模型"hougai.prt"，如图14-177所示。

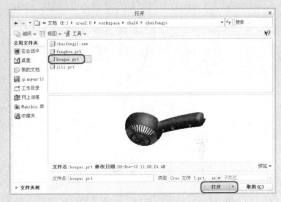

图14-177 选取零件模型

6 弹出"元件放置"操控板，被选择的元件摆放在设计区，如图14-178所示。

图14-178 引入第二个元件

7 单击操控板上的"三维转轴"按钮，设计区出现三维转轴（如果三维转轴未关闭，无需此再开启）。利用三维转轴调整

元件与装配件（第一个元件）的位置，以调整到利于装配的位置为至。调整设计区模型的视图，以便于在装配时便于观察，调整好的效果如图14-179所示。

图14-179　调整元件位置

8　单击模型树上的"显示"按钮 📋 ▼，展开下拉菜单，选择"层树"选项，如图14-180所示。

9　展开层树，在层树中找到隐藏的层"LAY0001"，在该层上单击鼠标右键，在弹出的快捷菜单中执行"取消隐藏"命令，如图14-181所示。

图14-180　选择选项　　图14-181　执行命令

10　单击"元件放置"操控板上的"放置"按钮，展开"放置"下拉面板，在下拉面板上将约束类型设为"重合"，如图14-182所示。

11　在设计区分别选择元件上的参考轴A_3（轴）、装配件上的参考轴A_3（轴），两参考轴便重合在一起，如图14-183所示。

图14-182　设置约束类型

图14-183　两参考轴重合

12　通过"放置"下拉面板新建约束，约束类型为重合，如图14-184所示。

图14-184　新建约束

13　在设计区分别选择元件上的参考曲面和装配件上的参考曲面，如图14-185所示。

图14-185　选取参考曲面

14 完成曲面的重合约束后，两曲面重合在一起。通过建立的两个装配约束，装配状况已达到完全约束，单击操控板上的"确定"按钮，完成元件的放置，如图14-186所示。

图14-186　完成元件的放置

15 单击"模型"功能区"元件"工具栏中的"组装"按钮，弹出"打开"对话框，在对话框中打开零件模型所在目录，然后打开零件模型"fengkou.prt"，如图14-187所示。

图14-187　选取零件模型

16 弹出"元件放置"操控板，被选择的零件被摆放在设计区，如图14-188所示。

图14-188　引入第三个元件

17 调整元件的位置以便于装配，调整位置后的效果如图14-189所示。

18 在活动层对象选择框上单击，在展开的活动层对象列表中选择"FENGKOU.PRT"，如图14-190所示。

图14-189　调整位置　　图14-190　选择活动层对象

19 在选择的活动层对象的层树中找到隐藏的层"LAY0001"，在该层上单击鼠标右键，在弹出的快捷菜单中执行"取消隐藏"命令，如图14-191所示。

图14-191　执行命令

20 单击操控板上的"放置"按钮，展开"放置"下拉面板，通过下拉面板，建立重合约束，如图14-192所示。

图14-192　选择装配类型

21 在设计区分别选择元件的参考轴和装配件的参考轴，如图14-193所示。

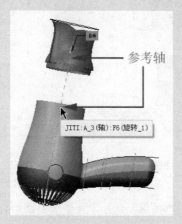

图14-193　选取参考轴

22 选择完参考轴后，两参考轴重合在一起。通过"放置"下拉面板新建重合约束，如图14-194所示。

图14-194　新建约束

23 在设计区分别选择元件上的参考曲面和装配件上的参考曲面，如图14-195所示。

24 选择完参考曲面后，两参考曲面重合在一起。通过"放置"下拉面板新建重合约束，如图14-196所示。

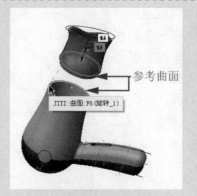

图14-195　选取参考曲面

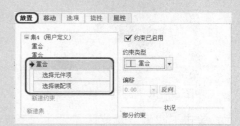

图14-196　新建重合约束

25 在设计区分别选择元件上的参考顶点和装配件上的参考顶点，如图14-197所示。

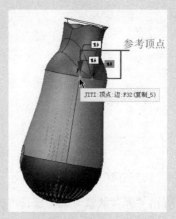

图14-197　选取参考顶点

26 选择完参考顶点后，两参考顶点重合在一起。此时装配状况已达到完全约束，并且符合设计要求，单击操控板上的"确定"按钮完成元件的放置，如图14-198所示。

27 完成吹风机装配模型的创建，如图14-199所示。按Ctrl+S组合键保存对象。

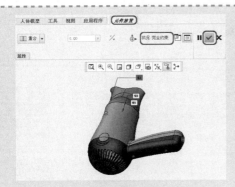

图14-198　完成元件放置

图14-199　吹风机效果

14.4　生成工程图

本节通过生成皮带轮工程图的过程来说明Creo 2.0工程图生成在实践中的操作方法。

1. 新建文档并设置工作环境

新建文档并设置工作环境的具体操作步骤如下所述。

1 单击"新建"按钮 ，弹出"新建"对话框，在"类型"选项组中，选中"绘图"复选框，设置"名称"为"pidailun"，如图14-200所示。

图14-200　"新建"对话框

2 单击"确定"按钮，弹出"新建绘图"对话框，单击"默认模型"选项组中的"浏览"按钮 ，弹出"打开"对话框，在该对话框中，选择素材

"pidailun.prt"文件，单击"打开"按钮，如图14-201所示。

图14-201　选择素材

3 在"新建绘图"对话框中，单击"模板"选项组中的"浏览"按钮 浏览... ，弹出"打开"对话框，在该对话框中选择"muban.drw"文件，单击"打开"按钮，如图14-202所示。

图14-202 选择素材

4 设置完成后，"新建绘图"对话框如图14-203所示。

图14-203 "新建绘图"对话框

5 单击"确定"按钮，进入绘图设计环境，如图14-204所示。

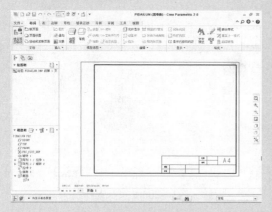

图14-204 绘图设计环境

6 单击"文件"按钮，在下拉列表中执行"选项"命令，弹出"Creo Parametric选项"对话框，在左侧选项栏中选择"配置编辑器"选项，如图14-205所示。

图14-205 "Creo Parametric选项"对话框

7 在"Creo Parametric选项"对话框中单击右下角的"导入/导出"按钮，在下拉列表中选择"导入配置文件"选项，如图14-206所示。

图14-206 选择"导入配置文件"选项

8 弹出"文件打开"对话框，选择"config.pro"文件，单击"打开"按钮，如图14-207所示。

图14-207 选择文件

9 将单位由英制单位更改为公制单位，单击"Creo Parametric选项"对话框中的

444

"确定"按钮，如图14-208所示。

图14-208 "Creo Parametric选项"对话框

10 弹出"Creo Parametric选项"提示对话框，单击"否"按钮，如图14-209所示。关闭程序后，单位将恢复默认设置，运行后重新加载该文件即可。

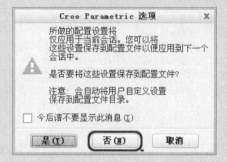

图14-209 单击"否"按钮

2. 创建视图

创建剖面视图的具体操作步骤如下所述。

1 在"布局"功能区"模型视图"工具栏中，单击"常规"按钮，如图14-210所示。

图14-210 单击"常规"按钮

2 弹出"选择组合状态"提示对话框，选中"不要提示组合状态的显示"复选框，单击"确定"按钮，如图14-211所示。

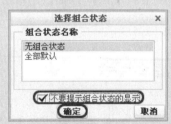

图14-211 "选择组合状态"提示对话框

3 在绘图区域单击鼠标左键，弹出"绘图视图"对话框，在"类别"选项组中，选择"视图类型"选项，设置"模型视图名"设置为"FRONT"，单击"应用"按钮，如图14-212所示。

图14-212 "绘图视图"对话框

4 "类别"选项组中，选择"视图显示"选项，"显示样式"设置为"消隐"，"相切边显示样式"设置为"实线"，如图14-213所示。

图14-213 设置选项

5 单击"关闭"按钮，在视图工具栏中单击"基准显示过滤器"按钮，取消选中全部选项的复选框,如图14-214所示。

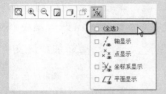

图14-214 取消全选选项的选中

6 创建的视图如图14-215所示。

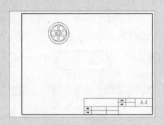

图14-215 创建视图

7 选择视图并单击鼠标右键,在弹出的快捷菜单中取消选中"锁定视图移动"复选框,如图14-216所示。

图14-216 "锁定视图移动"复选框

8 适当调整视图在绘图区域的位置,继续选择视图并单击鼠标右键,在弹出的快捷菜单中执行"插入投影视图"命令,如图14-217所示。

图14-217 "插入投影视图"命令

9 向右侧滑动鼠标并单击鼠标左键,创建投影视图完成,如图14-218所示。

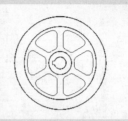

图14-218 创建投影视图

10 双击新创建的视图,弹出"绘图视图"对话框,在"类别"选项组中,选择"视图显示"选项,"显示样式"设置为"消隐","相切边显示样式"设置为"实线",效果如图14-219所示。

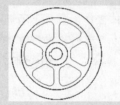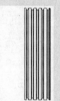

图14-219 修改视图显示

11 使用相同的方法制作一个视图,如图14-220所示。

图14-220 创建视图

12 单击右上角的视图,弹出"绘图视图"对话框,在"类别"选项组中,选择"截面"选项,选中"2D横截面"单选按钮,如图14-221所示。

13 在"绘图视图"对话框中,单击 + 按钮,弹出"横截面创建"选项窗口,如图14-222所示。

图14-221　选中单选按钮

图14-222　"横截面创建"选项窗口

14 在"横截面创建"选项窗口中，依次选择"平面"、"单一"和"完成"选项，弹出"输入横截面名"对话框，输入"N"，如图14-223所示。

图14-223　输入截面名称

15 单击"确定"按钮√，弹出"设置平面"选项窗口，如图14-224所示。

图14-224　选项窗口

16 在模型树中单击"RIGHT"基准面，此时"绘图视图"对话框中显示创建完成的截面N，如图14-225所示。

17 单击"确定"按钮，创建的剖面视图如图14-226所示。

18 双击创建的剖面视图内的剖面线，弹出"修改剖面线"选项窗口，如图14-227所示。

图14-225　截面N

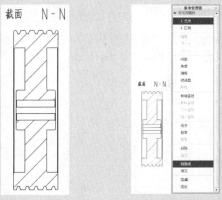

图14-226　剖面视图　　图14-227　选择选项

19 在"修改剖面线"选项窗口中，选择"间距"选项，弹出"修改模式"选项窗口，选择"一半"选项，如图14-228所示。

20 最后选择"完成"选项，剖面图效果如图14-229所示。

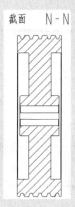

图14-228　选项窗口　　图14-229　剖面视图

21 选择创建的剖面视图，单击鼠标右键，在弹出的快捷菜单中执行"添加箭头"命令，如图14-230所示。

图14-230 执行"添加箭头"命令

22 添加对应的箭头，单击左上方创建的常规视图，如图14-231所示。

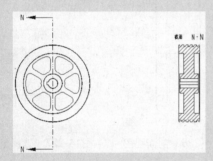

图14-231 添加箭头

23 单击"打开"按钮，弹出"文件打开"对话框，在该对话框中选择"pidailun.prt"文件，如图14-232所示。

图14-232 选择文件

24 单击"打开"按钮，将"显示样式"设置为"消隐"，零件模型如图14-233所示。

图14-233 零件模型

25 在"方向"功能区"视图"工具栏中，单击"已命名视图"下拉按钮，选择"重定向"选项，如图14-234所示。

图14-234 选择"重定向"选项

26 弹出"方向"对话框，单击"保存的视图"下拉按钮，设置"名称"为"new01"，然后按住鼠标中键将零件调整至合适的角度，如图14-235所示。

图14-235 输入名称

27 首先单击"保存"按钮，然后单击"确定"按钮，单击"已命名视图"下拉按钮，查看创建的新视图"NEW01"，如图14-236所示。

图14-236　查看视图

28 单击"关闭"按钮，关闭"pdailun.
prt"文件，在"pdailun.drw"文件视
图中，单击"布局"功能区"模型视
图"工具栏中的"常规"按钮□，效
果14-237所示。

图14-237　单击"常规"按钮

29 在页面中单击鼠标左键，弹出"绘
图视图"对话框，在"类别"选项组
中，选择"视图类型"选项，"模型
视图名"设置为"NEW01"，单击

"应用"按钮，如图14-238所示。

图14-238　"绘图视图"对话框

30 单击"关闭"按钮，创建的视图如
图14-239所示。

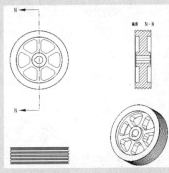

图14-239　创建的视图

3.标注尺寸和创建详细视图

标注尺寸的具体操作步骤如下所述。

1 在"注释"功能区"注释"工具栏中，单
击"尺寸-新参考"按钮□尺寸，如图14-240
所示。

图14-240　单击按钮

2 弹出"依附类型"选
项窗口，如图14-241
所示。

3 在绘图区域中选择剖视
图的两条垂直线，并将
光标放置在剖视图的上
方，如图14-242所示。

图14-241　菜单
管理器

4 单击鼠标中键标注尺寸，如图14-243
所示。

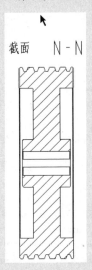

图14-242　选择边

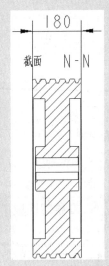

图14-243　标注尺寸

5 继续选择边，标注尺寸，单击鼠标中键，标注尺寸完成并适当调整视图的位置，如图14-244所示。

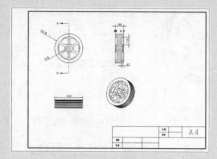

图14-244　标注尺寸

6 在"布局"功能区"模型视图"工具栏中，单击"详细"按钮 详细，效果14-245所示。

图14-245　单击"详细"按钮

7 在常规视图上单击鼠标左键，设置查看细节的中心点，如图14-246所示。

8 围绕中心点绘制轮廓线，如图14-247所示。

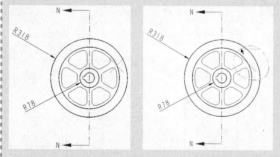

图14-246　定义中心点　　图14-247　绘制轮廓线

9 绘制轮廓线完成后，单击鼠标中键结束绘制，效果如图14-248所示。

10 在绘图区域中单击鼠标左键，放置详细视图，如图14-249所示。

11 使用相同的方法制作另外一个详细视图，如图14-250所示。

12 使用相同的方法制作另外一个详细视图，如图14-251所示。

图14-248　详细视图

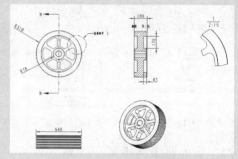

图14-249　创建详细视图

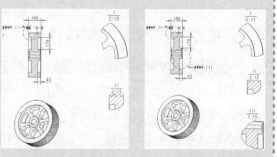

图14-250　创建详细　　图14-251　创建详细
　　　　　视图一　　　　　　　　　视图二

13 选择座下方的阴影视图，然后在"注释"功能区"注释"工具栏中，单击"显示模型注释"按钮，如图14-252所示。

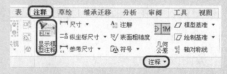

图14-252　单击"显示模型注释"按钮

14 弹出"显示模型注释"对话框，单击 按钮，选择全部的尺寸，如图14-253所示。

图14-253 "显示模型注释"对话框

15 单击"确定"按钮，显示模型的注释信息，如图14-254所示。

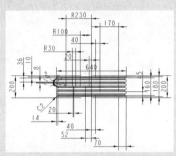

图14-254 显示模型注释信息

16 使用相同的方式，显示常规视图的注释信息，如图14-255所示。

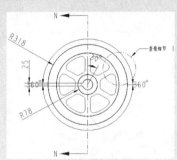

图14-255 显示注释信息

17 将视图中的多余尺寸删除，如图14-256所示。

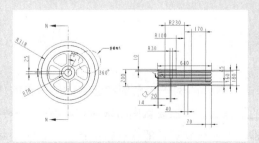

图14-256 删除尺寸

18 框选显示的模型信息，然后在"注释"功能区"注释"工具栏中，单击"清理尺寸"按钮 清理尺寸，弹出"清理尺寸"对话框，如图14-257所示。

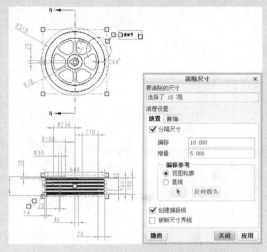

图14-257 "清除尺寸"对话框

19 单击"应用"按钮，然后再单击"关闭"按钮，效果如图14-258所示。

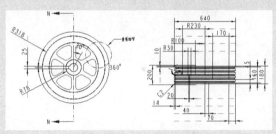

图14-258 清理尺寸效果

20 工程图效果如图14-259所示。

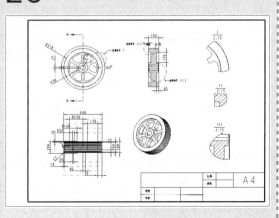

图14-259 工程图效果

4. 制作文字

下面制作表格中的文字，具体操作步骤如下所述。

1 双击单元格，弹"文本属性"对话框，输入文字"皮带轮"，如图14-260所示。

图14-260　输入文字

2 单击"文本样式"选项卡，设置"高度"为8.0，"宽度因子"为1.0，"水平"为"中心"，"竖直"为"中间"，如图14-261所示。

3 单击"确定"按钮，文字效果如图14-262所示。

图14-261　调整文字

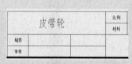

图14-262　制作文字

4 使用相同的方法制作其他文字，效果如图14-263所示。

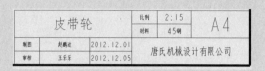

图14-263　文字效果

5 按Ctrl+S组合键，弹出"保存对象"对话框，单击"确定"按钮，保存文件，如图14-264所示。

图14-264　保存对象

6 皮带轮工程图制作完成，最终效果如图14-265所示。

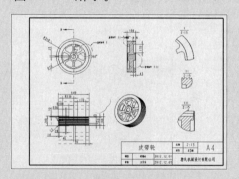

图14-265　最终效果

14.5　本章小结

　　本章对本书中的各部分知识点设置了几个简单的、基础的例子，希望能起到抛砖引玉的作用。而几个简单的例子并不能达到对本书所讲内容的所有涵盖，但要巩固所学内容离不开所学知识与实践操作的相结合。只有在工程实践中不断积累，才能得到真正的、有效的提升，这也是本书目的所在，即学习辅佐实践，在实践中提升技能。